中国消防救援学院规划教材

工业企业与典型场所防火

主　　编　智会强　杨　玲

副 主 编　李英辉　郑　斌

参编人员　王鹏程　曲翔宇　鞠江月

应急管理出版社

·北　京·

图书在版编目（CIP）数据

工业企业与典型场所防火／智会强，杨玲主编． －－北京：
应急管理出版社，2023（2024.1重印）

中国消防救援学院规划教材

ISBN 978 - 7 - 5020 - 9637 - 3

Ⅰ.①工…　Ⅱ.①智…　②杨…　Ⅲ.①工业企业—防火—高
等学校—教材　Ⅳ.①X932

中国版本图书馆 CIP 数据核字（2022）第 214854 号

工业企业与典型场所防火（中国消防救援学院规划教材）

主　　编	智会强　杨　玲
责任编辑	闫　非　郭玉娟
责任校对	孔青青
封面设计	王　滨

出版发行　应急管理出版社（北京市朝阳区芍药居 35 号　100029）
电　　话　010 - 84657898（总编室）　010 - 84657880（读者服务部）
网　　址　www. cciph. com. cn
印　　刷　三河市中晟雅豪印务有限公司
经　　销　全国新华书店

开　　本　787mm×1092mm$^1/_{16}$　印张　15$^1/_2$　字数　348 千字
版　　次　2023 年 2 月第 1 版　2024 年 1 月第 2 次印刷
社内编号　20221339　　　　　　定价　45.00 元

前　言

　　中国消防救援学院主要承担国家综合性消防救援队伍的人才培养、专业培训和科研等任务。学院的发展，对于加快构建消防救援高等教育体系、培养造就高素质消防救援专业人才、推动新时代应急管理事业改革发展，具有重大而深远的意义。学院秉承"政治引领、内涵发展、特色办学、质量立院"办学理念，贯彻对党忠诚、纪律严明、赴汤蹈火、竭诚为民"四句话方针"，坚持立德树人，坚持社会主义办学方向，努力培养政治过硬、本领高强，具有世界一流水准的消防救援人才。

　　教材作为体现教学内容和教学方法的知识载体，是组织运行教学活动的工具保障，是深化教学改革、提高人才培养质量的基础保证，也是院校教学、科研水平的重要反映。学院高度重视教材建设，紧紧围绕人才培养方案，按照"选编结合"原则，重点编写专业特色课程和新开课程教材，有计划、有步骤地建设了一套具有学院专业特色的规划教材。

　　本套教材以马克思列宁主义、毛泽东思想、邓小平理论、"三个代表"重要思想、科学发展观、习近平新时代中国特色社会主义思想为指导，以培养消防救援专门人才为目标，按照专业人才培养方案和课程教学大纲要求，在认真总结实践经验，充分吸纳各学科和相关领域最新理论成果的基础上编写而成。教材在内容上主要突出消防救援基础理论和工作实践，并注重体现科学性、系统性、适用性和相对稳定性。

　　《工业企业与典型场所防火》由天津消防研究所副研究员智会强、中国消防救援学院讲师杨玲任主编，中国消防救援学院副教授李英辉、石家庄市消防救援支队高级工程师郑斌任副主编。参加编写的人员及分工：曲翔宇编写绪论、第六章，李英辉编写第一、十一章，智会强编写第二、五章，郑斌编写第三章，杨玲编写第四、八章，王鹏程编写第七章，鞠江月编写第九、十章。

　　本套教材在编写过程中，得到了应急管理部、兄弟院校、相关科研院所的大力支持和帮助，谨在此深表谢意。

由于编者水平所限，教材中难免存在不足之处，恳请读者批评指正，以便再版时修改完善。

中国消防救援学院教材建设委员会

2022 年 8 月

目　　录

绪　论

工业是对自然资源的开采、采集和对各种原材料进行加工的社会物质生产部门，是社会分工发展的产物，经过手工业、机器工业几个发展阶段。工业的发展决定着国民经济现代化的速度、规模和水平，在当代世界各国国民经济中起主导作用。一个国家重工业的发展规模和技术水平，是体现其国力的重要标志。我国是一个工业大国，而且是一个工业占比很大的国家。目前，我国的很多工业产品产量已跃居世界第一。据世界银行数据，2010年我国制造业增加值首次超过美国，之后连续多年稳居世界第一；2012年，我国工业增加值总量首次突破20万亿元，2018年突破30万亿元；2021年工业增加值达到37.3万亿元，连续12年位居世界第一，在制造业规模上已成为"制造大国"。

一、工业企业的范畴及分类

（一）工业企业的范畴

工业企业不仅包括从事生产、储存、运输和销售的商业性企业，还包括涉及大量可燃物料的商业性服务场所。

根据在社会分工体系中出现的先后顺序和与人类需要的紧迫程度的关系，社会劳动部门将所有劳动产业划分第一、二、三产业部门。其中第一产业主要指生产食材以及其他一些生物材料的产业，包括种植业、林业、畜牧业、水产养殖业等直接以自然物为生产对象的产业（泛指农业）。第二产业主要指加工制造产业（或指手工制造业），利用自然界和第一产业提供的基本材料进行加工处理。第三产业是指第一、第二产业以外的其他行业（现代服务业或商业），范围比较广泛，主要包括交通运输业、通信产业、商业、餐饮业、金融业、教育、公共服务等非物质生产部门。我们提到的工业企业，通常指属于第二产业范畴内的产业。

（二）工业企业的分类

工业企业的行业种类繁多，涉及国民经济和社会生活的方方面面。在过去的产业经济学领域中，往往根据产品单位体积的相对重量将工业划分为轻、重工业。产品单位体积重量重的工业部门就是重工业，重量轻的就属轻工业。属于重工业的工业部门有钢铁工业、有色冶金工业、金属材料工业和机械工业等。由于在近代工业的发展中，化学工业居于十分突出的地位，因此，在工业结构的产业分类中，往往把化学工业独立出来，同轻、重工业并列。这样，工业结构就由轻工业、重工业和化学工业三大部分构成。常常有人把重工业和化学工业放在一起，合称重化工业，同轻工业相对。

另外一种划分轻、重工业的标准是把提供生产资料的部门称为重工业，生产消费资料的部门称为轻工业。国家统计局对轻、重工业的划分接近于后一种标准。

1. 重工业

重工业是指为国民经济各部门提供物质技术基础的主要生产资料的工业。按其生产性质和产品用途，可以分为三类。

（1）采掘（伐）工业，指对自然资源的开采。包括石油开采、煤炭开采、金属矿开采、非金属矿开采和木材采伐等工业。

（2）原材料工业，指向国民经济各部门提供基本材料、动力和燃料的工业。包括金属冶炼及加工、炼焦及焦炭、化学、化工原料、水泥、人造板以及电力、石油和煤炭加工等工业。

（3）加工工业，指对工业原材料进行再加工制造的工业。包括装备国民经济各部门的机械设备制造工业、金属结构、水泥制品等工业，以及为农业提供的生产资料如化肥、农药等工业。

2. 轻工业

轻工业指主要提供生活消费品和制作手工工具的工业。按其所使用的原料不同，可分为两大类。

（1）以农产品为原料的轻工业，指直接或间接以农产品为基本原料的轻工业。主要包括食品制造、饮料制造、烟草加工、纺织、缝纫、皮革和毛皮制作、造纸以及印刷等工业。

（2）以非农产品为原料的轻工业，指以工业品为原料的轻工业。主要包括文教体育用品、化学药品制造、合成纤维制造、日用化学制品、日用玻璃制品、日用金属制品、手工工具制造、医疗器械制造、文化和办公用机械制造等工业。

二、工业企业火灾的现状及特点

（一）工业企业火灾的现状

我国的工业企业行业种类繁多，包括石油化工、装备制造、纺织服装、轻工业等，涉及国民经济和社会生活的方方面面。因此，保障工业企业的正常安全运行与广大人民群众的生活息息相关。

然而随着现代工业的快速发展，新工艺、新材料和新技术的日新月异，大量涉及易燃易爆物质生产加工的工业生产装置与场所日益增多，工业火灾爆炸事故风险显著增大。据统计，仅2020年间我国共发生化工事故148起，死亡180人，其中较大事故10起，这10起较大事故中，火灾爆炸事故占6起。

近年来，我国工业领域发生了多起比较严重的火灾事故，如2015年8月12日，天津滨海新区码头危险品仓库中集装箱内的易燃易爆物品发生爆炸，事故造成165人遇难，8人失踪，798人受伤，经济损失68.66亿元；2019年3月21日，江苏省盐城市响水天嘉宜化工有限公司发生特别重大爆炸事故，造成 78 人死亡、76 人重伤，640 人住院治疗，直接经济损失 19.86 亿元。除以上易燃易爆场所外，其他工业场所近年来也发生了一些典型的火灾事故，如 2019 年 10 月 24 日，河北兴华钢铁有限公司烧结车间皮带通廊发生火灾，造成 7 人死亡，经济损失 930 万元；2021 年 4 月 22 日，上海胜瑞电子科技有限公司阳极氧化车间发生火灾，造成 8 人遇难。此外，一些新兴产业在我国迅速发展，如数据中心、储能电站、光伏发电、风力发电等，其火灾风险也引起了人们的普遍关注。如 2021 年 4 月 16 日，北京福威斯油气技术有限公司光储充一体化项目火灾爆炸事故，造成 3 人遇难。

表 0 - 1 列出了近年来我国部分典型工业企业发生的火灾与爆炸事故。这 16 起重特大工业企业火灾与爆炸事故中，30 人以上群死群伤的特别重大火灾与爆炸事故 5 起；1 亿元以上的特别重大损失火灾与爆炸事故 6 起；直接涉及易燃易爆危险品为主要着火物质的事故 12 起。

表 0 - 1　近年来我国部分典型重特大工业企业发生的火灾与爆炸事故

起火日期	火灾与爆炸事故	死亡人数/人	受伤人数/人	直接损失/万元	火灾原因
2007 - 10 - 21	福建省莆田市秀屿区飞达鞋面加工作坊"10·21"特别重大火灾事故	37	19	30.1	放火
2009 - 09 - 02	山东临沂市金兰物流基地"9·2"重大爆燃事故	18	10		易燃易爆危险品自反应
2010 - 07 - 16	辽宁大连市中石油国际储运有限公司保税区"7·16"油库特别重大爆炸火灾事故	2		22330.2	违规使用易燃易爆物品
2010 - 07 - 28	江苏南京市原南京塑料四厂"7·28"丙烯管道气体泄漏爆炸重大事故	22		4784	野蛮施工挖穿管道
2011 - 07 - 12	湖北武汉市经济技术开发区恒瑞橡胶制品有限公司生产车间"7·12"重大火灾事故	15		1179.4	电源线短路
2012 - 02 - 28	河北石家庄市克尔化工有限公司"2·28"重大火灾爆炸事故	25			硝酸胍反应釜反应失控
2013 - 06 - 03	吉林长春市宝源丰禽业有限公司"6·3"特别重大火灾爆炸事故	121	76	18200	电气线路短路
2013 - 11 - 22	山东青岛市"11·22"中石化东黄输油管道泄漏爆炸特别重大事故	62	136	75172	输油管道原油泄漏
2015 - 08 - 12	天津港"8·12"瑞海公司危险品仓库特别重大火灾爆炸事故	165	798	686600	硝化棉积热自燃

表 0 - 1（续）

起火日期	火灾与爆炸事故	死亡人数/人	受伤人数/人	直接损失/万元	火灾原因
2015 - 08 - 31	东营市山东滨源化学有限公司"8·31"重大爆炸事故	13	25	4326	违规排泄物料
2017 - 06 - 05	山东临沂金誉石化有限公司"6·5"罐车泄漏重大爆炸着火事故	10	9	4468	工人疲劳操作致液化气泄漏爆炸
2017 - 12 - 09	江苏连云港聚鑫生物科技有限公司"12·9"重大爆炸事故	10	1	4875	尾气窜入保温釜导致物料喷出
2018 - 11 - 28	张家口中国化工集团盛华化工公司"11·28"重大爆燃事故	24	21	4148.9	氯乙烯泄漏爆燃
2019 - 03 - 21	江苏响水天嘉宜化工有限公司"3·21"特别重大爆炸事故	78	640	198635.1	长期违法储存硝化废料
2019 - 10 - 24	河北兴华钢铁有限公司"10·24"炼铁厂火灾事故	7	1	930	违章操作致烧结矿引燃皮带
2021 - 04 - 16	北京福威斯油气技术有限公司光储充一体化项目"4·16"火灾爆炸事故	3	1	1660.8	电池内短路引发电池热失控起火

（二）工业企业火灾的特点

工业火灾、爆炸事故通常是由于可燃物料泄漏、反应工艺失控、蓄热自燃、人员误操作等因素引起，事故类型主要包括气体火灾、油类火灾、固体火灾、电气火灾、粉尘云爆炸等。现代工业生产尤其是石油化工行业，其工艺过程包含一系列复杂的物理、化学反应，其原料和产品以液态、气态组分为主，大都具有易燃易爆性、毒性和腐蚀性，且生产工艺连续性强，工艺操作环境常为高温高压（或低温低压）等复杂条件。由于物料输送泄漏、意外点火、反应条件失控以及人员误操作等原因，在生产过程中易发生大面积、立体火灾爆炸事故，造成大量人员伤亡、财产损失以及环境破坏。

1. 燃烧速度快，火势发展迅猛

工业企业火灾，燃烧的物质多为化学危险物品，原料和产品沸点低，挥发性强，大都是易燃易爆气体、液体及粉尘，一旦发生火灾，燃烧速度快，火势发展迅猛。燃烧会产生高温以及强烈的辐射热，加速燃烧的猛烈程度，加速火势的发展蔓延。此外，一些石油化工装置大多是露天、半露天的安装方式，具备了易燃易爆的气体条件，也会促使火势发展猛烈。

2. 爆炸性火灾居多，防爆抑爆任务艰巨

在工业企业火灾中，常伴随物理爆炸和化学爆炸，有的是先爆炸后燃烧，或先燃烧后爆炸，或是爆炸与燃烧交替进行。但不论何种爆炸，都会使管线、设备、装置移位破裂，造成物料流淌，建筑结构破坏和人员伤亡。

3. 燃烧面积大，易形成立体火灾

一些工业园区内，化工装置的产能规模大，装置区内的塔、反应釜、泵、罐等设备总数多，加工生产的物料总量大，加上物料多为液体和气体。可燃气体具有良好的扩散性，可燃液体具有较好的流动性，可通过楼板孔洞、通风管道、楼梯间等进行流动扩散开来，火灾情况下很快形成大面积立体火灾，同时火灾中设备或容器的爆炸、飞火、装置的倒塌等容易造成大面积立体火灾。

4. 火情复杂，扑救困难

如石油化工企业发生火灾时易发生连锁性爆炸，火灾所产生的高温、强辐射热、毒气等，使消防救援人员很难接近着火区域；工厂内部各种管架和操作平台等组成立体布局，使灭火射流角度受到限制；同时火灾后易导致泄漏、着火、爆炸、设施倒塌等连锁性灾害，如果工艺及防护措施不到位，极易引发系统的连锁反应。除此之外，在面对一些新兴产业，如数据中心、储能电站等，由于传统水系灭火剂容易造成电池短路加大火势风险，也给灭火救援工作带来了很大困难。

三、工业企业火灾防控对策

（一）控制消除危险性因素

1. 合理设计

在工业企业中，要采用先进的工艺技术和技术水平高、可靠性强的防火防爆措施，采用安全的工艺指标和合理的配管。

2. 正确操作，严格控制工艺指标

工业企业相关的安全生产技术规程是多年来安全生产的经验总结，只要严格按规程进行作业，严格控制工艺指标，在规程规定的范围内超过指标界限，立即采取有效措施加以扭转，就能达到预想的安全结果。

3. 加强设备管理

火灾事故发生的一个重要原因，是生产装置缺陷。设备状况好，运行周期长，检修量小，事故隐患少，火灾爆炸发生率就低。

4. 提高自动化程度和使用安全保护装置的程度

随着化工企业的发展，不仅安全需要提高自动化程度，而且从节能降耗提高质量，提高劳动生产率，从而提高经济效益方面都需要提高自动化程度。

5. 加强火源的管理

火灾爆炸事故的发生，一个很重要的原因是缺少对火源的管理，加强对明火、静电、撞击产生的火花等管理是避免火灾事故的基本措施。

6. 加强危险品的管理

根据各类危险物品的性质，按规定分门别类储存保管。在储存保管中必须加强对危险物品保管期内的安全。

（二）做好防爆泄压措施

在工业建筑设计中，合理布置总平面布局，保证有爆炸危险的建筑物在发生爆炸事故时不会危害相邻建筑物。同时根据建筑结构选型及设计要点进行建筑防爆设计，有爆炸危险的甲、乙类厂房宜独立设置，尽量采用单层建筑，并宜采用敞开式或半敞开式。在有爆炸危险的厂房和仓库设置泄压窗、泄压轻质屋盖、轻质外墙等泄压设施。对防爆性质不同的生产工序、生产装置和储存性质不同物品的仓库等，要设抗爆墙及抗爆门窗分隔布置，万一发生爆炸事故，可以缩小爆炸范围减轻爆炸危害。

（三）设置防止火灾蔓延的措施

防止火灾蔓延是防止火灾爆炸事故发生的一项重要措施，常用的阻火设施有切断阀、止逆阀、安全水封、水封井、阻火器、挡火墙等。这些设施的作用是防止当火灾发生时火焰蔓延。如压缩机与各工段之间的切断阀、止逆阀、气柜或乙炔发生器的安全水封，甲醇放空管的阻火器，电缆间的挡火墙。对这些设施，应当利用计划小修对其进行清理、检查、维护、保养，以保证安全生产。此外，在建筑上应采用防火墙、防火门、防火堤、防火带以及合理间距，采取耐火等级厂房等措施。

（四）研究工业火灾、爆炸灾害事故防治措施

目前国内外主要采取安全评价方法对设计阶段、验收阶段和运行阶段的工业装置、设备以及场所火灾爆炸风险进行安全评价，使其处于可承受风险范围内，并利用各种监控监测设备加强对重点危险源的实时监管与安全防范。对于工业装置的火灾、爆炸灾害事故的应急处置，一方面不断加强对火灾、爆炸灾害事故抑制技术、装备的研发，提高应对灾害事故的技术水平；另一方面通过研究灾害事故演化规律，提高对工业火灾、爆炸事故危险源、事故发生原因、发展过程以及灾害后果的认识，并针对性开展工业灾害的防治技术与策略研究，在危险源辨识基础上，通过应急预案编制以提高应对突发灾害事故的能力。

四、本教材主要内容概述

结合我国工业领域发展现状及面临的火灾形势，本教材在内容选取上涵盖了工业防火基础知识、重点行业的防火要求、工业企业的消防安全评价等方面。

（一）工业防火基础和基本要求

此部分主要为第一章至第三章的内容。第一章介绍了工业企业火灾与爆炸的类别、原因及基本预防要求。在第一章的基础上，第二章介绍了工业企业的防火设计和防爆设计的基本要求、防火防爆的技术措施和常用的防火防爆装置。第三章主要是易燃易爆危险品的分类、危险特性和储运的防火要求。工业火灾和爆炸大部分是由于易燃易爆危险品，易燃易爆危险品的使用遍布各个工业领域，除石油化工行业、加油加气站、燃气供应站等典型的行业和场所外，本书提到的其他工业企业和典型场所如钢铁冶金企业、食用油加工企业、纺织生产企业、制浆造纸企业、洁净厂房等都有涉及。因此，将易燃易爆危险品防火

放在前三章，和前两章共同作为后面章节学习的基础。

（二）重点行业的防火要求

此部分主要为第四章至第十章的内容，基本涵盖了我国支柱产业及重要行业的企业及典型场所的防火要求。为了适应近年来我国工业的发展现状及所面临的火灾形势，在企业及典型场所选取上，本教材一方面既考虑到了有重大火灾风险的企业和典型场所，如石油化工行业和燃气供应行业，又兼顾了我国的产业特点，如我国作为世界上粗钢产量世界第一的国家，大型钢厂遍布全国，近年来钢厂火灾风险有加大趋势，有必要对钢厂防火做介绍。另一方面既考虑了我国的传统行业，如粮油加工、纺织行业等，又兼顾了新兴产业，如近年来我国数据中心的建设如火如荼，随着其在工业和民用领域的快速推广，火灾风险也日益凸显，因此本教材也对数据中心的防火要求做了介绍。

（三）工业企业消防安全评价方法

此部分为本教材最后一章的内容，主要介绍了工业企业常用的消防安全评价方法，如安全检查表的编制及使用方法、事故树分析方法，以便于能够在前面各章学习的基础上，对工业企业及典型场所的火灾风险有进一步的认识。

习题

1. 结合具体火灾案例说明工业企业火灾的特点。
2. 预防与控制工业企业火灾应考虑哪些方面的因素？

第一章　工业企业火灾与爆炸事故原因分析

导致火灾与爆炸事故发生的不安全因素可划分为基础原因、间接原因、直接原因、事故扩大的原因等原因；引发工业火灾与爆炸事故的原因类型主要有火源型火灾与爆炸、蓄热型火灾与爆炸和潜热型蒸气爆炸。火灾与爆炸事故的原因分析，可指导企业采取针对性的防火防爆对策。

第一节　工业企业火灾与爆炸原因构成

在工业企业生产领域，火灾与爆炸事故主要由人的不安全行为、物质的不安全状态和安全基础管理缺陷三方面造成。从初始的基础原因发展成为火灾与爆炸事故，一般有基础原因、间接原因、直接原因和事故扩大的原因等原因层次。

一、基础原因

基础原因是造成火灾与爆炸事故并可能导致灾害扩大的最基本的原因。基础原因主要包括管理原因、基础教育原因、法规制度建设原因和历史原因等。

二、间接原因

间接原因是火灾与爆炸事故的第二个原因层次，它是火灾与爆炸事故发生的先导原因。

（一）技术原因

技术原因可分为人的技术原因和物的技术原因两个方面。人的技术原因是指人本身存在的认知缺陷，如技术水平低，对火灾危险性的认知不足等方面；物的技术原因主要是指设备、建筑物本身存在的缺陷，如建筑材料选用不当，材料耐火性能达不到标准要求，建筑结构设计不合理，建筑总平面布局和平面布置设计不当，建筑内消防设施的安装、维护和保养不到位等。

（二）管理原因

管理原因主要是指由于管理原因导致的缺陷，如安全管理制度不完善，管理措施落实不到位，消防技术标准及规范执行不正确等。

（三）教育原因

教育原因主要是指由于教育缺失或不到位导致的不安全因素，如消防安全宣传教育开展不够经常，日常安全生产教育不够深入等。

（四）身体及精神状态原因

身体及精神状态原因主要是指员工的身体或精神不正常导致的不安全因素，如员工患病后出现的乏力、疲劳等后遗症造成的身体原因，员工在遭受重大精神打击或出现明显情绪波动后出现的精神原因等。

三、直接原因

直接原因直接导致事故的发生，主要包括人的原因、物的原因及其他原因。

（一）人的原因

导致火灾与爆炸事故最常见的原因就是人的原因。据统计，70% 的事故均由人的原因而发生。

（二）物的原因

导致火灾与爆炸事故的主要原因是物质本身的火灾危险性。另外，设备本身的故障也会导致火灾与爆炸事故。如工业企业中常见的危险物质醇类、醚类、煤粉等，设备本身设计和制造缺陷所导致的火灾事故占比很大。

（三）其他原因

地震、台风、雷击、寒冷、暴热等自然灾害的破坏常会直接引发火灾与爆炸事故。另外，人为破坏和战争也会导致火灾和爆炸事故发生。

火灾统计数据表明，目前我国火灾与爆炸事故的直接原因主要包括电气、生产作业、生活用火不慎、放火、自燃、玩火、吸烟、雷击、静电、其他和不明确原因等 11 种。根据近十年火灾统计数据，无论是火灾发生起数，还是造成死亡人数和经济损失上看，电气原因是所有火灾原因中比例最高的。

四、事故扩大的原因

事故扩大的原因主要包括发现不及时、事故处置不得力、防火防爆措施不完善、消防设施不完备等方面。事故扩大的原因得不到有效扼制，就会最终导致失去控制的火灾与爆炸事故的形成。

（一）未能及时发出警报

未能及时发现事故是致使事故扩大成灾的主要原因，如消防控制室操作人员不熟悉业务，火灾探测器发生误报被关闭等。

（二）未能正确处置火灾事故

未能正确处置事故主要表现在未进行应急处置、应急处置计划不完善、事故应急处置方法不当及初期火灾扑救不当等方面。

（三）未设置完善的防火防爆技术措施

防火防爆措施完善与否，是决定事故能否发展成灾的重要因素。防火间距不足、建筑物耐火等级不够、防火分区面积过大、平面布置不合理、阻火防爆泄压装置不完备都会导致事故扩大。

（四）未及时启动消防设施

消防设施未能启动是初起火灾蔓延扩大的常见原因。例如，灭火器材设置不当，灭火剂过期失效，未设固定灭火系统，火灾自动报警系统与固定灭火系统不能联动等状况。

第二节　工业企业火灾与爆炸原因类型

工业企业的火灾与爆炸事故分为需要引火源和无须引火源两种情况，前者称为火源型火灾与爆炸，后者分为蓄热型火灾与爆炸和潜热型蒸气爆炸两种形式。三种形式的火灾与爆炸又各有两个类别，共有六种类型，分别为燃烧类火灾与爆炸、泄漏类火灾与爆炸、自燃类火灾与爆炸、反应失控类爆炸、热传递类蒸气爆炸和破坏平衡类蒸气爆炸。

一、燃烧类火灾与爆炸

燃烧类火灾与爆炸是指可燃物质在点火源作用下发生放热的氧化、分解等化学反应而导致的火灾与爆炸。

（一）燃烧类火灾与爆炸的类型

1. 急剧燃烧引起的火灾爆炸

存在大量空气的密闭空间或容器内，可燃固体或可燃液体在点火源作用下急剧燃烧，生成大量高温气体，被燃烧热加热的空气体积急剧增大。高温气体的生成和空气的膨胀会导致密闭空间或容器的内压急剧升高，从而发生破坏性爆炸。

2. 爆炸性混合气体或可燃液体蒸气爆炸

爆炸性混合气体或可燃液体蒸气爆炸是指可燃气体或可燃液体蒸气和助燃性气体的混合物，处于爆炸浓度范围内时，在引火源作用下发生的爆炸。混合物遇火源能否发生爆炸，与混合物中的可燃气体或可燃液体蒸气浓度有关，可发生爆炸的浓度范围称为爆炸极限。

3. 可燃粉尘爆炸

粉尘爆炸是指悬浮于空气中的可燃粉尘触及明火或电火花等火源时发生爆炸现象。粉尘爆炸所需最小点火能量为 $10\sim100$ mJ，比可燃气体的最小点火能大 $100\sim1000$ 倍；粉尘爆炸时最大爆炸压力持续时间长，破坏作用大，具有离起爆点越远破坏越严重的特点，且容易发生二次爆炸。二次爆炸往往比初次爆炸压力更大，破坏更严重，有的能达到爆轰的程度。

容易造成可燃粉尘飞扬的操作场所都存在粉尘爆炸的危险。例如，煤粉仓库，饲料或谷物加工厂房或料仓，可燃固体物料的粉碎、研磨、筛分、过滤、干燥、输送过程，以及夹带可燃粉尘的通风、除尘系统等都可能发生粉尘爆炸。能够发生粉尘爆炸的物质包括铝粉、锌粉、铁粉、镁粉等金属粉尘，纸粉、木粉等木质类粉尘，面粉、玉米粉、奶粉、糖粉、淀粉等食品类粉尘，煤、木炭、焦炭、活性炭等炭制品粉尘。

4. 气体分解爆炸

气体分解爆炸是指单一气体在一定压力作用下发生分解反应，并产生大量反应热，使气态产物膨胀而引起的爆炸。气体分解爆炸的发生需要满足一定的压力和分解热的要求。能使单一气体发生爆炸的最低压力值称为临界压力。分解爆炸气体压力高于临界压力且分解热足够大时，才能维持热与火焰的迅速传播而造成爆炸。表1-1给出了部分常见分解爆炸气体的临界压力和分解热。

表1-1　常见分解爆炸气体的临界压力和分解热

气体名称	临界压力/kPa	分解热/$(kJ \cdot mol^{-1})$
乙炔	137	226.08
乙烯基乙炔	108	—
甲基乙炔	430	—
乙烯	3920	127.36
环氧乙烷	39	134.43
氧化氮	245	81.64
一氧化氮	1470	90.43

5. 爆炸性物质爆炸

爆炸性物质发生爆炸时伴有燃烧反应，燃烧所需的氧由本身分解供给。如三硝基甲苯、三硝基苯酚、硝化棉、二亚硝基苯、过氧化二苯甲酰等的燃烧爆炸。

当两种或两种以上的物质由于混合或接触也能够引发燃烧或爆炸。物质混合后可能形成与混合炸药相类似的爆炸性混合物；也可能在混合时即发生化学反应，形成不稳定的物质或敏感的爆炸性物质。如液氯和液氮混合，在一定条件下会生成极易发生爆炸的三氯化氮。

6. 助燃物的火灾爆炸

助燃物的火灾爆炸是指处理或输送氧气、氯气等助燃性气体的管道、阀门，由于其黏附的可燃物与助燃性气体化合发生放热的化学反应而导致的剧烈燃烧爆炸。这种事故多发生在空分车间、氧气压缩车间、炼钢厂、氧气厂等。

（二）燃烧类火灾与爆炸的预防对策

预防燃烧类火灾与爆炸事故的发生，主要从构成燃烧三要素的条件入手，控制其中一个方面的条件，火灾爆炸事故就不会发生。

1. 控制点火源

有燃烧爆炸危险的容器内的照明、动力设备或测量用的电器，必须采用防爆结构；容器内作业不能使用冲击时产生火花的工具。对爆炸性物质应避免冲击、摩擦、震动以及热源的作用。

2. 控制助燃物

当容器内氧气的浓度低于6%左右时，不会发生燃烧爆炸。所以可采用惰性气体置换容器内的空气，使氧气浓度降低到某一临界值以下，是非常有效的防爆措施。

3. 控制可燃物

将容器内部的可燃性气体浓度保持在爆炸极限范围以外，可以防止爆炸发生。因此，必须对压力、温度、流量、配比等进行严格的测量和控制。动火作业时，必须进行可燃性气体检测，确认可燃气体浓度在安全范围内后，方可进行作业。

此外，容器检修动火前要对设备内的易燃可燃物质进行吹扫和清洗。对设备和管道内残留的易燃可燃液体，一般采用蒸汽和惰性气体吹扫的方法进行清除，对吹扫无法清除的油垢和沉积物，可采用热水、溶剂、洗涤剂或酸碱进行清洗，坚硬油垢还应人工铲除。对存在粉尘爆炸危险的场所，应采取措施尽可能减少粉尘的沉积和飞扬。

工业生产过程中，还应经常监测并及时清扫某些有机不饱和化合物吸收空气或工业气体中的氧气所形成的过氧化物以及吸收二氧化氮所形成的硝基和亚硝基化合物。

二、泄漏类火灾与爆炸

泄漏类火灾与爆炸是指处理、储存或输送可燃物质的容器、机械或设备因某种原因开放而使可燃气体或可燃液体泄漏到外部或助燃物进入设备、容器内部，遇点火源后引发的火灾与爆炸。

（一）泄漏的原因

泄漏的形式不仅指经常发生的由容器内部向外部的泄漏，也包括负压状态的容器吸入空气所表现的泄漏。造成泄漏的原因主要有以下两个方面。

1. 设备因素

一方面设备本身在设计、制造、安装过程中存在缺陷，致使设备泄漏；另一方面由于介质的腐蚀作用、热影响和荷载的作用，设备材料的机械性能会随着使用期限的延长有所降低。在压力有异常变化时，设备出现裂缝而泄漏。

2. 人为因素

人为原因是导致泄漏事故发生的常见原因。如未确认安全的情况下出现误操作，注意力不集中，导致带压设备超限时开错阀门使设备泄漏等。

（二）泄漏类火灾与爆炸的预防对策

1. 防止泄漏

预防泄漏类火灾与爆炸，重点是防止泄漏。即通过防腐、提高设备强度、防止压力异常等措施，尽可能避免或延缓设备性能下降；通过加强安全制度建设，提高员工安全意识，开展安全教育培训等措施防止误操作发生。

2. 及时处置

在容易发生泄漏的场所，应设置报警装置。对容易发生泄漏的部位，应制定完善的处置方案。当发生物料大量泄漏时，要针对具体情况采取堵漏、关阀断料等多种办法控制泄漏量进一步增大，同时要通过采取蒸汽或水雾驱散、泡沫覆盖等措施尽可能降低大气中可燃气体的含量。

3. 控制点火源

防止泄漏类火灾与爆炸发生的关键是控制好点火源。因此，应制订完备有效的应急处置预案，日常做好应急演练。此外，当流体物质温度处于其着火温度以上时，在其泄漏后与助燃气体接触的同时就会立即燃烧；泄漏喷出的气流中含有雾滴和粉尘时，会因静电火花而引燃；气体以超音速喷出时，因绝热压缩作用也会引发燃烧。上述三种情况都是在泄漏的同时立即着火，不需要其他点火源，所以预防泄漏类火灾与爆炸的最有效办法是防止泄漏发生。

三、自燃类火灾与爆炸

自燃类火灾与爆炸是指因化学反应热蓄积引起自燃发热而导致可燃物质温度达到自燃点所引起的燃烧或爆炸。自燃类火灾与爆炸发生的条件是物质在正常条件下存在自发的放热反应，反应放热速率远远超过体系散热速率，即体系蓄热能力大于散热能力，并且体系温度的上升达到或超过了其自燃点。

（一）自燃的类型及原因

按照发生自燃的机理不同，自燃可分为分解自燃、氧化自燃、吸水自燃、混触自燃、发酵自燃、吸附自燃和聚合自燃等7种类型。

1. 分解自燃

硝化棉类的脂肪族多元硝酸酯，在常温下即可发生缓慢的自燃分解，产生微量的 NO 气体，NO 在空气中被氧化成 NO_2，加速了硝化棉分解放热。如硝化棉、赛璐珞、硝化甘油等。

2. 氧化自燃

化学性质活泼的还原性物质及含有双键的不饱和有机化合物与空气中的氧反应放热。如黄磷、烷基铝、硫化铁、煤、浸油脂物品等。

3. 吸水自燃

活泼金属、金属粉末及某些金属化合物吸收空气中的水分或与水接触发生反应放热。如金属钾、钠、锂、碳化钙、镁粉等。

4. 混触自燃

某些性质相抵触的物质混合后，自发地开始放热反应，温度上升到一定程度发生燃烧爆炸。如氧化剂和还原剂混触时就会发生自燃。

5. 发酵自燃

天然纤维中的微生物呼吸繁殖放热使体系温度升高，纤维中的不稳定物质分解生成黄色多孔炭并吸附气体产生热量，纤维进一步分解炭化自燃。如稻草、烟叶等。

6. 吸附自燃

多孔性吸附剂吸附气体或蒸气时产生吸附热，吸附热蓄积在吸附剂中，温度不断上升最终引燃可燃物。如活性炭。

7. 聚合自燃

绝大多数物质的聚合反应都是放热过程，聚合热积聚在聚合产物中不能及时散失时，就会蓄热自燃。如聚氨酯泡沫塑料等。

（二）自燃类火灾与爆炸的预防对策

化学反应热蓄积并引起温度上升是自燃类火灾与爆炸的根本原因。预防自燃类火灾与爆炸发生的最根本的措施是破坏反应热蓄积的条件。

要清楚物质是否具有自燃发热的特性及其类型。物理状态为粉状、纤维状或多孔状等形态并能够自然发热的物质，具有良好的绝热特性，更容易发生自燃。对这类物质的堆积方式、储存量及隔离方法都应严格限制，并采取通风、冷却、干燥等措施。

对于易引起自燃的物质，在储存过程中要连续测定并记录其温度及环境情况。如采用温度检测装置监测温度变化等。同时，要尽可能地将自热物质分散储存，防止混触自燃物质的混储混运。

四、反应失控类爆炸

反应失控类爆炸是指因化学反应热蓄积引起反应物质的蒸气压急剧上升而导致的爆炸。反应失控类爆炸发生的条件包括：①容器设备内存在放热的化学反应；②反应放出的热量不能及时移出反应系统之外；③容器设备内的低沸点液体在高温下蒸气压力急剧上升或因化学反应生成大量气体造成压力急速升高；④容器的安全泄压装置不能有效泄压。

（一）反应失控类爆炸的反应类型

1. 聚合反应

聚合反应放出的热量往往难以及时排除，当聚合过程的中间反应过程有杂质混入反应体系时，反应则不能变为失控状态。

2. 合成反应

多数合成反应（如硝化反应、磺化反应、氧化反应、氯化反应等）都会释放大量热量，若温度或进料量控制不当，或杂质进入反应系统，就有反应失控的危险。

3. 放热分解反应

分解反应多数是吸热的，但也有些是放热的。例如，无水马来酸和氨基肟盐酸盐都会因放热分解反应而引发爆炸。

（二）反应失控类爆炸的预防对策

破坏造成反应热蓄积的条件是预防反应失控类爆炸的主要措施。因此，与自燃类火灾爆炸类似，首先要清楚物质是否具有反应放热特性；其次要通过正确调节反应物质的组成和流量、压力、温度等参数来控制反应速度，并且正确实施冷却和搅拌操作来确保反应正常进行。

五、热传递类蒸气爆炸

热传递类蒸气爆炸是指热从高温物体急剧地向与之接触的低温液体传递，使低温液体由液相瞬间转化成气相而引发的爆炸。

（一）热传递类水蒸气爆炸

水蒸气爆炸虽不产生火焰，但破坏力却很大，有时还能形成冲击波。水蒸气爆炸的条件是少量的水与大量的高温熔融物接触。当炽热的物体与水接触时，高温物体上的薄层水立即发生膜态沸腾，使得大部分水不能与高温物体直接接触；但当高温物体的表面温度降到某临界点时，大量水便可直接接触高温物体表面，在极短时间内接触面上的水被加热成过热状态，这种处于过热状态的水膜迅速蒸发成水蒸气。其过程如图 1-1 所示。

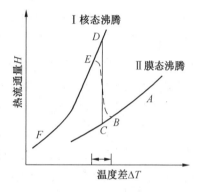

图 1-1 核态沸腾和膜态沸腾间的转移

工业企业中引发水蒸气爆炸事故的高温物很多，如炼钢厂的熔融铁或高温矿渣，金属冶炼厂的电炉渣、熔融铝，电石生产厂的熔融碳化钙，造纸厂的回收熔盐等；水的来源主要是雨水的进入和地下水的涌出、高温设备冷却水的泄漏、熔融矿渣破碎用水的积聚、火灾时的灭火用水等。

（二）热传递引起的低沸点液化气蒸气爆炸

低沸点液化气与高沸点液化气相互混溶或与水混合时，低沸点液化气有发生爆炸的可能。这是因为低沸点液体与高温液体接触时，在接触面上进行膜态沸腾，随着高温液体温度的下降，温差变小。当其进入转移区域时，沸腾由膜态沸腾向核态沸腾转移。此时，接触边界上的蒸气膜迅速消失，两种液体的表面直接接触，大量的热量从高温部分流进低温部分，使低沸点液体的接触部分变为过热状态。这种过热液体在开始急剧核态沸腾时即发生蒸气爆炸。有关研究表明，碳氢系液化气体和水之间的转移区域 ΔT 在 $90 \sim 120 \, ℃$，但当含有杂质的液化天然气中甲烷比例高于 40% 时，与水接触是不会爆炸的。

（三）热传递类蒸气爆炸的预防对策

预防水蒸气爆炸的关键是避免水和高温物直接接触；对低温液化气的蒸气爆炸来说，重要的是防止不同种类液化气的接触混合，并控制点火源，防止二次爆炸发生。

六、破坏平衡类蒸气爆炸

（一）破坏平衡类蒸气爆炸的发生条件

破坏平衡类蒸气爆炸是指因过热液体气－液平衡状态被破坏而造成的急剧气化所引发的爆炸。破坏平衡类蒸气爆炸发生的条件主要包括：①密闭容器中存在大量的过热状态液体；②过热状态液体的温度比标准沸点温度高很多；③容器气相部分器壁破裂且在靠近液面处出现面积足够大的开口。当上述三个条件都满足时，容器内原有的气－液平衡被打破，过热液体急剧气化而使容器破裂爆炸，在此过程中气相的剧烈降压膨胀也为爆炸提供了部分能量。

（二）破坏平衡类蒸气爆炸的发生机理与常见物质

如果将水放在密闭容器中加热，则随着温度上升，水的蒸汽压增加，且蒸汽压和水温间保持着相平衡；如果水温上升到常压水的沸点 100 ℃ 以上，那么它的蒸汽压将高于 1 kg/cm^2，以保持平衡。在容器内蒸汽压保持平衡的情况下，假定气相部分的容器外表出现裂缝，则高压水蒸气通过裂缝喷出，容器内压急剧下降，直到降为常压，此时容器内的水分变成不稳定的过热状态。处于过热状态的液体，为了再次恢复平衡，必须立刻将其保存的部分热量变为蒸发热，使一部分液体汽化为常压沸点的蒸气，而将剩余的液体冷却到常压沸点的温度。由此，过热液体内部会均匀地产生沸腾核，进而呈现液击现象，导致外壳裂开得更大，发生断裂，容器内物质全部喷出。

（三）破坏平衡类蒸气爆炸的预防对策

防止处理、储存过热液体的密闭容器出现开口是预防破坏平衡类蒸气爆炸的重要举措。避免容器因机械损伤、强度下降而出现局部破坏；防止火灾情况下容器被加热造成的温度过高所引发的强度下降，并且要防止因反应失控而引起的二次破坏平衡类蒸气爆炸。

📖 习题

1. 火灾与爆炸事故的原因构成包括哪些原因层次？
2. 针对近 10 年来我国火灾主要原因的统计数据展开分析和讨论。
3. 自燃类火灾与爆炸事故的发生条件及预防对策有哪些？
4. 泄漏类火灾与爆炸事故的预防对策有哪些？

第二章 工业企业防火防爆技术对策

工业企业具有火灾危险性大、易发生爆炸的特点，尤其是化工类企业，防护不当，极易发生重大火灾爆炸事故，严重威胁人民的生命财产安全，历来是消防安全重点监管及防控对象。对工业企业建筑进行防火防爆设计，对生产过程及相关设备、装置采取必要的安全技术措施，是预防火灾爆炸、减轻事故后果的基本途径。

第一节 防火防爆设计

按照现行国家相关标准规范对工业企业进行防火防爆设计是预防和控制工业企业火灾爆炸事故的基本要求。防火防爆设计主要包括厂址选择、总平面布局、耐火等级及防火分区的确定、平面布置、防火间距的确定、消防设施设置、防爆设计等。本节主要以国家标准《建筑设计防火规范》（GB 50016）为基础，对防火防爆设计的通用要求进行介绍。

一、工业企业防火设计

（一）生产和储存物品的火灾危险性分类

确定工业生产和储存物品的火灾危险性类别，是进行工业企业防火设计、制定防火防爆对策的基础。国家标准《建筑设计防火规范》（GB 50016）对生产和储存物品的火灾危险性分类进行了规定，相关的专业规范，如《石油化工企业设计防火标准》（GB 50160）、《石油天然气工程设计防火规范》（GB 50183）、《石油库设计规范》（GB 50074）等在《建筑设计防火规范》（GB 50016）的基础上，又做了进一步细化区分。本部分主要对《建筑设计防火规范》（GB 50016）的规定进行介绍。

生产的火灾危险性主要考虑工业生产过程中发生火灾、爆炸事故的危险性，其和生产物料及产品的性质、物料所处的状态、生产工艺条件、生产环境等因素相关。储存物品的火灾危险性主要考虑物品本身在储存过程中的火灾危险性，其主要和储存物品本身的性质、储存方式及储存环境等因素相关。需要注意的是，同一种物料，在生产过程中和在储存过程中可能具有不同的火灾危险性。如可燃粉尘静止时并不危险，但在生产过程中，若粉尘悬浮于空中与空气形成爆炸性混合物时，遇火源则能爆炸，而储存这类物品就不存在这种情况。再如，桐油织物及其制品，在储存过程中火灾危险性较大，这类物品若堆放在通风不良地点，会缓慢氧化，积热不散可能会导致自燃起火，而在生产过程中一般不存在这种情况，所以要分别对生产和储存物品的火灾危险性进行分类。

国家标准《建筑设计防火规范（2018 年版）》（GB 50016—2014），把生产的火灾危险性分为甲、乙、丙、丁、戊五类，其分类及举例见表 2-1。

表 2-1　生产的火灾危险性分类及举例

生产类别	使用或产生下列物质生产的火灾危险性特征	举　　例
甲	1. 闪点小于 28 ℃ 的液体	1. 闪点小于 28 ℃ 的油品和有机溶剂的提炼、回收或洗涤部位及其泵房，环氧乙烷、环氧丙烷工段，苯酚厂房的磺化、蒸馏部位，甲醇、乙醇、丙酮、丁酮、异丙醇、醋酸乙酯、苯等的合成或精制厂房，植物油加工厂的浸出车间
	2. 爆炸下限小于 10% 的气体	2. 乙炔站，氢气站，氯乙烯厂房，液化石油气灌瓶间，电解水或电解食盐厂房，环己酮厂房，化肥厂的氢氮气压缩厂房，半导体材料厂使用氢气的拉晶间，硅烷热分解室
	3. 常温下能自行分解或在空气中氧化能导致迅速自燃或爆炸的物质	3. 硝化棉厂房及其应用部位，赛璐珞厂房，黄磷制备厂房及其应用部位，三乙基铝厂房，染化厂某些能自行分解的重氮化合物生产，甲胺厂房，丙烯腈厂房
	4. 常温下受到水或空气中水蒸气的作用，能产生可燃气体并引起燃烧或爆炸的物质	4. 金属钠、钾加工房及其应用部位，聚乙烯厂房的一氯二乙基铝部位、三氯化磷厂房，多晶硅车间三氯氢硅部位，五氧化二磷厂房
	5. 遇酸、受热、撞击、摩擦、催化以及遇有机物或硫黄等易燃的无机物，极易引起燃烧或爆炸的强氧化剂	5. 氯酸钠、氯酸钾厂房及其应用部位，过氧化氢厂房，过氧化钠、过氧化钾厂房，次氯酸钙厂房
	6. 受撞击、摩擦或与氧化剂、有机物接触时能引起燃烧或爆炸的物质	6. 赤磷制备厂房及其应用部位，五硫化二磷厂房及其应用部位
	7. 在密闭设备内操作温度不小于物质本身自燃点的生产	7. 洗涤剂厂房石蜡裂解部位，冰醋酸裂解厂房
乙	1. 闪点不小于 28 ℃，但小于 60 ℃ 的液体	1. 松节油或松香蒸馏厂房及其应用部位，醋酸酐精馏厂房，甲酚厂房，氯丙醇厂房，松针油精制部位，煤油灌桶间
	2. 爆炸下限不小于 10% 的气体	2. 一氧化碳压缩机室及净化部位，发生炉煤气或鼓风炉煤气净化部位，氨压缩机房
	3. 不属于甲类的氧化剂	3. 发烟硫酸或发烟硝酸浓缩部位，高锰酸钾厂房
	4. 不属于甲类的易燃固体	4. 樟脑或松香提炼厂房，硫黄回收厂房，焦化厂精萘厂房
	5. 助燃气体	5. 氧气站，空分厂房
	6. 能与空气形成爆炸性混合物的浮游状态的粉尘、纤维、闪点不小于 60 ℃ 的液体雾滴	6. 铝粉或镁粉厂房，煤粉厂房、面粉厂的碾磨部位、谷物简仓工作塔，亚麻厂的除尘器和过滤器室

表2-1（续）

生产类别	使用或产生下列物质生产的火灾危险性特征	举例
丙	1. 闪点不小于60℃的液体	1. 焦化厂焦油厂房，油浸变压器室，润滑油再生部位，沥青加工厂房，植物油加工厂的精炼部位
	2. 可燃固体	2. 煤、焦炭的筛分、转运工段和栈桥或储仓，木工厂房，服装加工厂房，造纸厂备料、干燥车间，谷物加工厂房，卷烟厂的切丝、卷制、包装车间
丁	1. 对不燃烧物质进行加工，并在高温或熔化状态下经常产生强辐射热、火花或火焰的生产	1. 金属冶炼、锻造、铆焊、热轧、铸造、热处理厂房
	2. 利用气体、液体、固体作为燃料或将气体、液体进行燃烧作其他用的各种生产	2. 锅炉房，玻璃原料熔化厂房，灯丝烧拉部位，保温瓶胆厂房，陶瓷制品的烘干、烧成厂房，蒸汽机车库，石灰焙烧厂房，电石炉部位，耐火材料烧成部位，转炉厂房，硫酸车间焙烧部位，电极煅烧工段、配电室（每台装油量≤60 kg的设备）
	3. 常温下使用或加工难燃烧物质的生产	3. 难燃铝塑料材料的加工厂房，酚醛泡沫塑料的加工厂房，印染厂的漂炼部位，化纤厂后加工润湿部位
戊	常温下使用或加工不燃烧物质的生产	制砖车间，石棉加工车间，不燃液体的泵房和阀门室，不燃液体的净化处理工段，金属（镁合金除外）冷加工车间，造纸厂或化学纤维厂的浆粕蒸煮工段，仪表、器械或车辆装配车间

　　生产的火灾危险性分类，一般需要分析整个生产过程中的每个环节是否有引起火灾的可能性。同一座厂房或厂房的任一防火分区内有不同火灾危险性的生产时，厂房或防火分区内的生产火灾危险性类别应按火灾危险性较大的部分确定。但当生产过程中使用或产生易燃、可燃物的量较少，不足以构成爆炸或火灾危险时，可按实际情况确定。对于以下两种情况，可以按火灾危险性较小的部分确定：

　　第一种情况：火灾危险性较大的生产部分占本层或本防火分区建筑面积的比例小于5%或丁、戊类厂房内的油漆工段小于10%，且发生火灾事故时不足以蔓延到其他部位或火灾危险性较大的生产部分采取了有效的防火措施。

　　第二种情况：丁、戊类厂房内的油漆工段，当采用封闭喷漆工艺，封闭喷漆空间内保持负压、油漆工段设置可燃气体探测报警系统或自动抑爆系统，且油漆工段占所在防火分区建筑面积的比例不大于20%。

　　按国家标准《建筑设计防火规范（2018年版）》（GB 50016—2014），储存物品的火灾危险性同样分为甲、乙、丙、丁、戊五类，其分类及举例见表2-2。

　　对于储存物品的火灾危险性，需要注意以下两点：一是对于同一座仓库或仓库的任一防火分区内储存不同火灾危险性物品情况，仓库或防火分区的火灾危险性应按火灾危险性最大的物品确定；二是对于丁、戊类储存物品仓库的火灾危险性，当可燃包装重量大于物品本身重量 1/4 或可燃包装体积大于物品本身体积的 1/2 时，应按丙类确定。

表2-2　储存物品的火灾危险性分类及举例

类别	火灾危险性特征	举例
甲	1. 闪点小于 28 ℃的液体	1. 己烷、戊烷、石脑油、环戊烷、二硫化碳、苯，甲苯，甲醇、乙醇、乙醚、蚁酸甲酯、醋酸甲酯、硝酸乙酯，汽油、丙酮、丙烯、乙醚、38 度及以上的白酒
	2. 爆炸下限小于 10% 的气体，受到水或空气中水蒸气的作用能产生爆炸下限小于 10% 气体的固体物质	2. 乙炔、氢、甲烷、乙烯、丙烯、丁二烯、环氧乙烷、水煤气、硫化氢、氯乙烯、液化石油气、电石、碳化铝
	3. 常温下能自行分解或在空气中氧化能导致迅速自燃或爆炸的物质	3. 硝化棉，硝化纤维胶片，喷漆棉、火胶棉，赛璐珞棉、黄磷
	4. 常温下受到水或空气中水蒸气的作用，能产生可燃气体并引起燃烧或爆炸的物质	4. 金属钾、钠、锂、钙、锶，氢化锂、四氢化锂铝，氢化钠
	5. 遇酸、受热、撞击、摩擦以及遇有机物或硫黄等易燃的无机物，极易引起燃烧或爆炸的强氧化剂	5. 氯酸钾、氯酸钠、过氧化钾、过氧化钠、硝酸铵
	6. 受撞击、摩擦或与氧化剂、有机物接触时能引起燃烧或爆炸的物质	6. 赤磷、五硫化二磷、三硫化二磷
乙	1. 闪点不小于 28 ℃，但小于 60 ℃的液体	1. 煤油、松节油、丁烯醇、异戊醇、丁醚、醋酸丁酯、硝酸戊酯、环己胺、冰醋酸、樟脑油、蚁酸
	2. 爆炸下限不小于 10% 的气体	2. 氨气、一氧化碳
	3. 不属于甲类的氧化剂	3. 硝酸铜、铬酸钾、硝酸、硝酸汞、发烟硫酸、漂白粉
	4. 不属于甲类的易燃固体	4. 硫黄、镁粉、铝粉、赛璐珞板（片）、樟脑、萘、生松香、硝化纤维漆布、硝化纤维色片
	5. 助燃气体	5. 氧气、氟气
	6. 常温下与空气接触能缓慢氧化，积热不散引起自燃的物品	6. 漆布及其制品、油布及其制品、油纸及其制品
丙	1. 闪点不小于 60 ℃的液体	1. 动物油、植物油、蜡、润滑油、机油、重油
	2. 可燃固体	2. 化学、人造纤维及其织物，纸张，棉、毛、丝、麻及其织物，谷物，面粉，竹、木及其制品，中药材，计算机房已录数据的磁盘储存间，冷库中的鱼、肉间
丁	难燃烧物品	自熄性塑料及其制品，酚醛泡沫塑料及其制品，水泥刨花板
戊	不燃烧物品	钢材，铝材，玻璃及其制品，陶瓷制品，不燃气体，玻璃棉、岩棉、硅酸铝纤维、矿棉、石膏及其无纸制品

另外，为适应化工行业可燃液体火灾防控的需要，相关国家标准对可燃液体的火灾危险性分类又做了进一步细分，如《石油化工企业设计防火标准（2018年版）》（GB 50160—2008）的可燃液体火灾危险性分类见表2-3。

表2-3 液化烃、可燃液体的火灾危险性分类

名　称	类　别		特　征
液化烃	甲	A	15℃时的蒸气压力>0.1 MPa的烃类液体及其他类似的液体
可燃液体		B	甲$_A$类以外，闪点<28℃
	乙	A	闪点≥28℃至≤45℃
		B	闪点>45℃至<60℃
	丙	A	闪点≥60℃至≤120℃
		B	闪点>120℃

对于可燃液体来说，火灾危险性类别还需要结合可燃液体的操作温度来确定，如对于乙、丙类液体，当其操作温度高于其闪点时，气体挥发量增加，危险性也会随之而增加。具体应用中，对于操作温度超过其闪点的乙类液体应视为甲$_B$类液体，操作温度超过其闪点的丙$_A$类液体应视为乙$_A$类液体，操作温度超过其闪点的丙$_B$类液体应视为乙$_B$类液体，操作温度超过其沸点的丙$_B$类液体应视为乙$_A$类液体。

（二）厂址选择与总平面布局

1. 厂址选择

工业企业的选址首先应与城镇和工业区的总体规划、土地利用规划相协调，符合城乡总体规划的要求，其次应满足消防专项规划的要求。厂址选择应重点考虑以下几个方面的要求：

首先，应考虑当地环境和地质条件的影响。厂址选择要考虑当地的地震、台风、洪水、雷击、地形和地质构造等自然条件，并结合建设项目生产过程及特点进行综合考虑。如石油库的库址需要具备良好的地质条件，不得选择在有土崩、断层、滑坡、沼泽、流沙及泥石流的地区和地下矿藏开采后有可能塌陷的地区，也不应选在易受洪水、潮水或内涝威胁的地带。

其次，选址还应考虑建设项目与周边区域的相互影响。选址时需考虑与周边生活区、旅游风景区、文物保护区、重要输变电设施、核电厂、剧毒化学品生产厂等区域的相互影响，按国家规定保持安全距离和卫生防护距离。例如，具有易燃易爆危险的生产区沿江河岸边布置时，宜位于邻近江河的城镇、重要桥梁、大型锚地、船厂、港区等重要建筑物或构筑物的下游，并采取防止可燃液体流入江河的有效措施；危险、危害性大的企业应位于危险、危害性小的企业全年最小频率风向的上风侧；使用或生产有毒物质、散发有害物质

的企业应位于城镇和居住区全年最小频率风向的上风侧；有可能对河流、地下水造成污染的生产装置及辅助生产设施，应布置在城镇、居住区和水源地的下游及地势较低地段。

另外，工厂选址布局中还必须充分考虑消防水源的要求，理想的厂址应该有足够的供水能力满足消防用水的需要。如对于石油化工企业来说，发生火灾时，其消防用水量可能是巨大的，如果工厂附近有可供利用的河、海等天然水源，则可有效解决火灾扑救时的消防用水问题。

2. 总平面布局

进行总平面布局时，需要根据各建（构）筑物的使用性质、规模、火灾危险性以及所处的环境、地形、风向等因素，合理布置建（构）筑物，以消除或减少建（构）筑物之间的相互影响。如散发可燃气体、可燃蒸气和可燃粉尘的车间、装置等，需要布置在厂区的全年主导风向的下风向；甲、乙、丙类液体仓库，宜布置在地势较低的地方，以免液体流散对周围环境造成火灾威胁，若必须布置在地势较高处，则应采取一定的防火措施，如设能围挡全部流散液体的防火堤等；乙炔站等遇水产生可燃气体会发生火灾爆炸的区域，严禁布置在易被水淹没的地方。

规模较大的企业，要根据实际需要，合理划分生产区、储存区、生产辅助设施区、行政办公和生活福利区等。同一企业内，若有不同火灾危险的生产建筑，则应尽量将火灾危险性相同或相近的建筑集中布置，以利于采取防火防爆措施。易燃、易爆工厂、仓库的生产区、储存区内不得修建办公楼、宿舍等建筑。

为防止火灾向相邻建筑蔓延扩大，并为火灾扑救创造有利条件，在总平面布置中需要合理确定各类建（构）筑物、堆场、储罐、装置单元、电力设施及电力线路之间的防火间距。防火间距的确定，主要是从防止热辐射造成火灾蔓延这个角度考虑的，其次还需要考虑灭火操作和节约用地的要求。有关厂房和仓库的防火间距要求，将在本节其他部分单独介绍。

总平面布局还需根据各建筑物的使用性质、规模、火灾危险性考虑扑救火灾时必需的消防车道、消防水源、消防救援场地等。

（三）厂房、仓库的耐火等级

耐火等级是衡量建筑耐火性能高低的参数，对不同类型和规模的工业建筑提出不同的耐火等级要求，使其具有与其火灾危险性、高度、规模相适宜的耐火等级，是基本的防火技术措施之一，这样做既有利于消防安全，又有利于提高投资效益。在防火设计中，建筑构件的燃烧性能和耐火极限是衡量建筑物的耐火等级的主要指标。建筑耐火等级是由组成建筑物的墙、柱、梁、楼板、屋顶承重构件、疏散楼梯和吊顶等主要构件的燃烧性能和耐火极限决定的。按国家标准《建筑设计防火规范（2018年版）》（GB 50016—2014）规定，厂房和仓库的耐火等级分一、二、三、四级，相应耐火等级建筑构件的燃烧性能和耐火极限见表2-4。

表2-4　不同耐火等级厂房和仓库建筑构件的燃烧性能和耐火极限　　　　h

构件名称		耐火等级			
		一级	二级	三级	四级
墙	防火墙	不燃性 3.00	不燃性 3.00	不燃性 3.00	不燃性 3.00
	承重墙	不燃性 3.00	不燃性 2.50	不燃性 2.00	难燃性 0.50
	楼梯间、前室的墙，电梯井的墙	不燃性 2.00	不燃性 2.00	不燃性 1.50	难燃性 0.50
	疏散走道两侧的隔墙	不燃性 1.00	不燃性 1.00	不燃性 0.50	难燃性 0.25
	非承重外墙房间隔墙	不燃性 0.75	不燃性 0.50	难燃性 0.50	难燃性 0.25
柱		不燃性 3.00	不燃性 2.50	不燃性 2.00	难燃性 0.50
梁		不燃性 2.00	不燃性 1.50	不燃性 1.00	难燃性 0.50
楼板		不燃性 1.50	不燃性 1.00	不燃性 0.75	难燃性 0.50
屋顶承重构件		不燃性 1.50	不燃性 1.00	难燃性 0.50	可燃性
疏散楼梯		不燃性 1.50	不燃性 1.00	不燃性 0.75	可燃性
吊顶（包括吊顶搁栅）		不燃性 0.25	难燃性 0.25	难燃性 0.15	可燃性

注：二级耐火等级建筑内采用不燃烧材料的吊顶，其耐火极限不限。

厂房、仓库耐火等级的确定和其生产或储存物品的火灾危险性、建筑层数和面积有关，设计时，需要根据具体情况来确定耐火等级。

高层厂房，甲、乙类厂房的耐火等级不应低于二级，建筑面积不大于300 m² 的独立甲、乙类单层厂房可采用三级耐火等级的建筑。

单、多层丙类厂房和多层丁、戊类厂房的耐火等级不应低于三级。使用或产生丙类液体的厂房和有火花、炽热表面、明火的丁类厂房，其耐火等级均不应低于二级；当为建筑面积不大于500 m² 的单层丙类厂房或建筑面积不大于1000 m² 的单层丁类厂房时，可采用三级耐火等级的建筑。

使用或储存特殊贵重的机器、仪表、仪器等设备或物品的建筑，其耐火等级不应低于二级。

锅炉房的耐火等级不应低于二级，当为燃煤锅炉房且锅炉的总蒸发量不大于 4 t/h 时，可采用三级耐火等级的建筑。油浸变压器室、高压配电装置室的耐火等级不应低于二级。

高架仓库、高层仓库、甲类仓库、多层乙类仓库和储存可燃液体的多层丙类仓库，其耐火等级不应低于二级。单层乙类仓库，单层丙类仓库，储存可燃固体的多层丙类仓库和多层丁、戊类仓库，其耐火等级不应低于三级。

粮食筒仓的耐火等级不应低于二级，二级耐火等级的粮食筒仓可采用钢板仓。粮食平房仓的耐火等级不应低于三级，二级耐火等级的散装粮食平房仓可采用无防火保护的金属承重构件。

另外，某些构件的耐火极限也需要根据实际情况在表 2-4 的基础上做出调整，如甲、乙类厂房和甲、乙、丙类仓库内的防火墙，其耐火极限不应低于 4.00 h；对于一、二级耐火等级单层厂房（仓库）的柱，其耐火极限分别不应低于 2.50 h 和 2.00 h；采用自动喷水灭火系统全保护的一级耐火等级单、多层厂房（仓库）的屋顶承重构件，其耐火极限不应低于 1.00 h；二级耐火等级厂房（仓库）内的房间隔墙，当采用难燃性墙体时，其耐火极限应提高 0.25 h；二级耐火等级多层厂房和多层仓库内采用预应力钢筋混凝土的楼板，其耐火极限不应低于 0.75 h。

（四）厂房、仓库的层数、面积的选择

厂房、仓库是工业企业重要的生产、储存场所，根据不同的火灾危险性类别，正确选择厂房和仓库的耐火等级，合理确定厂房和仓库的层数和建筑面积，对防止火灾蔓延扩大、减少损失具有重要意义。

1. 厂房的层数和面积

厂房的层数和防火分区的最大允许建筑面积应符合表 2-5 的要求。

表 2-5　厂房的层数和防火分区的最大允许建筑面积

生产的火灾危险性类别	厂房的耐火等级	最多允许层数	每个防火分区的最大允许建筑面积/m²			
			单层厂房	多层厂房	高层厂房	地下或半地下厂房（包括地下或半地下室）
甲	一级	宜采用单层	4000	3000	—	—
	二级		3000	2000	—	—
乙	一级	不限	5000	4000	2000	—
	二级	6	4000	3000	1500	—
丙	一级	不限	不限	6000	3000	500
	二级	不限	8000	4000	2000	500
	三级	2	3000	2000	—	—

表 2-5（续）

生产的火灾危险性类别	厂房的耐火等级	最多允许层数	每个防火分区的最大允许建筑面积/m²			
			单层厂房	多层厂房	高层厂房	地下或半地下厂房（包括地下或半地下室）
丁	一、二级	不限	不限	不限	4000	1000
	三级	3	4000	2000	—	—
	四级	1	1000	—	—	—
戊	一、二级	不限	不限	不限	6000	1000
	三级	3	5000	3000	—	—
	四级	1	1500	—	—	—

注：表中"—"表示不允许。

厂房的防火分区之间应采用防火墙分隔。除甲类厂房外的一、二级耐火等级厂房，当其防火分区的建筑面积大于表 2-5 的规定，且设置防火墙确有困难时，可采用防火卷帘或防火分隔水幕进行分隔。

厂房内设置自动灭火系统时，每个防火分区的最大允许建筑面积可按规定增加 1.0 倍。当丁、戊类的地上厂房内设置自动灭火系统时，每个防火分区的最大允许建筑面积不限。厂房内局部设置自动灭火系统时，其防火分区的增加面积可按该局部面积的 1.0 倍计算。厂房内的操作平台、检修平台，当使用人数少于 10 人时，平台面积可不计入所在防火分区的建筑面积内。

2. 仓库的层数和面积

仓库储存物资集中，单位面积的可燃物数量较一般建筑高出很多，灭火救援难度大，一旦着火，往往整个仓库或防火分区就被全部烧毁，造成严重经济损失。因此，在建筑防火上，除要严格控制其防火分区的大小外，还需要对仓库的占地面积进行控制。按国家标准《建筑设计防火规范（2018 年版）》（GB 50016—2014），不同储存物品的每座仓库耐火等级、层数和面积应符合表 2-6 的要求。

表 2-6　仓库的耐火等级、层数和面积

储存物品的火灾危险性类别		仓库的耐火等级	最多允许层数	每座仓库的最大允许占地面积和每个防火分区的最大允许建筑面积/m²						
				单层仓库		多层仓库		高层仓库		地下或半地下仓库（包括地下或半地下室）
				每座仓库	防火分区	每座仓库	防火分区	每座仓库	防火分区	防火分区
甲	3、4 项	一级	1	180	60	—	—	—	—	—
	1、2、5、6 项	一、二级	1	750	250	—	—	—	—	—

表2-6（续）

储存物品的火灾危险性类别		仓库的耐火等级	最多允许层数	每座仓库的最大允许占地面积和每个防火分区的最大允许建筑面积/m²						地下或半地下仓库（包括地下或半地下室）
				单层仓库		多层仓库		高层仓库		
				每座仓库	防火分区	每座仓库	防火分区	每座仓库	防火分区	防火分区
乙	1、3、4项	一、二级	3	2000	500	900	300	—	—	—
		三级	1	500	250	—	—	—	—	—
	2、5、6项	一、二级	5	2800	700	1500	500	—	—	—
		三级	1	900	300	—	—	—	—	—
丙	1项	一、二级	5	4000	1000	2800	700	—	—	150
		三级	1	1200	400	—	—	—	—	—
	2项	一、二级	不限	6000	1500	4800	1200	4000	1000	300
		三级	3	2100	700	1200	400	—	—	—
丁		一、二级	不限	不限	3000	不限	1500	4800	1200	500
		三级	3	3000	1000	1500	500	—	—	—
		四级	1	2100	700	—	—	—	—	—
戊		一、二级	不限	不限	不限	不限	2000	6000	1500	1000
		三级	3	3000	1000	2100	700	—	—	—
		四级	1	2100	700	—	—	—	—	—

注：表中"—"表示不允许。

仓库内的防火分区之间必须采用防火墙分隔，甲、乙类仓库内防火分区之间的防火墙不应开设门、窗、洞口；地下或半地下仓库（包括地下或半地下室）的最大允许占地面积，不应大于相应类别地上仓库的最大允许占地面积。

仓库内设置自动灭火系统时，除冷库的防火分区外，每座仓库的最大允许占地面积和每个防火分区的最大允许建筑面积可按规定增加1.0倍。

（五）平面布置

下面主要对地下、半地下室，办公室、休息室及员工宿舍，中间仓库，变、配电站等几类重要场所的平面布置进行介绍。

1. 地下、半地下室

甲、乙类生产场所和仓库不应设置在地下或半地下。地下、半地下空间的密闭性往往高于地上建筑，甲、乙类生产场所和仓库具有爆炸危险，发生事故后的危害巨大，疏散和火灾扑救十分困难。无论是独立的地下或半地下建筑，还是建筑的地下或半地下室，都不应布置甲、乙类生产场所和仓库。

2. 办公室、休息室及员工宿舍

甲、乙类厂房内不应设置办公室、休息室。当办公室、休息室必须与厂房贴邻建造时，其耐火等级不应低于二级，并应采用耐火极限不低于 3.00 h 的不燃烧体防爆墙与厂房分隔，并设置独立的安全出口。甲、乙类生产场所具有较高的爆炸危险性，发生爆炸时，普通墙体很难抗御爆炸冲击波，需要采用具有一定抗爆强度的防爆墙。防爆墙又称抗爆墙，其在墙体任意一侧受到爆炸冲击波作用并达到设计的压力作用时，能够保持设计所要求的防护性能。防爆墙通常采用钢筋混凝土或配筋砌体墙体。

办公室、休息室设置在丙类厂房内时，应采用耐火极限不低于 2.50 h 的防火隔墙和 1.00 h 的楼板与其他部位分隔，并应至少设置 1 个独立的安全出口。如隔墙上需开设相互连通的门时，应采用乙级防火门。

甲、乙类仓库内严禁设置办公室、休息室等，并不应贴邻建造。办公室、休息室设置在丙、丁类仓库内时，应采用耐火极限不低于 2.50 h 的防火隔墙和 1.00 h 的楼板与其他部位分隔，并应设置独立的安全出口。隔墙上需开设相互连通的门时，应采用乙级防火门。

厂房和仓库内严禁设置员工宿舍。住宿与生产、储存合建的建筑，过去在我国造成多起重特大火灾，教训深刻，应严禁员工宿舍设置在厂房和仓库内。

3. 中间仓库

为满足厂房的日常连续生产需要，往往需要从仓库或上道工序的厂房或车间取得一定数量的原材料、半成品、辅助材料存放在厂房内。存放上述物品的场所即为中间仓库。

厂房内设置甲、乙类中间仓库时，应靠外墙布置，且其储量不宜超过一昼夜的需要量。甲、乙、丙类中间仓库应采用防火墙和耐火极限不低于 1.50 h 的不燃性楼板与其他部位分隔；丁、戊类中间仓库应采用耐火极限不低于 2.00 h 的防火隔墙和 1.00 h 的楼板与其他部位分隔。

厂房内的丙类液体中间储罐应设置在单独房间内，其容量不应大于 5 m³。设置中间储罐的房间，应采用耐火极限不低于 3.00 h 的防火隔墙和 1.50 h 的楼板与其他部位分隔，房间门应采用甲级防火门。中间储罐是为满足连续生产需要而设置的原料供应罐或中间产品调节罐，厂房内的中间储罐不应储存甲、乙类可燃液体。甲、乙类中间储罐和容量大于 5 m³ 的中间储罐均应设置在厂房外。

4. 变、配电站

变、配电站不应设置在甲、乙类厂房内或贴邻，且不应设置在爆炸性气体、粉尘环境的危险区域内。甲、乙类厂房属易燃、易爆场所，运行中的变压器存在燃烧或爆裂的可能，不应将变电所、配电所设在有爆炸危险的甲、乙类厂房内或贴邻建造，以提高厂房的安全程度。如果生产上确有需要，允许专为一个甲类或乙类厂房服务的 10 kV 及以下的变电所、配电所在厂房的一面外墙贴邻建造，并用无门、窗、洞口的防火墙隔开。但对乙类厂房的配电站，如氨压缩机房的配电所，为观察设备、仪表运转情况，需要设观察窗，允许在配电所的防火墙上设置采用不燃材料制作并且不能开启的防火窗。

（六）厂房、仓库的防火间距

与民用建筑相比，厂房和库房内的加工设备、用电设备和可燃物质多，火灾危险性较大。因此，其防火间距除应考虑耐火等级外，还要考虑生产和储存物品的火灾危险性，并应在民用建筑的防火间距上适当加大。

1. *厂房的防火间距*

厂房之间及与乙、丙、丁、戊类仓库之间的最小防火间距见表2-7。

表2-7　厂房之间及与乙、丙、丁、戊类仓库的防火间距　　　　　　　　　　　m

名称			甲类厂房 单、多层 一、二级	乙类厂房（仓库）			丙、丁、戊类厂房（仓库）			
				单、多层		高层	单、多层			高层
				一、二级	三级	一、二级	一、二级	三级	四级	一、二级
甲类厂房	单、多层	一、二级	12	12	14	13	12	14	16	13
乙类厂房	单、多层	一、二级	12	10	12	13	10	12	14	13
		三级	14	12	14	15	12	14	16	15
	高层	一、二级	13	13	15	13	13	15	17	13
丙类厂房	单、多层	一、二级	12	10	12	13	10	12	14	13
		三级	14	12	14	15	12	14	16	15
		四级	16	14	16	17	14	16	18	17
	高层	一、二级	13	13	15	13	13	15	17	13
丁、戊类厂房	单、多层	一、二级	12	10	12	13	10	12	14	13
		三级	14	12	14	15	12	14	16	15
		四级	16	14	16	17	14	16	18	17
	高层	一、二级	13	13	15	13	13	15	17	13
室外变、配电站	变压器总油量/t	≥5，≤10	25	25	25	25	12	15	20	12
		>10，≤50					15	20	25	15
		>50					20	25	30	20

甲、乙类厂房与重要公共建筑的防火间距不应小于50 m，与明火或散发火花地点的防火间距不应小于30 m。单、多层戊类厂房之间及与戊类仓库的防火间距可按规定减少2 m。

两座厂房相邻较高一面的外墙为防火墙，或相邻两座高度相同的一、二级耐火等级建筑中相邻一侧外墙为防火墙且屋顶的耐火极限不低于1.00 h时，其防火间距可不限，但甲类厂房之间不应小于4 m。两座丙、丁、戊类厂房相邻两面外墙均为不燃性墙体，当无外露的可燃性屋檐，每面外墙上的门、窗、洞口面积之和各不大于该外墙面积的5%，且门、窗、洞口不正对开设时，其防火间距可按规定减少25%。

两座一、二级耐火等级的厂房，当相邻较低一面外墙为防火墙且较低一座厂房的屋顶无天窗，屋顶的耐火极限不低于1.00 h，或相邻较高一面外墙的门、窗等开口部位设置甲级防火门、窗或防火分隔水幕或按规定设置防火卷帘时，甲、乙类厂房之间的防火间距不应小于6 m；丙、丁、戊类厂房之间的防火间距不应小于4 m。

厂房与民用建筑之间的最小防火间距见表2-8。

表2-8 厂房与民用建筑之间的防火间距   m

名 称			民 用 建 筑				
			裙房，单、多层			高 层	
			一、二级	三级	四级	一类	二类
甲类厂房	单、多层	一、二级	25			50	
乙类厂房	单、多层	一、二级	25			50	
		三级					
	高层	一、二级					
丙类厂房	单、多层	一、二级	10	12	14	20	15
		三级	12	14	16	25	20
		四级	14	16	18		
	高层	一、二级	13	15	17	20	15
丁、戊类厂房	单、多层	一、二级	10	12	14	15	13
		三级	12	14	16	18	15
		四级	14	16	18		
	高层	一、二级	13	15	17	15	13
室外变、配电站	变压器总油量/t	≥5，≤10	15	20	25	20	
		>10，≤50	20	25	30	25	
		>50	25	30	35	30	

单、多层戊类厂房与民用建筑的防火间距可将戊类厂房等同民用建筑，按民用建筑之间的防火间距考虑。为丙、丁、戊类厂房服务而单独设置的生活用房应按民用建筑确定，与所属厂房的防火间距不应小于6 m。

丙、丁、戊类厂房与民用建筑的耐火等级均为一、二级时，丙、丁、戊类厂房与民用建筑的防火间距可适当减小。当较高一面外墙为无门、窗、洞口的防火墙，或比相邻较低一座建筑屋面高15 m及以下范围内的外墙为无门、窗、洞口的防火墙时，其防火间距不限；相邻较低一面外墙为防火墙，且屋顶无天窗或洞口、屋顶的耐火极限不低于1.00 h，或相邻较高一面外墙为防火墙，且墙上开口部位采取了防火措施，其防火间距可适当减小，但不应小于 4 m。

2. 仓库的防火间距

甲类仓库之间及与其他建筑、明火或散发火花地点、铁路、道路等的防火间距不应小于表 2 - 9 的要求。

表 2 - 9　甲类仓库之间及与其他建筑、明火或散发火花地点、铁路、道路等的防火间距　m

名　　称		甲类仓库（储量，t）			
		甲类储存物品第 3、4 项		甲类储存物品第 1、2、5、6 项	
		≤5	>5	≤10	>10
高层民用建筑、重要公共建筑		50			
裙房、其他民用建筑、明火或散发火花地点		30	40	25	30
甲类仓库		20	20	20	20
厂房和乙、丙、丁、戊类仓库	一、二级	15	20	12	15
	三级	20	25	15	20
	四级	25	30	20	25
电力系统电压为 35～500 kV 且每台变压器容量不小于 10 MV·A 的室外变、配电站，工业企业的变压器总油量大于 5 t 的室外降压变电站		30	40	25	30
厂外铁路线中心线		40			
厂内铁路线中心线		30			
厂外道路路边		20			
厂内道路路边	主要	10			
	次要	5			

甲类仓库之间的防火间距，当第 3、4 项物品储量不大于 2 t，第 1、2、5、6 项物品储量不大于 5 t 时，不应小于 12 m。甲类仓库与高层仓库的防火间距不应小于 13 m。

乙、丙、丁、戊类仓库之间及与民用建筑之间的防火间距，不应小于表 2 - 10 的要求。

单、多层戊类仓库之间的防火间距，可按规定减少 2 m。当两座仓库的相邻外墙均为防火墙时，防火间距可以减小，但丙类仓库不应小于 6 m，丁、戊类仓库不应小于 4 m。两座仓库相邻较高一面外墙为防火墙，或相邻两座高度相同的一、二级耐火等级建筑中相邻任一侧外墙为防火墙且屋顶的耐火极限不低于 1.00 h，且总占地面积不大于一座仓库的最大允许占地面积规定时，其防火间距不限。

表2-10　乙、丙、丁、戊类仓库之间及与民用建筑之间的防火间距　　　　m

名　称			乙类仓库 单、多层 一、二级	乙类仓库 单、多层 三级	乙类仓库 高层 一、二级	丙类仓库 单、多层 一、二级	丙类仓库 单、多层 三级	丙类仓库 单、多层 四级	丙类仓库 高层 一、二级	丁、戊类仓库 单、多层 一、二级	丁、戊类仓库 单、多层 三级	丁、戊类仓库 单、多层 四级	丁、戊类仓库 高层 一、二级
乙、丙、丁、戊类仓库	单、多层	一、二级	10	12	13	10	12	14	13	10	12	14	13
		三级	12	14	15	12	14	16	15	12	14	16	15
		四级	14	16	17	14	16	18	17	14	16	18	17
	高层	一、二级	13	15	13	13	15	17	13	13	15	17	13
民用建筑	裙房，单、多层	一、二级	25			10	12	14	13	10	12	14	13
		三级				12	14	16	15	12	14	16	15
		四级				14	16	18	17	14	16	18	17
	高层	一类	50			20	25	25	20	15	18	18	15
		二类				15	20	20	15	13	15	15	13

除乙类第6项物品外的乙类仓库，与民用建筑的防火间距不宜小于25 m，与重要公共建筑的防火间距不应小于50 m，与铁路、道路等的防火间距不宜小于表2-9中甲类仓库与铁路、道路等的防火间距。

丁、戊类仓库与民用建筑的耐火等级均为一、二级时，仓库与民用建筑的防火间距可适当减小。当较高一面外墙为无门、窗、洞口的防火墙，或比相邻较低一座建筑屋面高15 m及以下范围内的外墙为无门、窗、洞口的防火墙时，其防火间距不限；相邻较低一面外墙为防火墙，且屋顶无天窗或洞口、屋顶耐火极限不低于1.00 h，或相邻较高一面外墙为防火墙，且墙上开口部位采取了防火措施，其防火间距可适当减小，但不应小于4 m。

（七）消防设施的设置

消防设施的设置是工业建筑防火设计的重要内容。消防设施的设置应根据建筑的用途及其重要性、火灾危险性、火灾特性和环境条件等因素综合确定。这里所说的消防设施主要包括消火栓系统、自动灭火系统、防排烟系统、火灾自动报警系统等。

1. 消火栓系统

厂房、仓库、储罐（区）和堆场周围需要设置室外消火栓系统。建筑占地面积大于300 m² 的厂房和仓库需要设置室内消火栓系统。

耐火等级为一、二级且可燃物较少的单、多层丁、戊类厂房（仓库），耐火等级为三、四级且建筑体积不大于3000 m³ 的丁类厂房，耐火等级为三、四级且建筑体积不大于5000 m³ 的戊类厂房（仓库），可不设置室内消火栓系统，但宜设置消防软管卷盘或轻便消防水龙。

2. 自动灭火系统

不小于 50000 纱锭的棉纺厂的开包、清花车间，不小于 5000 锭的麻纺厂的分级、梳麻车间，火柴厂的烤梗、筛选部位，占地面积大于 1500 m² 或总建筑面积大于 3000 m² 的单、多层制鞋、制衣、玩具及电子等类似生产的厂房，占地面积大于 1500 m² 的木器厂房，泡沫塑料厂的预发、成型、切片、压花部位；高层乙、丙类厂房，建筑面积大于 500 m² 的地下或半地下丙类厂房等场所需要设置自动灭火系统，且宜采用自动喷水灭火系统。

每座占地面积大于 1000 m² 的棉、毛、丝、麻、化纤、毛皮及其制品的仓库，每座占地面积大于 600 m² 的火柴仓库，邮政建筑内建筑面积大于 500 m² 的空邮袋库，可燃、难燃物品的高架仓库和高层仓库，设计温度高于 0 ℃ 的高架冷库，设计温度高于 0 ℃ 且每个防火分区建筑面积大于 1500 m² 的非高架冷库，总建筑面积大于 500 m² 的可燃物品地下仓库，每座占地面积大于 1500 m² 或总建筑面积大于 3000 m² 的其他单层或多层丙类物品仓库等场所需要设置自动灭火系统，且宜采用自动喷水灭火系统。

火柴厂的氯酸钾压碾厂房，建筑面积大于 100 m² 且生产或使用硝化棉、喷漆棉、火胶棉、赛璐珞胶片、硝化纤维的厂房，乒乓球厂的轧坯、切片、磨球、分球检验部位，建筑面积大于 60 m² 或储存量大于 2 t 的硝化棉、喷漆棉、火胶棉、赛璐珞胶片、硝化纤维的仓库，日装瓶数量大于 3000 瓶的液化石油气储配站的灌瓶间、实瓶库等场所需要设置雨淋自动喷水灭火系统。

单台容量在 40 MV·A 及以上的厂矿企业油浸变压器，单台容量在 90 MV·A 及以上的电厂油浸变压器，单台容量在 125 MV·A 及以上的独立变电站油浸变压器，飞机发动机试验台的试车部位，充可燃油并设置在高层民用建筑内的高压电容器和多油开关室等场所宜设置水喷雾灭火系统。设置在室内的油浸变压器、充可燃油的高压电容器和多油开关室，可采用细水雾灭火系统。

对于石油库、石油化工企业、精细化工企业、石油天然气工程、煤化工工程等化工企业中甲、乙、丙类可燃液体储罐灭火系统的设置，相关的《石油库设计规范》（GB 50074）、《石油化工企业设计防火标准》（GB 50160）、《石油天然气工程设计防火规范》（GB 50183）、《精细化工企业工程设计防火标准》（GB 51283）、《煤化工工程设计防火标准》（GB 51428）等给出了详细规定。除上述专业标准的规定外，对于其他工业企业，单罐容量大于 1000 m³ 的可燃液体固定顶罐应设置固定式泡沫灭火系统。罐壁高度小于 7 m 或容量不大于 200 m³ 的可燃液体储罐可采用移动式泡沫灭火系统，其他储罐宜采用半固定式泡沫灭火系统。

3. 防排烟系统

工业建筑内的防烟楼梯间及其前室、消防电梯间前室或合用前室、避难走道的前室、避难间等部位应设置防烟设施。建筑高度不大于 50 m 的厂房、仓库，当其防烟楼梯间的前室或合用前室采用敞开的阳台、凹廊，或者前室或合用前室具有不同朝向的可开启外窗，且可开启外窗的面积满足自然排烟口的面积要求时，楼梯间可不设置防烟系统。

人员或可燃物较多的丙类生产场所，丙类厂房内建筑面积大于 300 m² 且经常有人停留或可燃物较多的地上房间，建筑面积大于 5000 m² 的丁类生产车间；占地面积大于 1000 m² 的丙类仓库，高度大于 32 m 的高层厂房（仓库）内长度大于 20 m 的疏散走道，其他厂房（仓库）内长度大于 40 m 的疏散走道等场所需要设置排烟系统。

4. 火灾自动报警系统

任一层建筑面积大于 1500 m² 或总建筑面积大于 3000 m² 的制鞋、制衣、玩具、电子等类似用途的厂房，每座占地面积大于 1000 m² 的棉、毛、丝、麻、化纤及其制品的仓库，占地面积大于 500 m² 或总建筑面积大于 1000 m² 的卷烟仓库等场所需要设置火灾自动报警系统。

当工业建筑内设置了机械排烟、防烟系统、雨淋或预作用自动喷水灭火系统、固定消防水炮灭火系统、气体灭火系统时，因为这些系统要和火灾自动报警系统联动，所以，设置这些自动灭火系统的场所也要设置火灾自动报警系统。

二、工业建筑防爆设计

由于爆炸具有极大的破坏力，对人员生命和财产安全危害巨大，对于有爆炸危险的工业建筑，进行防爆设计是保障建筑安全的重要措施。防爆设计涉及总平面布置、建筑平面布置、建筑构造选择、泄压设计等方面。

（一）防爆布置要求

有爆炸危险的甲、乙类厂房宜独立设置。绝大部分甲、乙类生产厂房中的部分或全部生产都具有爆炸危险性，一般为可燃气体或蒸气、可燃粉尘的爆炸，爆炸发生后会在极短的时间内对建筑的围护结构产生较强的超压作用，可能会导致整个厂房被摧毁，采用独立建筑有利于减小对相邻建筑的破坏。

有爆炸危险的甲、乙类生产部位，宜布置在单层厂房靠外墙的泄压设施或多层厂房顶层靠外墙的泄压设施附近，这是厂房内有爆炸危险部位平面布置的基本原则。单层厂房中如某一部分为有爆炸危险的甲、乙类生产，为防止或减少爆炸对其他生产部分的破坏、减少人员伤亡，要求甲、乙类生产部位靠建筑的外墙布置，以便直接向外泄压。多层厂房中某一部分或某一层为有爆炸危险的甲、乙类生产时，为避免因该生产设置在建筑的下部及其中间楼层，爆炸时导致结构破坏严重而影响上层建筑结构的安全，要求这些甲、乙类生产部位尽量设置在建筑的最上一层靠外墙的部位。

对于厂房内有爆炸危险的设备，为避免其爆炸影响厂房结构，其布置时要避开厂房的梁、柱等主要承重构件。

有爆炸危险的甲、乙类厂房的总控制室要独立设置。总控制室设备仪表较多、价值高，是某一工厂或生产过程的重要指挥、调度与数据交换储存的场所。为了保障人员、设备仪表的安全，单独建造是十分必要的。对于分控制室来说，也宜独立设置，但在受条件限制时可与厂房贴邻建造，这主要是考虑到有些分控制室常常和其厂房紧邻，甚至设在其中，有的要求能直接观察到厂房中的设备，如分开设则要增加控制系统，增加建筑用地和造价，还给生产管理带来不便。当分控制室受条件限制需要与厂房贴邻建造时，须靠外墙设置，并采用耐火极限不低于 3.00 h 的不燃性墙体与其他部分隔开。对于不同生产工艺或不同生产车间，甲、乙类厂房内各部位的实际火灾危险性均可能存在较大差异，对于贴邻建造且可能受到爆炸作用的分控制室，除分隔墙体的耐火性能要求外，还需要考虑控制室的抗爆要求，即墙体还需采用防爆墙。

在有爆炸危险的甲、乙类厂房或场所中，有爆炸危险的区域与相邻的其他有爆炸危险或无爆炸危险的生产区域因生产工艺需要连通时，要尽量在外墙上开门，利用外廊或阳台联系或在防火墙上做门斗，门斗的两个门要错开设置，以减弱爆炸冲击波的威力，缩小爆炸影响范围。考虑到对疏散楼梯的保护，设置在有爆炸危险场所内的疏散楼梯也要考虑设置门斗，以此缓冲爆炸冲击波的作用，降低爆炸对疏散楼梯间的影响。此外，门斗还可以限制爆炸性可燃气体、可燃蒸气混合物的扩散。

（二）建筑构造防爆

1. 建筑构造的选择

1）主体结构

对于有爆炸危险的厂房和仓库，选择合理的结构形式，可以在其发生爆炸时，有效防止建筑结构发生倒塌破坏，降低事故危害。有爆炸危险的甲、乙类厂房宜采用敞开或半敞开式，其承重结构宜采用钢筋混凝土或钢框架、排架结构。框架和排架的结构整体性强，较之砖墙承重结构的抗爆性能好，采用框架或排架结构形式的建筑，便于在外墙面开设大面积的门窗洞口或采用轻质墙体作为泄压面积，能为厂房设计成敞开或半敞开式的建筑形式提供有利条件。

2）屋顶和地面

散发较空气轻的可燃气体、可燃蒸气的甲类厂房，宜采用轻质屋面板的全部或局部作为泄压面积。该类厂房在生产作业过程中，可燃气体容易积聚在厂房上部，条件合适时易在厂房上部发生爆炸，故在厂房上部采取泄压措施较合适，并以采用轻质屋盖效果较好。采用轻质屋盖泄压具有爆炸时屋盖被掀掉可不影响房屋的梁柱承重构件和可采用较大泄压面积等优点。

当爆炸介质比空气轻时，为防止气流向上在死角处积聚，排不出去，导致气体达到爆炸浓度，顶棚应尽量平整，避免死角，厂房上部空间要能通风良好。

散发较空气重的可燃气体、可燃蒸气以及有可燃粉尘、纤维等可能发生爆炸危险的甲、乙类厂房，生产过程中比空气重的物质易在下部空间靠近地面或地沟洼地等处积聚，为防止地面因摩擦打出火花，需要采用不发火花的地面。如采用橡胶、塑料、菱苦土、木地板、橡胶掺石墨或沥青混凝土等。为了避免车间地面、墙面因为凹凸不平积聚粉尘，厂房内表面应平整、光滑，并易于清扫。另外，该类厂房内一般不允许设置地沟，必须设置时，要保证地沟的盖板严密，地沟要采取防止可燃气体、可燃蒸气及粉尘、纤维在地沟积聚的有效措施，且与相邻厂房连通处还要采用防火材料密封。

使用和生产甲、乙、丙类液体的厂房，发生生产事故时易造成液体在地面流淌或滴漏至地下管沟内，若遇火源即会引起燃烧爆炸事故。为避免殃及相邻厂房，管沟不应与相邻厂房相通，另外考虑到甲、乙、丙类液体通过下水道流失也易造成事故，下水道需设隔油设施。另外，水溶性易燃可燃液体，采用常规的隔油设施不能有效防止其蔓延与流散，应根据具体生产情况采取相应的排放处理措施。

甲、乙、丙类液体仓库应设置防止液体流散的设施。甲、乙、丙类液体，如汽油、苯、甲醇、丙酮、煤油、柴油等，一般采用桶装存放在仓库内，此类库房一旦着火，特别是上述桶装液体发生爆炸，容易在库内地面流淌，设置防止液体流散的设施，能防止其流散到仓库外，避免造成火势扩大蔓延。防止液体流散的基本做法有两种：一是在桶装仓库门洞处修筑漫坡，一般高为 150～300 mm；二是在仓库门口砌筑高度为 150～300 mm 的门槛，再在门槛两边填沙土形成漫坡，便于装卸。

遇湿会发生燃烧爆炸的物品仓库应采取防止水浸渍的措施。遇水会发生燃烧爆炸的物品主要是活泼金属和金属氢化物，如金属钾、钠、锂、钙、锶及氢化锂等，储存该类物品的仓库，要求设置防止水浸渍的设施，如使室内地面高出室外地面、仓库屋面严密遮盖等。

2. 泄压设计

泄压是减轻爆炸事故危害的主要技术措施，有爆炸危险的甲、乙类生产厂房、仓库，需要设置必要的泄压面积。当发生爆炸时，作为泄压面积的建筑构、配件首先遭到破坏，将爆炸气体及时泄出，使室内的爆炸压力迅速降低，从而保护建筑物的主体结构，减轻人员伤亡和设备破坏。

1）泄压面积计算

为防止建筑物的承重构件因强大的爆炸力遭到破坏，将一定面积的建筑构、配件做成薄弱泄压设施，其面积称为泄压面积。泄压面积和建筑体积的比值为泄压比，泄压比是确定泄压面积的重要技术参数，它的大小主要取决于爆炸混合物的类别和浓度。根据《建筑设计防火规范（2018 年版）》（GB 50016—2014），有爆炸危险的甲、乙类厂房，其泄压面积宜按下式计算：

$$A = 10CV^{2/3} \tag{2-1}$$

式中　A——泄压面积，m^2；

　　　V——厂房的容积，m^3；

　　　C——泄压比，可按表 2-11 选取，m^2/m^3。

表 2-11 中的 $K_尘$ 为粉尘爆炸指数。粉尘爆炸指数是指在密闭容器中，给定的粉尘发生爆炸所产生的最大爆炸压力上升速率与爆炸容器容积立方根的乘积，是一个常数，量纲为 MPa·m/s。

表 2-11　厂房内爆炸性危险物质的类别与泄压比值　　　　m^2/m^3

厂房内爆炸性危险物质的类别	C
氨以及粮食、纸、皮革、铅、铬、铜等 $K_{尘}<10$ MPa·m/s 的粉尘	≥0.030
木屑、炭屑、煤粉、锑、锡等 10 MPa·m/s ≤ $K_{尘}$ ≤ 30 MPa·m/s 的粉尘	≥0.055
丙酮、汽油、甲醇、液化石油气、甲烷、喷漆间或干燥室、苯酚树脂、铝、镁、锆等 $K_{尘}>30$ MPa·m/s 的粉尘	≥0.110
乙烯	≥0.160
乙炔	≥0.200
氢	≥0.250

需要注意的是当厂房的长径比大于 3 时，宜将该建筑划分为长径比小于或等于 3 的多个计算段，各计算段中的公共截面不得作为泄压面积。长径比为建筑平面几何外形尺寸中的最长尺寸与其横截面周长的积和 4.0 倍的该建筑横截面积之比，为无量纲量。长径比过大的空间，在泄压过程中会产生较高的压力。以粉尘为例，空间过长，在爆炸后期，未燃烧的粉尘 - 空气混合物受到压缩，初始压力上升，燃气泄放流动会产生紊流，使燃速增大，产生较高的爆炸压力。因此，有可燃气体或可燃粉尘爆炸危险性的建筑物建造时长径比不宜过大，以防止爆炸时产生较大超压，保证所设计的泄压面积能有效作用。

2）泄压设施的选择与设置

泄压设施就建筑整体而言是人为设置的薄弱部位，当发生爆炸时，它们最先遭到破坏或开启，使室内压力迅速下降，从而达到主要承重结构不破坏，整座厂房（仓库）不倒塌的目的。泄压设施一般要满足以下要求：

（1）泄压设施宜采用轻质屋面板、轻质墙体和易于泄压的门、窗等，且应采用安全玻璃等在爆炸时不产生尖锐碎片的材料。易于泄压的门、窗、轻质墙体、轻质屋盖，是指门、窗的单位质量轻，玻璃受压易破碎，墙体、屋盖材料容重较小，门、窗选用的小五金断面较小，构造节点连接受到爆炸力作用易断裂或脱落等。比如，用于泄压的门、窗可采用楔形木块固定，门、窗上用的金属百页、插销等的断面可稍小，门、窗向外开启，这样，一旦发生爆炸，原先关着的门、窗上的小五金可能因冲击波而被破坏，门、窗则可自动打开或自行脱落，达到泄压目的。

（2）泄压设施的设置应避开人员密集场所和主要交通道路，并宜靠近有爆炸危险的部位。有爆炸危险的甲、乙类厂房爆炸后，用于泄压的门、窗、轻质墙体、轻质屋盖将被摧毁，高压气流夹杂大量的爆炸物碎片从泄压面喷出，对周围的人员、车辆和设备等均具有一定破坏性，因此泄压面积要避免面向人员密集场所和主要交通道路。

（3）作为泄压设施的轻质屋面板和轻质墙体的质量不宜超过 60 kg/m^2。降低泄压面积构配件的单位质量，也可减小承重结构和不作为泄压面积的围护构件所承受的超压，从而减小爆炸所引起的破坏。设计要尽可能采用容重更轻的材料作为泄压面积的构配件。

（4）屋顶上的泄压设施应采取防冰雪积聚的措施。我国北方和西北、东北等严寒或寒冷地区，由于积雪和冰冻时间长，易增加屋面上泄压面积的单位面积荷载而使其产生较大的静力惯性，导致泄压受到影响，因而设计要考虑采取适当措施防止积雪。

第二节　防火防爆技术措施

工业生产过程中，预防和控制火灾爆炸事故主要通过三个途径：一是控制可燃物和助燃物的浓度、温度、压力等，避免物料处于危险状态；二是消除一切足以导致起火爆炸的点火源；三是采取各种阻隔手段，阻止火灾爆炸事故灾害扩大。从理论上讲，不使物质处于燃烧爆炸的危险状态和消除一切点火源，这两项措施只要控制其一，就可以防止火灾爆炸事故发生。但在实际生产中，生产条件的限制或某些不可控制的因素影响，仅采取一种措施是不够的，往往需要采取多方面的措施，以提高生产过程的消防安全水平。本节主要从以下几个方面来论述生产过程防火防爆的技术措施。

一、防止爆炸性混合物的形成

在生产过程中，应加强对可燃物的管理和控制，尽量利用不燃或难燃物料取代可燃物料，对于易燃易爆物料，要采取措施避免形成爆炸性混合物，如防止空气和其他氧化性物质进入设备内，防止泄漏的可燃物料与空气混合等。

（一）根据物质的危险特性进行控制

首先要从生产工艺上进行控制，用火灾危险性小的物料代替危险性大的物料；其次根据物料的理化性质，采取不同的防火防爆措施。

对于遇空气能自燃，遇水能燃烧、爆炸的物质，应分别采取隔绝空气、防水防潮或采取通风、散热、降温等措施，防止发生燃烧或爆炸。

对于相互接触能引起燃烧、爆炸的物质不得混存，更不能相互接触；遇酸碱能分解、燃烧、爆炸的物质要严禁与酸碱接触，对机械作用比较敏感的物质要轻拿轻放。

对可燃气体或蒸气，要根据与空气的相对密度采用相应的排空方法和防火防爆措施，对于密度比空气小的可燃气体，可直接向高空排放，对密度比空气大的可燃气体，则需采用火距的方式排空。对可燃液体，应根据其沸点和饱和蒸气压考虑设备的耐压强度、储存温度、保温降温措施，根据它们的闪点、爆炸极限等采取相应的防火防爆措施。

对于不稳定物质，储存过程中应添加稳定剂。对受阳光作用能生成爆炸性过氧化物的某些液体，应采用金属桶或暗色的玻璃瓶储存。

（二）加强密闭

为防止可燃气体、蒸气和可燃性粉尘与空气形成爆炸性混合物，应尽可能在密闭状态下操作生产设备和容器。对带压设备，应防止气体、液体或粉尘逸出与空气形成爆炸性混合物；对真空设备，应防止空气漏入设备内部达到爆炸极限。为保证设备的密闭性，对处理危险物料的设备及管路系统，在保证安装检修方便的条件下，应尽量少用法兰连接；输送危险气体、液体的管道，应采用无缝管；盛装具有腐蚀性介质的容器，底部尽可能不装阀门，腐蚀性液体应从顶部抽吸排出。如设备本身不能密封，可采用液封或负压操作，以防系统中有毒或可燃性气体逸出。加压或减压设备，在投产前和定期检修后应检查密闭性和耐压强度；压缩机、泵、阀门、法兰接头等容易漏油、漏气的部位，应经常检查；填料如有损坏，应立即更换，以防渗漏；设备在运行过程中也应经常检查气密情况，严格控制操作温度和压力，严禁超温、超压运行。

（三）通风排气

为保证生产环境中的易燃、易爆、有毒物质的浓度不超过危险值，必须采取有效的通风排气措施。一般需要从两方面来考虑通风要求：一是对于仅具有易燃易爆危险性的物质，其在车间内的浓度一般应低于其爆炸下限的 25%；二是对于具有毒性的易燃易爆物质，在有人操作的场所，还应考虑该物质在车间内的最高允许浓度。

对有火灾爆炸危险的厂房，通风气体不得循环使用；排风/送风设备应有独立分开的风机室，送风系统应送入较纯净的空气；排除、输送温度超过 80 ℃的空气或其他气体以及有燃烧和爆炸危险的气体、粉尘的通风设备，应采用非燃烧材料制成；空气中含有易燃、易爆危险物质的场所，应使用防爆型通风机和调节设备。排除有燃烧和爆炸危险的粉尘及容易起火的碎屑的排风系统，其除尘系统也应防爆。含有燃烧和爆炸危险粉尘的空气，在进入排风机前应采用不产生火花的除尘器进行处理。对于遇水可能形成爆炸的粉尘，严禁采用湿式除尘器。排除有燃烧或爆炸危险气体、蒸气和粉尘的排风系统的排风设备不应布置在地下或半地下建筑（室）内，排风管应采用金属管道，并应直接通向室外安全地点，不应暗设，排风系统尚应设置导除静电的接地装置。

对局部通风，应注意气体或蒸气的密度，密度比空气大的气体，要防止其在低洼处积聚；密度比空气小的气体，要防止其在高处死角上积聚。有时即使是少量气体也会使厂房局部空间达到爆炸极限。

（四）惰化保护

在可燃气体或蒸气与空气的混合气中充入惰性气体，可降低氧气和可燃物的浓度，从而消除爆炸危险和阻止火焰传播，工程中使用最多的惰性气体是氮气。

常使用惰性化措施的场合主要有：易燃固体的粉碎、研磨、混合、筛分，以及粉状物料的气流输送；可燃气体混合物的生产和处理过程；易燃液体的输送和装卸作业；开工、检修前的处理作业等。惰性气体的需用量一般根据危险物料系统燃烧所必需的最低含氧量计算。

二、消除和控制引火源

在多数场合，可燃物和助燃物的存在是不可避免的，因此，消除或控制引火源就成为防火防爆的关键。常见的引火源主要有明火、高温表面、摩擦和撞击、绝热压缩、化学反应热、电气火花、静电火花、雷击和光热射线等。在有火灾爆炸危险的场所，对这些引火源都要引起足够注意，并采取严格的控制措施。

（一）明火控制

明火主要是火焰、火花、火星等，如生产过程中的加热用火、维修用火、高架火炬及烟囱、机械排放火星、吸烟及其他火源，对这些火源必须严加控制。主要控制措施如下：

（1）加热易燃液体时，应尽量避免采用明火，而采用蒸气、过热水、中间载热体或电热等。

（2）在有火灾爆炸危险的场所进行动火作业时，应严格按规定办理动火批准手续，领取动火证，在采取安全防护措施、确保安全无误后，方可动火作业。操作人员必须有作业资格证书，作业时必须遵守安全规程。

（3）产生火星设备的排空系统，如烟囱及汽车、拖拉机、柴油机的排气等，应在汽车、拖拉机等内燃机的废气排出口和烟囱上安装火星熄灭装置，以防飞出火星引燃周围可燃物或引起易燃易爆介质爆炸。

（4）必须使用明火时，设备应严格密闭，燃烧室应与设备建筑分开或隔离。

（5）生产用明火、加热炉宜集中布置在厂区边缘，且应位于有易燃物料的设备全年最小频率风向的下风侧，并与相关设备保持合理的防火间距。

（二）摩擦与撞击火花的控制

当两个表面粗糙的坚硬物体互相剧烈摩擦或猛烈撞击时，会生热或产生火花，可能会引发火灾或爆炸。生产过程常见的易产生火花的情况及相应的处理措施如下：

（1）机械轴承缺油或润滑不均时，会摩擦生热，具有引起附着可燃物着火的危险。要对机械轴承等转动部位及时加油，保持良好润滑，并注意经常清扫附着的可燃污垢。

（2）金属机件摩碰，钢铁工具相互撞击或与混凝土地面撞击，均能产生火花，因此，凡是产生撞击的部分应采用两种不同的金属制成，如将扳手等钢铁工具改成防爆合金材料制作。不能使用特种金属制造的设备，应采用惰性气体保护或真空操作。在有爆炸危险的甲、乙类生产厂房内，禁止穿带钉子的鞋，地面应采用碰撞不产生火花的材料铺筑。

（3）物料中的金属杂质以及金属零件、铁钉等落入反应器、粉碎机、提升机等设备内时，由于金属器件与机件的碰撞，能产生火花而导致易燃物料着火或爆炸。因此应在有关机器设备上装设磁力离析器，以捕捉和剔除金属硬质物；对研磨、粉碎特别危险物料的机器设备，宜采用惰性气体保护。

（4）盛装可燃气体或液体的压力容器或管道突然开裂时，可燃气体或液体会高速喷出，若容器内部有锈蚀，其中夹带的铁锈与器壁冲击摩擦也可能引起火灾爆炸事故。因此，对有可燃物料的金属设备内壁应做防锈处理，定期进行耐压试验，并经常进行检查，发现问题及时处理。

（5）搬运盛装可燃气体和易燃液体的金属容器时，要避免抛掷、拖拉、震动，以免产生火花。

（三）防止日光照射和聚光作用

某些化学物质，如氯与氢、氯与乙烯或乙炔混合物在光线照射下能发生爆炸，乙醚在阳光下长期存放，能生成有爆炸危险的过氧化物。直射的日光通过圆烧瓶或含有气泡的玻璃时，会被聚集的光束形成高温而引起可燃物着火。平时可采取以下措施加以防范：

（1）乙醚必须存放在金属桶内或暗色的玻璃瓶中，并在每年的4—9月以冷藏运输。

（2）受热易分解的易燃易爆物质应存放在有遮挡阳光的专门库房内，不得露天存放。

（3）不得用椭圆形玻璃瓶盛装易燃液体，用玻璃瓶储存时，不得露天放置。

（4）储存液化气体和低沸点易燃液体的固定储罐表面，当无绝热措施时，应涂以银灰色，并设置冷却喷淋设备，以便夏季降温。

（5）易燃易爆化学品仓库的门窗外部应设置遮阳板，窗户玻璃宜采用毛玻璃或涂刷白漆。

（四）电火花的控制

电火花是一种电能转变成热能的常见点火源，是由于电极间的击穿放电形成的，大量的电火花汇集即形成电弧。电火花的温度很高，特别是电弧，其温度可高达 3000～6000 ℃。控制电火花可采取以下措施：

（1）根据生产的具体情况，应首先考虑把电气设备安装在危险场所外或隔离，并尽量少用便携式电气设备。

（2）设置在火灾爆炸危险场所的电气设备，应按规定选用相应的防爆设备。

（五）静电火花的控制

静电火花是由于储存在带电物体内的静电能量快速释放，使带电物体附近的物质产生电离而形成的，静电火花放电具有隐蔽性，是一种危害很大的点火源。防止静电放电引起火灾或爆炸，应该从限制静电的产生和静电荷的积累两方面入手。一般情况下，可采取如下措施：

（1）从工艺上控制静电火花的产生。可通过合理设计和选择设备材质，控制设备内物料的流速，控制物料中的杂质和水分等减少静电荷的产生。

（2）通过导走法或中和法消除静电荷。可通过增加火灾爆炸危险环境的空气湿度、在物料中加抗静电剂以及静电接地、通过安装静电消除器等措施消除静电荷。

（3）人体防静电措施。可通过穿防静电鞋、防静电服以及加强防静电安全操作等措施防止人体静电引起火灾爆炸事故。

（六）其他火源的控制

要防止易燃易爆物料与高温设备、管道表面接触。可燃物料排放口应远离高温表面，高温表面要有隔热保温措施，不能在高温管道和设备上烘烤衣服及其他可燃物件。

烟头虽是一个不大的热源，但其中心温度可达 700～800 ℃，超过一般可燃物的燃点，能引起许多物质燃烧。因此，在石油化工厂区内应严禁吸烟。

三、控制工艺参数

生产工艺参数主要是指温度、压力、流量、液位及物料配比等。工艺参数失控常常是造成火灾爆炸事故的根源之一，将工艺参数按工艺要求严格控制在安全范围之内，是防止火灾爆炸事故发生的根本措施。

（一）温度控制

温度是化工生产中主要的控制参数之一。每个化学反应都有其最适宜的反应温度，正确控制反应温度不但对保证产品质量、降低消耗有重要意义，而且也是防火防爆所必需的。温度过高可能会引起剧烈反应导致压力突增，造成冲料或爆炸，也可能会引起反应物分解着火。温度过低，可能会造成反应速度减慢或停滞，而一旦反应温度恢复正常时，往往会因为未反应的物料过多而发生剧烈反应引起爆炸；另外，温度过低还会使某些物料冻结，造成管路堵塞或破裂，致使易燃物料泄漏而引发火灾或爆炸。为严格控制温度，应从以下几个方面采取措施：

（1）移除反应热。对于相当多的放热化学反应，应选择有效的传热设备和传热方式，保证反应热能及时导出，防止超温。

（2）防止搅拌中断。搅拌可以加速热传导，但是若在反应中搅拌器突然停电，则会造成散热不良或局部反应加剧，进而造成超压爆炸。为防止搅拌突然中断，可采取双路供电、双路供水、增设人工搅拌器等措施。在生产过程中，若发生搅拌中断，应立即停止加料，并采取有效的降温措施。

（3）正确选择传热介质。化工生产中常用热载体加热，常用的热载体有水蒸气、水、矿物油、联苯醚、熔盐、汞和熔融金属、烟道气等。正确选择热载体，对确保加热过程的安全有重要意义。应尽量避免使用与反应物料性质相抵触的物质作为热载体。例如，环氧乙烷很容易与水发生剧烈反应，甚至有极其微量的水渗进液体环氧乙烷中，也容易引起自聚发热而爆炸。这类物质的冷却或加热不能用水和水蒸气，而应使用液体石蜡等作为传热介质。另外，需要注意传热面结疤，传热面结疤不仅影响传热效率，更危险的是因物料局部过热而引起分解，导致其他事故。

（二）压力控制

生产用的反应器和设备如果压力过高，可能会造成设备、管道爆裂或化学反应加剧而引发爆炸。正压生产的设备、管道等如果形成负压，会把空气吸入设备、管道内，与易燃易爆物质形成爆炸性混合物，有发生火灾爆炸的危险。负压生产的设备、管道，如果出现正压情况，易跑、漏易燃易爆物料而发生火灾。在各种不同压力下生产的设备和管道，要防止高压系统的压力窜入低压系统造成设备、管道爆裂，高压设备、管道和容器应有足够的耐压强度，定期进行耐压试验，并安装安全阀、压力表等安全装置。

（三）投料控制

正确投料是维持化学反应正常进行的基本要求，投料速度、配料配比等出现问题均可能引起火灾爆炸事故。生产过程中应采取以下措施保障生产安全：

（1）控制投料速度。对于放热反应，进料速度不能超过设备的散热能力，否则物料温度会急剧升高，引起物料分解，有可能造成爆炸事故。进料速度过低，部分物料可能因温度过低，反应不完全而积聚，一旦达到反应温度时，就有可能使反应加剧进行，因温度、压力急剧升高而产生爆炸。

（2）控制投料配比。投入原料的配比不仅关系到产品质量，也关系到生产安全。要严格控制反应物料的配比，对可燃物料与氧化剂的反应，要严格控制氧化剂投料量。如在环氧乙烷生产中，反应原料乙烯与氧的浓度接近爆炸极限范围，必须严格控制，尤其在开停车过程中，乙烯和氧的浓度在不断变化，且开车时催化剂活性较低，容易造成反应器出口氧浓度过高。为保证安全，如果工艺条件允许，可采用水蒸气或惰性气体稀释保护。

（3）控制投料顺序。化工生产中的投料顺序是根据物料性质、反应机理等要求而进行的，进料顺序一般是不能颠倒的。例如氯化氢的合成，应先投氢后投氯；三氯化磷的生产，应先投磷后投氯，否则有可能发生爆炸。

（4）控制投料纯度。在化工生产中，许多化学反应由于反应物料中危险杂质的增加会导致副反应、过反应，进而造成燃烧或爆炸。因此，应保证生产原料、中间产品及成品的纯度。如聚氯乙烯的生产中，乙炔与氯化氢反应生成氯乙烯，氯化氢中游离氯一般不允许超过 0.005%，因为氯与乙炔反应会生成四氯乙烷而发生爆炸。对于物料循环操作的过程，要采取防止杂质越积越多的措施，如采取吸收清除或将部分反应气体放空的方法。

（四）紧急情况停车处理

在化工生产过程中，当发生突然停电、停水、停汽、可燃物大量泄漏等紧急情况时，生产装置就要停车处理，此时若处理不当，就可能发生事故。在紧急情况下，整个生产控制，原料、气源、蒸气、冷却水等都有一个平衡的问题，这种平衡必须保证生产装置的安全。一旦发生紧急情况，就应有严密的组织，果断的指挥、调度，操作人员正确的判断，熟练的处理，来达到保证生产装置和人员安全的目的。各类突发情况一般处置措施如下：

（1）停电。为防止因突然停电而发生事故，关键设备一般都具备双电源连锁自控装置。如因电路发生故障导致装置全部断电时，要及时查明停电原因，并要特别注意重点设备的温度、压力等参数的变化，保持必要的物料畅通。某些设备的手动搅拌、紧急排空等安全装置都要有专人看管。发现因停电而造成冷却系统停车时，要及时将放热设备中的物料进行妥善处理，避免发生超温超压事故。

（2）停水。局部停水时，可视情况减量或维持生产，如大面积停水，则应立即停止生产进料，密切注意温度、压力变化，如超过正常值时，应视情况采取放空降压措施。

（3）停汽。停汽后，加热设备温度下降，汽动设备停运，对于一些在常温下呈固态而在操作温度下为液态的物料，应防止凝结堵塞管道。另外，应及时关闭与物料连通的阀门，防止物料倒流至蒸气系统。

（4）停风。停风时，所有以气为动力的仪表、阀门将都不能动作，此时必须立即改为手动操作。充气防爆电器和仪表也会处于不安全状态，必须加强厂房内的通风换气，以防止可燃气体进入电器和仪表内。

（5）可燃物大量泄漏的处理。在生产过程中，当可燃物料大量泄漏时，首先应正确判断泄漏部位，及时切断泄漏物料来源，在一定区域内严格禁止动火及其他火源。操作人员应控制一切工艺变化，当达到临界温度、临界压力等危险值时，应进行停车处理。有条件时，可通过对装置进行水雾保护，以达到冷却有机蒸气，防止可燃物泄漏到附近装置中的目的。

四、设置泄压排放及安全保护装置

设置泄压排放和安全保护装置是预防和降低火灾爆炸损失的重要措施，各类工业场所均应按相关的规范要求设置相应的应急防护装置。

（一）泄压排放装置

1. 放空管

放空管又称排放管，一般安装在化学反应器的顶部。放空管的作用主要体现在两个方面：一是用于正常排气放空，将生产过程中产生的一些废气，及时放空；二是用于事故排放，当反应物料发生剧烈反应，采取加强冷却、减少投料等措施难以奏效，不能防止反应设备超压、超温、聚合、分解爆炸事故而设置自动或手控的紧急放空管。

放空管安装使用时，需要满足以下要求：

（1）放空管一般应设置在设备或容器的顶部。

（2）室内设备的放空管应引出室外。排放易燃、有毒或剧毒介质时，排放管要高于附近有人操作的最高设备 2 m 以上。紧靠建筑物、构筑物或在建筑物、构筑物内布置设备的可燃气体放空管，应高出建筑物、构筑物 2 m 以上。

（3）经常排放可燃气体的放空管，放空管口应装设阻火器。

（4）放空管口应处在防雷保护范围内。

（5）当放空气体流速较快时，为防止因静电放电引起事故，放空管应有良好接地。

2. 火炬系统

火炬系统是用来处理炼油厂、化工厂及其他工作或装置无法收集和再加工的可燃和可燃有毒气体及蒸气的特殊燃烧设施，是保证工厂安全生产、减少环境污染的一项重要措施。火炬系统将可燃和可燃有毒气体及蒸气转变为不可燃的惰性气体，将有害、有臭、有毒物质转化为无害、无臭、无毒物质，然后排空。根据燃烧特性，火炬可分为有烟火炬、无烟火炬、吸热火炬；根据支撑结构，火炬可分为高架火炬、地面火炬、坑式火炬。

全厂性的高架火炬应布置在生产区全年最小频率风向的上风侧；可能携带可燃液体的高架火炬与相邻居住区、工厂的防火间距不应小于 120 m，与厂区内装置、储罐、设施的防火间距不应小于 90 m。距火炬筒 30 m 范围内，禁止可燃气体放空。

火炬系统由火炬气排放管网和火炬装置（简称火炬）组成。一般来说，各生产装置或生产单元的火炬支干管汇入火炬气总管，通过总管将火炬气送到火炬。火炬有全厂公用和单个生产装置或储运设施独用两种，火炬的主要作用如下：

（1）安全输送和燃烧处理生产装置在正常生产情况下排放出的易燃易爆气体。如生产中产生的部分废气，可能直接排往火炬系统；催化剂、干燥剂再生排气；由于连通火炬气管网的切断阀和安全阀不严密，而泄漏到火炬气排放管网的气体物料等。

（2）处理装置在试车、开车、停车时产生的易燃易爆气体。大型石油化工企业有多个工艺装置，各个生产工序的开、停车一般是陆续进行的。因此，一个装置或工序生产出来的半成品物料在后一道装置或工序中往往会有一部分甚至全部不能利用。这些半成品物料中的气体不便于储存，而且绝大部分属于易燃易爆气体，为了保证试车、开车、停车的安全进行和减少环境污染，一般都将这部分气体排放到火炬系统。

（3）作为装置紧急事故时的安全措施。工艺装置的事故，可能是由于停水、停电、停仪表或者空气、生产原料的突然中断导致的，事故状态下将装置内的易燃易爆气体排至火炬，可有效降低装置的火灾爆炸风险。由于火炬气排放的变化很大，从几乎为零到每小时几百吨，气体组成变化也很大，很难将这部分气体全部回收利用，所以，目前火炬应视为生产流程的有机组成部分之一。某种意义上来说，从火炬的燃烧情况也可推断出生产装置运转正常与否。

（二）安全保护装置

安全保护装置主要包括信号报警装置、保险装置、安全连锁装置、紧急制动装置、阻火装置和防爆泄压装置等。本节主要介绍信号报警装置、保险装置、安全连锁装置、紧急制动装置，下一节将重点介绍阻火装置和防爆泄压装置。

1. 信号报警装置

信号报警装置可在生产发生异常时，及时发出警告，以便采取措施消除故障。报警装置与测量仪表连接，用声、光或颜色示警。例如在硝化反应中，硝化器的冷却水呈微负压状态，为防止器壁泄漏造成事故，在冷却水排出口处装有带警示铃的导电性测量仪，若设备发生泄漏，则水内必混有酸，导电率提高，铃响示警。一般聚合釜、水解釜等压力反应器，除按规定装有泄压装置外，还应设置压力或温度极限的报警装置，并且可与执行机构一起作为压力调节器。当压力超过极限值时，或压力不稳发生波动时，使用接触式压力计作为报警装置。在小氮肥生产过程中，经水洗的气体会夹带大量水分，为不使水分带入压缩机造成事故，气体必须通过水分离器将水分离出来。为了防止分离器内的水突然增多导致液位过高，失去分离作用，需对水分离器液位进行监测，达到危险位置时进行报警。随着科学技术的发展，安全警报信号系统的自动化程度不断提高。例如反应塔温度上升的自动报警系统可以分成两级，急剧升温的检测系统，以及进口流量相应的温差检测系统。

2. 保险装置

信号报警装置只能提醒人们注意事故正在形成或即将发生，但不能自动排除事故。而保险装置则能自动消除危险状态。例如氨的氧化反应是在氨和空气混合物爆炸极限附近进行的，在气体输送管路上应安装保险装置，在反应过程中，空气的压力过低或氨的温度过低，都有可能使混合气体中氨的浓度提高，达到爆炸下限。在这种情况下，保险装置就会切断氨的输入，只允许空气流进，从而可以防止爆炸性混合物形成。

3. 安全连锁装置

安全连锁装置是通过机械或电气控制依次连通各个仪器和设备，使之彼此发生联系，达到安全运行的目的。例如，硫酸与水的混合操作，必须先把水加入设备，再注入硫酸，否则将会发生喷溅和灼伤事故，把注水阀门和注酸阀门依次连锁起来，就可以达到此目的。某些需要经常打开孔盖的带压反应器，在开盖之前必须卸压，频繁操作容易出现差错，如果把卸掉罐内压力和打开孔盖连锁起来，就可以确保操作安全。在轻柴油裂解年产30万 t 乙烯装置中，气源的正常供给非常重要，为了保证压缩机安全运行，必须采用低油压报警与停机连锁，冷却水低流量报警与停机连锁，压缩机二段出口温度高报警与停机连锁。

4. 紧急制动装置

紧急制动装置是当设备和管道断裂、填料脱落、操作失误时能防止介质大量外泄或因物料暴聚、分解造成超温、超压，可能引起着火、爆炸设置的紧急切断物料的安全装置，有紧急切断阀、单向阀、过流阀等。

第三节　阻火和防爆泄压装置

本节介绍的防火防爆装置包括两类：一类是阻火装置，如安全液封、水封井、阻火器等；另一类是防爆泄压装置，如安全阀、爆破片、呼吸阀等。这些装置的作用是阻止火灾爆炸的发生、蔓延扩大，减少事故损失。

一、阻火装置

人们经过长期的实践，研制、生产出了许多具有防火、防爆、阻止蔓延、阻止火星扩散等功能的安全装置，它们是保证生产正常安全运行的关键部件或元件，是防火防爆安全措施不可缺少的组成部分。阻火装置，就是通过某些隔离措施防止外部火焰窜入有燃烧爆炸危险的设备、容器、管道内，或阻止火焰在设备和管道内蔓延的一种安全装置，常用于阻止火灾爆炸初期火焰的传播和蔓延。主要有安全液封、水封井、阻火器等。

（一）安全液封

安全液封是一种湿式阻火装置，一般安装在压力低于 0.02 MPa（表压）的可燃气体管线与生产设备之间，或设置在带有可燃气体、蒸气和油污的下水管道之间，用于阻止火焰蔓延。其工作原理比较简单，当气体经过安全液封时，需要穿过不燃的液体层，如果气体已经被点燃，则经过液体层时就会被熄灭。目前应用较为广泛的是以水作为阻火介质的安全水封。

安全水封有开敞式和封闭式两种，其结构如图2-1、图2-2所示。正常工作时，一定压力的气体可自由地经进气管在液封中鼓泡通过。当进气管侧着火时，由于连续的气流在液封中被分散成不连续的气泡，火焰不能向出气管侧传播。当出气管侧气体着火时，倒燃的火焰和气体为液封所阻不能进入进气管侧，液封罐内的压力会通过安全管或爆破片泄放出去。安全水封还可用于调节气体压力，当进气管侧压力超过系统的设定压力时，气体可通过安全水封排出。

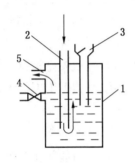 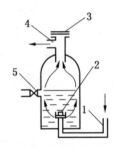

1—外壳；2—进气管；3—安全管；
4—验水栓；5—气体出口

1—气体进口；2—单向阀；3—防爆膜；
4—气体出口；5—验水栓

图2-1 开敞式安全水封 　　　　　图2-2 封闭式安全水封

安全水封内的液位需要根据生产设备内的压力保持一定的高度。水位过高或过低都会影响安全水封的使用，如水位过高，将使燃气难以通过，且不利于气、水分离。运行中或发生倒燃后，需要随时检查安全水封的液位，液位不足时应及时补充。对封闭式安全水封，由于可燃气体中可能带有黏性杂质，使用一段时间后容易黏附在阀和阀座等处，所以要经常检查单向阀的气密性。另外对低温环境下使用的安全水封，还要采取防冻结措施，如可以在水中加入少量食盐以降低冰点。

（二）水封井

水封井一般设置在石油、化工企业有可燃气体、易燃液体蒸气或油污的污水管网上，以防止燃烧和爆炸波沿污水管网蔓延扩大。水封井的结构如图2-3所示。由于水封井中存在充实的污水管段，正常情况下，水封井的任何一侧发生火灾，火焰都不能传播到另一侧。

一般来说，石化企业生产污水管道的关键部位需要设置水封井，如工艺装置内的塔、加热炉、泵、冷换设备等区围堰的排水出口，工艺装置、罐组或其他设施及建筑物、构筑物、管沟等的排水出口，全厂性的支干管与干管交汇处的支干管上等。另外，全厂性支干管、干管的管段长度超过300 m时，需要用水封井隔开。

水封井的水封高度，不应小于250 mm。寒冷地区水封井在冬季应有防止封液冻结的措施，如加防冻液等（甘油、矿物油、乙二醇等）。

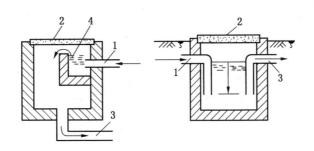

1—污水进口；2—井盖；3—污水出口；4—溢水槽

图2-3　水封井

（三）阻火器

阻火器是用来阻止可燃气体和易燃液体蒸气火焰蔓延的安全装置，在工业上应用较为广泛。例如，在输送可燃气体的管道，储存石油和石油产品的储罐，有爆炸危险系统的放空管口，油气回收系统，去加热炉的可燃气体燃料的管网，去火炬系统的管道上一般都会设置阻火器。相关标准主要有国家标准《石油储罐阻火器》（GB 5908—2005）、《石油气体管道阻火器》（GB/T 13347—2010）。

阻火器的阻火层由能够通过气体的许多细小、均匀或不均匀的通道或孔隙的固体材质组成，火焰进入阻火层时，会被分隔成许多细小的火焰流，在散热作用和器壁效应的作用下而被熄灭。散热作用是指阻火层内细小的通道或孔隙增大了火焰的散热面积和行程，强化了细小火焰流与通道壁的换热效果，使得火焰温度迅速下降，加速了火焰熄灭。器壁效应是指火焰通过阻火层时被分隔成细小的火焰流，火焰中的自由基与反应分子的碰撞概率减少，而自由基与通道壁的碰撞概率增加，这就使自由基的数目大大减少，降低了燃烧速度，当通道尺寸减小到某一数值时，燃烧反应即终止。

按结构形式，阻火器可分为金属网型、波纹型、填充型、平行板型等，下面主要介绍比较常用的金属网型阻火器、波纹型阻火器和填充型阻火器。

1. 金属网型阻火器

金属网型阻火器是用单层或多层不锈钢丝或铜丝网重叠起来组成的，如图2-4所示。通常金属网层数越多，金属网目数越多，阻火性能越好，但流体阻力也会随之增加，当阻火层达到一定层数之后再增加层数，阻火效果变化不大。金属网型阻火器结构简单，造价低廉，但阻爆范围较小，易于损坏，不耐烧。一般多用于石油储罐、输气管道等设备。

2. 波纹型阻火器

波纹型阻火器内的阻火层常用不锈钢或铜镍合金压制成波纹状分层组装而成，如图2-5所示。波纹的作用是分隔成层并形成许多小的孔隙或形成许多小的三角形通道，更有利于阻止火焰。

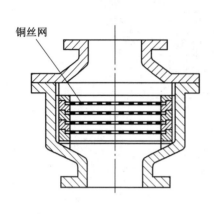

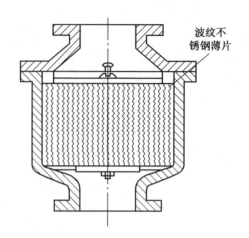

图2-4　金属网型阻火器　　　　　图2-5　波纹型阻火器

3. 填充型阻火器

填充型阻火器又称砾石阻火器,其阻火层由粒状材料堆积而成。填充料可采用砂粒、卵石、玻璃球或铁屑、铜屑等,一般多选用砾石,其结构如图2-6所示。

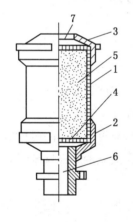

1—壳体;2—下盖;3—上盖;
4—网格;5—砾石;
6—进口;7—出口
图2-6　砾石阻火器

填料颗粒的直径一般为3~4 mm,由于直径很小,阻火器内的空间被分隔成许多非直线性小孔隙,从而起到吸热和阻止火焰传播的作用。这种阻火器的效果比金属网型阻火器更好。例如金属网型阻火器阻止二硫化碳的火焰比较困难,而砾石阻火器的阻火效果就比较好。一般在直径150 mm的壳体内充填100 mm厚的砾石层,便可阻止各种熔剂的火焰蔓延,若用于阻止二硫化碳的火焰,砾石层厚需要达到200 mm。一般来说,填料颗粒直径越小,形成的间隙截面也越小,充填层的高度可相应小一些。

(四) 阻火闸门

阻火闸门是为防止火焰沿通风管道或生产管道蔓延而设置的一种速动火焰阻断器。正常条件下,阻火闸门受易熔金属元件的控制处于开启状态,一旦管道内温度升高,使得易熔金属熔化时,闸门便自动关闭。易熔合金一般采用铅、锡、镉、汞等易熔金属制成。

阻火闸门按结构特点可分为旋转式、跌落式、粒状填料式、双闸板式、喷淋式等。旋转式阻火闸门如图2-7所示,正常情况下,阻火闸门受易熔元件的控制,处于开启状态。发生火灾时,温度升高使易熔元件熔化,闸板由于重锤的作用便自动翻转关闭。跌落式自动阻火闸门如图2-8所示,这种阻火闸门由闸板和易熔元件组成,闸板在易熔元件熔断后，靠自身重力自动跌落而将管道封闭。旋转式阻火闸门和跌落式自动阻火闸门也可制成手控闸门，一般手控闸门多安装在操作岗位附近，便于控制。

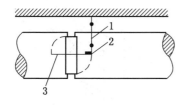

1—易熔金属元件；2—重锤；3—阻火闸板

图2-7　旋转式阻火闸门

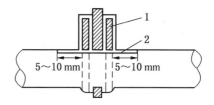

1—闸板；2—易熔元件

图2-8　跌落式自动阻火闸门

选择阻火装置时，要考虑管道大小、工艺介质性质、有无发生爆轰的可能性、工艺介质在管道中的流速等因素。例如，在输送纯气体的管道上，采用阻火器效果好，如果介质中含有许多机械杂质或含有易于结晶和聚合的物质，那么选用阻火闸门更为可靠。

（五）火星熄灭器

火星熄灭器又称火花熄灭器、防火帽，通常安装在产生火星设备的排空系统上，如安装在汽车、拖拉机等内燃机的废气排出口和工业烟囱上，以防止飞出火星引燃周围的可燃物。火星熄灭器一般采用下面几种方法来熄灭火星：

（1）将带有火星的烟气从小容积引入大容积，使其流速减慢，压力降低，火星和所夹带的炽热颗粒便沉降下来，而不致飞出散落。

（2）在烟气流通通道上设置障碍，改变烟气流动方向，增大火星流动路程，通过延长停留时间和冷却作用，使火星熄灭或沉降。

（3）通过设置网格或叶轮等，将较大的火星挡住，或将火星分散，以加速火星的熄灭。

（4）借助水喷淋或水蒸气熄灭火星。

图2-9所示的是安装在汽车排气管上的火星熄灭器，当废气进入装置后通过大小不等的

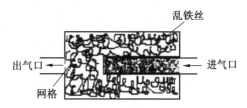

图2-9　汽车排气管用的火星熄灭器

空隙，不断改变方向，减慢流速，致使热损失增大，气流温度下降，火星被熄灭。图2-10所示的是拖拉机用的简易火星熄灭器，熄灭器内设置了网格可起到改变废气流动方向和传热距离、降低火星温度的作用，以及挡住大火星颗粒，使其沉降下来。对于机动车用火星熄灭器，国家标准《机动车排气火花熄灭器》（GB 13365—2005）中有更为详细的分类和介绍。

图2-11所示的是工业烟囱上的火星熄灭器，当烟气进入熄灭器时，冲击叶轮使其旋转，同时叶轮将较大的火星击碎，加速其熄灭。同时，烟气进入熄灭器后，由于容积增

大，流速减慢，促使火星颗粒沉降下来。熄灭器的直径与烟囱直径之比为 2：1，熄灭器外壳长度为烟囱直径的 4 倍。

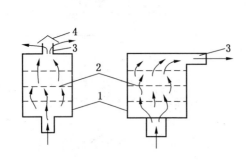 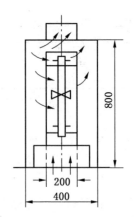

1—火星熄灭器外壳；2—网格；3—废气出口；4—上盖

图 2 - 10　拖拉机用的简易火星熄灭器　　　图 2 - 11　工业烟囱上的火星熄灭器

二、防爆泄压装置

防爆泄压装置的作用是及时排除由于物理变化和化学变化所引起的超压，以防生产装置被破坏。常见的防爆泄压装置包括安全阀、爆破片、呼吸阀等，它们既可混合使用，也可单独使用，在实际工程中，应根据使用对象的情况来确定。

（一）安全阀

安全阀是一种自动阀门，当设备或管道内的介质压力升高或超过规定值时，安全阀的启闭器件自动启动，通过向系统外排放介质以防止设备或管道超压爆炸。

安全阀一般用于由于操作失误容易引起超压的设备；由于日晒、化学反应、附近高温使之受热后压力很快增高的设备和容器；操作机构发生停电、停水、停压缩空气、管道堵塞、仪表失灵等故障有可能发生爆炸危险的设备和容器；生产过程中有可能发生物理性爆炸的设备等。

安全阀通常由阀体、阀芯和加压荷载等组成，阀体与受压设备相通，阀芯下面承受设备内部介质的压力，上面有加压荷载，当设备内压力处于正常值时，加压荷载大于介质压力，因此阀芯紧压于阀座上，安全阀处于关闭状态；当设备内部发生异常超压时，设备内部介质压力大于加压荷载，阀芯被推开，安全阀开启，介质从阀中排出，当设备内部压力恢复正常时阀芯又重新回到阀座上，安全阀关闭。

按照加压荷载不同，安全阀可分为静压式、杠杆式和弹簧式三种。静压式安全阀由阀座、阀芯和环状铁块组成，通过加减重块的数量调节阀芯上力的大小。这种安全阀结构简单，但校验麻烦，不便于作提升排放试验，目前已很少采用。

杠杆式安全阀是利用杠杆原理，用重量较轻的重锤代替笨重的环状重块，其开启压力的调整是用移动重锤与杠杆支点的距离来完成，如图 2-12 所示。

弹簧式安全阀利用弹簧的压力作为加压荷载。通过调节调整螺丝或调节螺杆改变弹簧压力的大小来调节安全阀的开启压力，如图 2-13 所示。

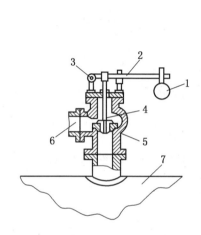

1—重锤；2—杠杆；3—杠杆支点；4—阀芯；

5—阀座；6—排出管；7—容器或设备

图 2-12 杠杆式安全阀

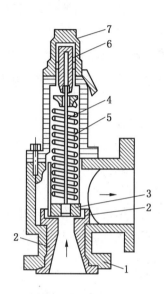

1—阀体；2—阀座；3—阀芯；4—阀杆；

5—弹簧；6—螺帽；7—阀盖

图 2-13 弹簧式安全阀

安全阀应垂直向上安装在压力容器本体液面以上的气相空间，或与连接在压力容器气相空间上的管道相连接。安全阀在动作时，应能确保排放安全，排放应根据介质的不同特性，采取相应的安全措施。如对于有毒介质，应导入封闭系统；对于易燃易爆介质，最好引入火炬系统，或接入邻近的放空设施。排泄易燃液体物料时，排泄管应接入事故槽、污油罐或其他容器。

（二）爆破片

1. 爆破片的概念

爆破片又叫防爆膜、防爆片，是在压力突然升高时能自动破裂泄压的一次性安全装置。它的作用是当容器内发生超压达到设定压力时，排出设备内气体或粉尘爆炸时产生的压力，以防容器或设备爆裂扩大爆炸事故。

爆破片主要是一薄形膜片，可以用金属、非金属和塑性材料制作。其结构简单，动作迅速，在爆破前能完全保证设备的密封性，无泄漏，能适应黏稠介质，且排放量比同口径安全阀大。但爆破后，设备会处于敞开状态，造成生产中断，不能保证生产的连续性。

2. 爆破片的适用场合

爆破片通常用于以下场合：

（1）存在爆燃或异常反应使压力瞬间急剧上升的场合。这种场合弹簧式安全阀由于惯性而不适用，而爆破片的动作速度要比安全阀快得多。

（2）不允许介质有任何泄漏的场合，因为各种安全阀一般总有微量的泄漏。

（3）运行中能产生大量沉淀或黏附物，妨碍安全阀正常动作的场合。

（4）工作介质有腐蚀性或有结晶和聚合物料的设备，可用爆破片保护安全阀免受腐蚀，提高安全阀在结晶和聚合物质中的工作性能。

（5）气体排放口径 < 12 mm 或 > 150 mm，且要求全量泄放或全量泄放时无阻碍的场合。

3. 爆破片的类型

工业中使用的爆破片类型多，构造各异，根据其破裂特性可分为断裂型、碎裂型、剪切型、逆动型（反拱型）等。

1）断裂型爆破片

这种爆破片结构最简单，应用最广泛，它是由膜片、夹持圈和挡片组成，并装于连接法兰之间，有平板式和预拱式两种，如图 2 - 14 所示。

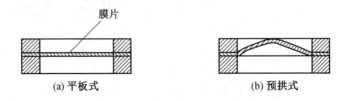

膜片

(a) 平板式   (b) 预拱式

图 2 - 14　断裂型爆破片

考虑到膜片受到压力作用后，会产生很大的塑性变形，所以在制造膜片时，先对膜片施以约等于断裂压力 90% 的压力，使之凸起，使材料的塑变量几乎达到极限，从而增大膜片的速动性。

断裂型爆破片通常采用塑性金属薄板，如铝、镍、不锈钢、黄铜、铜、钛等制成，也可用非金属膜片，如聚乙烯薄膜、纸板、石棉橡胶板、石棉板等制成。

2）逆动型爆破片

逆动型爆破片同断裂型爆破片的主要区别是膜片的凸面是朝向高压侧，当设备内部超压时，球面失去稳定性并迅速向外翻鼓。这种爆破片适用于不变载荷或交变载荷的保护。

3）碎裂型爆破片

这种爆破片用诸如铸铁、石墨、硬橡胶、聚氯乙烯、玻璃等脆性材料制作。膜片在爆破前不发生明显的塑性变形、惯性最小。

4. 爆破片与安全阀联用

安全阀具有动作后可恢复的优点，但不能安全密封，不适合黏稠物料。爆破片则有排放量大、密封性好的特点，但破裂后不能恢复。因此，在一些特殊场合，将两者组合起来使用，可以充分发挥各自的优点。

1）串联组合安装

安全阀入口处装设爆破片。这种安装方法适用于密封和耐腐蚀要求高以及黏污介质，爆破片对安全阀起保护作用，安全阀也可使容器暂时继续运行。但必须保证膜片破裂后不妨碍安全阀的动作。

安全阀出口处装设爆破片。这种方式适应于介质是昂贵的气体或剧毒气体，且比较洁净、无黏性的物质。此处的安全阀应是一种经特殊设计的安全阀，即不管阀与膜片之间存在压力与否，当容器内压力升至安全阀开启压力值时就能动作排气。

2）并联组合安装

这种安装方式爆破片的设计爆破压力应稍高于安全阀的开启压力，将安全阀作为一级泄放装置，爆破片作为二级泄放装置，因物理原因超压时，由安全阀排放，因化学反应原因急剧超压时，由爆破片与安全阀共同排放。这种安装方式适用于保护露天装置或半敞开式厂房内的设备。当设备爆炸压力升高，安全阀打开，在爆炸气体泄放之后，安全阀可立即关闭，以免继续外泄或空气进入造成危险。

（三）机械呼吸阀和液压安全阀

机械呼吸阀和液压安全阀一般用于储罐，是储罐的重要安全附件，行业标准《石油储罐附件　第1部分：呼吸阀》（SY/T 0511.1—2010）、《石油储罐附件　第2部分：液压安全阀》（SY/T 0511.2—2010）对相关的技术要求做了比较详细的规定。

1. 机械呼吸阀

机械呼吸阀是储罐的重要安全附件，一般储存甲B、乙类液体的固定顶储罐和地上卧式储罐、采用氮气密封保护系统的储罐等都需要在罐顶设置呼吸阀。呼吸阀在一般情况下能保持储罐的密闭性，在必要时又能自动通气平衡储罐压力。

如图2-15所示，机械呼吸阀主要由压力阀和真空阀组成。当储罐内气体的压力达到呼吸阀的排气压力时，压力阀即被顶开，气体自罐内逸出，使罐内压力不再继续升高；当罐内的真空度达到呼吸阀的吸气压力时，罐外的空气将顶开真空阀而进入罐内，使罐内的真空度不再升高。呼吸阀的排气压力应小于储罐的设计正压力，呼吸阀的进气压力应大于储罐的设计负压力。

2. 液压安全阀

液压安全阀装设在储罐罐顶上，是保护油罐安全的另一个重要附件，其结构如图2-16所示。当机械呼吸阀发生故障失灵时，液压安全阀就能代替机械呼吸阀进行排气或吸气。此外，液压安全阀也兼有"紧急通气"功能，当呼吸阀并未失效时，在某些特殊情况下，可提供紧急呼吸，如在受火灾影响致使罐内压力骤然升高时，可提供紧急呼气，或者在炎热的夏季骤降大雨使罐内负压过高时，可提供紧急吸气。所以，在储罐上既装设呼吸阀又装设液压安全阀，可进一步提高储罐的安全性。

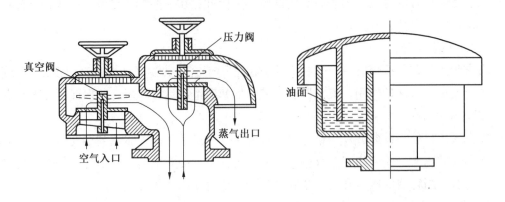

图 2-15　机械呼吸阀　　　　　图 2-16　液压安全阀

一般情况下，液压安全阀控制的工作压力比机械呼吸阀高 5% ~ 10%，故正常情况下，是不会动作的。阀内的液封为沸点高、不易挥发、凝固点低和黏度低的液体，同时液封不应与罐内液体发生反应。

当罐内气体处于正压状态时，气体由内环空间把液封挤入外环空间中，液封液位不断变化，当内环空间的液位与隔板的下缘相平时，罐内气体经过隔板下缘经液封以小气泡的形式逸入大气。相反，当罐内出现负压时，外环空间的液封将进入内环空间，大气将进入罐内。

习题

1. 简述甲、乙类生产企业的员工宿舍、办公室平面布置的技术要求。

2. 简述甲类厂房泄压面积计算方法及泄压设施的选择要求。

3. 简述消除和控制引火源的技术措施。

4. 简述阻火器的工作原理及设置要求。

第三章 易燃易爆危险品储运防火

随着科学技术的进步，现代工业的发展，生活和生产中的化学物质突飞猛进地增多。在这众多的化学品当中，85%以上都是具有易燃性、易爆性、强氧化性和毒害性的危险品。这些危险品从最初生产者流通到最终使用者手中，一般要经过加工、储存、运输等环节，在整个过程中，经常会受到摩擦、撞击、挤压、震动、高温、冰冻、潮湿、混触等因素的影响，因而具有较大火灾和爆炸危险性。因此，要对这些危险品实施正确的消防安全管理，就必须对其进行科学分类，掌握其危险特性，以及储存和运输的防火要求，确保易燃易爆危险品的安全使用。

第一节 易燃易爆危险品分类及危险特性

根据联合国《关于危险货物运输的建议书·规章范本》的界定，危险品是危险物品的简称，在运输中称为危险货物，是指具有爆炸、易燃、毒害、感染、腐蚀和放射性等危险特性，在生产、运输、储存、销售、使用和处置中，容易造成人身伤亡、财产损毁或环境污染而需要特别防护的物质和物品。其特征是：具有爆炸、易燃、毒害、感染、腐蚀和放射性等性质；在生产、运输、储存、销售、使用和处置中，容易造成人身伤亡、财产损毁或环境污染；需要特别防护。一般认为，只要同时满足了以上三个特征，即可认为该物质或物品为危险品。

一、危险品的分类

（一）根据《危险货物分类和品名编号》分类

现行国家标准《危险货物分类和品名编号》（GB 6944—2012），根据国际上通行的《国际海运危险货物规则》规定，按照物质的主要危险特性，将危险品分为以下九大类：

第一类　爆炸品。

第二类　气体。

第三类　易燃液体。

第四类　易燃固体、易于自燃的物质和遇水放出易燃气体的物质。

第五类　氧化性物质和有机过氧化物。

第六类　毒性物品和感染性物质。

第七类　放射性物质。

第八类　腐蚀性物质。

第九类　杂项危险物质和物品。

（二）根据《中华人民共和国安全生产法》分类

《中华人民共和国安全生产法》（2021年修订版）第一百一十七条规定，危险物品是指易燃易爆物品、危险化学品、放射性物品等能够危及人身安全和财产安全的物品。

1. 易燃易爆物品

易燃易爆品是指在空气中或与空气混合，遇激发能源作用极易发生着火或爆炸的物品，以及具有强氧化性，与可燃物作用后，遇激发能源或蓄热，极易在空气中发生着火或爆炸的物品。主要包括易燃气体、易燃固体、易于自燃的物质、遇水放出易燃气体的物质、氧化性物质和有机过氧化物，以及由于存在其他危险性已列入其他类、项管理，但仍具有易燃易爆性的危险物品。如汽油、酒精、氢气、液化石油气、胶片、黄磷等。

2. 危险化学品

按照《危险化学品安全管理条例》（国务院令第591号）的规定，危险化学品是指具有毒害、腐蚀、爆炸、燃烧、助燃等性质，对人体、设施、环境具有危害的剧毒化学品和其他化学品。

3. 放射性危险品

指具有放射危险性的危险品。主要指第七类放射性物品。

（三）根据《中华人民共和国消防法》分类

《中华人民共和国消防法》（2021年修正）第二十二条规定了易燃易爆危险品生产经营单位设置的消防安全要求。按照《中华人民共和国消防法》注释本的解释，易燃易爆危险品，是指按照《危险货物品名表》（GB 12268—2012）中所列的以燃烧爆炸为主要特征的爆炸品、易燃易爆气体、液体、易燃固体、易于自燃的物质和遇水放出易燃气体的物质以及氧化性物质和有机过氧化物等。

二、易燃易爆危险品的分类和分项

（一）爆炸品

1. 定义

爆炸品是指可燃物与氧化性物质按一定比例混合的混合物或为含有爆炸性原子团的化合物，遇激发能源的作用能够立即发生爆炸的物质和物品。爆炸品实际是炸药、爆炸性药品及其制品的总称。

2. 包括范围

根据《危险货物分类和品名编号》（GB 6944—2012）的规定，爆炸品主要包括爆炸性物质、爆炸性物品及前两者均未提及的物质和物品三类。

（1）爆炸性物质是指固体或液体物质或两者的混合物，自身能够通过化学反应产生气体，其温度、压力和反应速度能够对周围造成破坏的物质。不包括：本身不是爆炸品，但能够形成燃烧浓度范围的环境，遇引火源才可发生爆炸的气体、蒸气或粉尘（如天然气、汽油或煤粉等）；也不包括其性质极其危险，以致不能运输的物质（如过氧化乙酸、过氧化环己酮）；或其主要危险性属于其他类别的物质（如二硝基萘，主要危险特性属于易燃固体）。

（2）爆炸性物品是指含有一种或几种爆炸性物质的物品。不包括：所含爆炸性物质的数量或特性，不会使其在运输或储存过程中偶然或意外被点燃，或引发后因进射、发火、冒烟、发热或巨响而在装置外部产生任何影响的装置。

（3）为产生爆炸或烟火实际效果而制造的，爆炸性物质和爆炸性物品未包括的物质和物品。

3. 分项

爆炸品按其爆炸危险性的大小分为以下六项：

（1）有整体爆炸危险的物质和物品。整体爆炸是指瞬间能影响到几乎全部载荷的爆炸。如黑索今、奥克托今、太安、梯恩梯、苦味酸、硝基胍、起爆药、黑火药及制品、烟火药及制品、雷管、火箭弹、导弹等火工品均属此项。

（2）有进射危险，但无整体爆炸危险的物质和物品。如手榴弹、枪榴弹、装填炸药的穿甲弹、燃烧弹、照明弹、发烟弹、烟幕弹、信号弹、引信、发火件、曳光管、点火具、电爆管等均属此项。

（3）有燃烧危险并有局部爆炸危险或局部进射危险或两种危险都有，但无整体爆炸危险的物质和物品。本项主要包括：可产生大量热辐射的物质和物品；或相继燃烧产生局部爆炸或进射效应或两种效应兼而有之的物质和物品。如发射药、双基推进剂、可燃药筒、不装填炸药的穿甲弹、普通枪弹等均属此项。

（4）不呈现重大危险的物质和物品。包括运输中万一被点燃或引发时仅造成较小危险的物质和物品；其影响主要限于包件本身，并预计射出的碎片不大，射程也不远，外部火烧不会引起包件几乎全部内装物的瞬间爆炸。如导火索、导爆管、胶质炸药生产中的混合药、二硝基萘、烟花爆竹等均属此项。

（5）有整体爆炸危险的非常不敏感物质。本项包括有整体爆炸危险性，但非常不敏感，以致在正常运输条件下引发或由燃烧转为爆炸的可能性极小的物质；或在船舱内大量盛装或存放时，由燃烧转为爆炸的可能性较大的物质。

（6）无整体爆炸危险的极端不敏感物质。本项包括仅含有极不敏感爆炸物质，并且其意外引发爆炸或传播的概率可忽略不计的物品；或其爆炸危险性仅限于单个物品爆炸的物品。

（二）气体

1. 定义

气体是指在 50 ℃时，蒸气压力大于 300 kPa；或 20 ℃时在 101.3 kPa 标准压力下完全是气态的物质。

2. 包括范围

主要包括：压缩气体、液化气体、溶解气体、冷冻液化气体、一种或多种气体与一种或多种其他类别物质的蒸气混合物、充有气体的物品和气雾剂。

（1）压缩气体：在 -50 ℃ 下加压包装供运输时完全是气态的气体，包括临界温度 ≤ -50 ℃ 的所有气体。如常温下储存的氢气、氧气等。

（2）液化气体：在温度 > -50 ℃ 下加压包装供运输时部分是液态的气体。可分为高压液化气体和低压液化气体两类，其中临界温度在 -50 ~ 65 ℃ 的气体为高压液化气体；临界温度大于 65 ℃ 的气体为低压液化气体。

（3）溶解气体：加压包装供运输时溶解于液相溶剂中的气体。如乙炔气等。

（4）冷冻液化气体：包装供运输时由于其温度低而部分呈液态的气体。如低温常压下储存的液化石油气或氨气等。

（5）一种或多种气体与一种或多种其他类别物质的蒸气混合物、充有气体的物品和气雾剂。气雾剂是指将液态、糊状或粉末状的药剂、附加剂等装在具有特质阀门系统的耐压密封容器中，内充压缩、液化或溶解的气体，使用时借助该气体压力使内装物以细雾状、泡沫状、糊状或粉末状等形态喷出的气雾。

3. 分项

根据在运输中的主要危险性，气体分为以下三个项别：

（1）易燃气体。指在 20 ℃ 和 101.3 kPa 标准压力下：爆炸下限≤13% ；或不论爆炸下限如何，其爆炸极限（燃烧范围）≥12% 的气体。如氢气、乙炔气、一氧化碳、甲烷等碳五以下的烷烃、烯烃、炔烃，无水的一甲胺、二甲胺、三甲胺，环丙烷、环丁烷、环氧乙烷、四氢化硅、液化石油气和天然气等。

（2）非易燃无毒气体。包括经液化或冷冻液化能够稀释或取代空气中氧气的窒息性气体（二氧化碳、氮气、氦气、氖气、氩气），或能引起或促进其他材料燃烧的氧化性气体（氧气、压缩空气），以及不属于其他项别的气体等。本项不包括在温度 20 ℃ 时压力低于 200 kPa，并且未经液化或冷冻液化的气体。

（3）毒性气体。指其毒性可对人类健康造成危害的气体；或者急性半数致死浓度 $LC_{50} \leq 5000$ mL/m³ 的毒性或腐蚀性气体（急性半数致死浓度 LC_{50} 是指使雌雄青年大白鼠连续吸入 1 h，最可能引起受试动物在 14 天内死亡一半的气体浓度）。毒性气体按火灾危险性还可分为易燃毒性气体和氧化毒性气体两种：①易燃毒性气体：如氨气、无水溴化氢、磷化氢、砷化氢、无水硒化氢、煤气、氯甲烷、溴甲烷、锗烷等；②氧化性毒性气体：如氟气（液氟）、氯气（液氯）等。

（三）易燃液体

1. 定义

本类包括易燃液体和液态退敏爆炸品。

易燃液体是指易燃的液态或液体混合物，或是在溶液或悬浮液中有固体的液体，其闭杯试验闪点≤60 ℃，或开杯试验闪点≤65.6 ℃。

液态退敏爆炸品是指为抑制爆炸性物质的爆炸性能，将爆炸性物质溶解或悬浮在水中或其他液态物质后而形成的均匀液态混合物。

2. 包括范围

（1）在温度等于或高于其闪点的条件下提交运输的液体；以液态在高温条件下运输或提交运输，并在温度等于或低于最高运输温度下会放出易燃蒸气的物质，均视为易燃液体。

（2）符合易燃液体的定义，但闪点＞35 ℃而且不持续燃烧的液体，不视为易燃液体。符合下列条件之一的液体被视为不能持续燃烧：①按照《危险品　易燃液体持续燃烧试验方法》（GB/T 21622—2008）规定进行持续燃烧试验，结果表明不能持续燃烧的液体；②按照《石油产品闪点和燃点的测定　克利夫兰开口杯法》（GB/T 3536—2008）确定的燃点大于100 ℃的液体；③按质量含水大于90%且混溶于水的溶液。

（四）易燃固体、易于自燃的物质和遇水放出易燃气体的物质

本类包括易燃固体、易于自燃的物质和遇水放出易燃气体的物质。

1. 易燃固体

（1）易燃固体：易于燃烧的固体和摩擦可能起火的固体。

（2）自反应物质：即使没有氧气（空气）存在，也容易发生激烈放热分解的热不稳定物质。

（3）固态退敏爆炸品：为抑制爆炸性物质的爆炸性能，用水或酒精湿润爆炸性物质，或用其他物质稀释爆炸性物质后，而形成的均匀固态混合物。

2. 易于自燃的物质

1）定义

易于自燃的物质指在空气中易于发生氧化反应，放出热量而自行燃烧的物品。该项物品的主要特点是在空气中可自行发热燃烧，其中有一些在缺氧或无氧的条件下也能够自燃起火。

2）包括范围

易于自燃的物质包括发火物质和自热物质两类。

（1）发火物质：即使只有少量与空气接触，不到5 min时间便燃烧的物质，包括混合物和溶液（液体或固体），如黄磷、三氯化钛、钙粉、烷基铝、烷基铝氢化物、烷基铝卤化物等。

（2）自热物质：发火物质以外的与空气接触便能自己发热的物质，如油纸、油布、油绸及其制品，动物、植物油和植物纤维及其制品，赛璐珞碎屑，拷纱、潮湿的棉花等。

3. 遇水放出易燃气体的物质

1）定义

遇水放出易燃气体的物质指遇水放出易燃气体，且该气体与空气混合能够形成爆炸性混合物的物质。其特点是遇水、酸、碱、潮湿能够发生剧烈的化学反应，并放出可燃气体和热量。当热量达到可燃气体的自燃点或接触外来火源时，会立即起火或爆炸；所产生的冲击波和火焰可能对人体和环境造成危害。

2）包括范围

锂、钠、钾、钙、铷、铯、锶、钡等碱金属、碱土金属，钠汞齐、钾汞齐，锂、钠、钾、镁、钙、铝等金属的氢化物（如氢化钙）、碳化物（电石）、硅化物（硅化钠）、磷化物（如磷化钙、磷化锌），以及锂、钠、钾等金属的硼氢化物（如硼氢化钠）和镁粉、锌粉、保险粉等轻金属粉末。

（五）氧化性物质和有机过氧化物

1. 氧化性物质

1）定义

氧化性物质是指本身未必燃烧，但通常因放出氧可能引起或促使其他物质燃烧的物质。

2）特点

本身不一定可燃，具有较强的氧化性，分解温度较低，对热、震动或摩擦较为敏感，遇酸碱、潮湿、强热、摩擦、冲击或与易燃物、还原剂接触能发生分解反应，并引起着火或爆炸，与松软的粉末状可燃物能形成爆炸性混合物。氧化性物质按其物理状态可分为氧化性固体和氧化性液体两类。

2. 有机过氧化物

1）定义

有机过氧化物是一种含有两价过氧基（—O—O—）结构的有机物质，其有效氧质量分数（%）用以下公式计算：

$$X = 16 \times \sum \left(\frac{n_i \times C_i}{m_i} \right) \tag{3-1}$$

式中　X——有效氧质量分数,%；

　　　n_i——有机过氧化物 i 每个分子的过氧基数目；

　　　C_i——有机过氧化物 i 的浓度,%；

　　　m_i——有机过氧化物 i 的相对分子质量。

当有机过氧化物的有效氧质量分数［按式（3-1）计算］不超过 1.0%，而且过氧化氢质量分数不超过 1.0%,或者有机过氧化物的有效氧质量分数不超过 0.5%,而且过氧化氢质量分数超过 1.0% 但不超过 7.0% 时,该有机过氧化物配制品视为非有机过氧化物。

2）特点

该项物品在正常温度或因受热、与杂质（如酸、重金属化合物、胺）接触、摩擦或碰撞而放热分解。分解可产生有害的易燃气体或蒸气，甚至发生爆炸。分解速度随温度增加而变快，有机过氧化物配制品会因其有效含氧量的不同而变化。许多有机过氧化物燃烧猛烈，特别是在封闭条件下极易发生爆炸。

三、易燃易爆危险品的危险特性

（一）爆炸品

1. 敏感易爆性

敏感度是指爆炸品在受到环境的加热、撞击、摩擦或电火花等外能作用时发生着火或爆炸的难易程度。这是爆炸品的一个重要特性。即对外界作用比较敏感，用火焰、撞击、摩擦、针刺或电能等较小的简单的初始冲能就能引起爆炸。一般来讲，敏感度越高的物质越易爆炸。

2. 自燃危险性

一些火药在一定温度下可不用火源的作用即自行着火或爆炸，如双基火药在长时间堆放在一起时，由于火药缓慢热分解放出的热量及产生的 NO_2 气体不能及时散发出去，火药内部就会产生热积累，当达到其自燃点时便会自行着火或爆炸。这是火药爆炸品在储存和运输工作中需特别注意的问题。

3. 静电危险性

炸药是电的不良导体,电阻率一般都在 $1012\ \Omega \cdot cm$ 以上（火药电阻率约为 $1018\ \Omega \cdot cm$）。在生产、包装、运输和使用过程中，炸药会经常与容器壁或其他介质摩擦，这样就会产生静电荷，在没有采取有效接地措施导除静电的情况下，就会使静电荷聚集起来。这种聚集的静电荷表现出很高的静电电位，最高可达几万伏，一旦有放电条件形成，就会发生放电火花。当炸药的放电能量达到足以点燃炸药时，就会出现着火、爆炸事故。所以，我们必须研究炸药静电火花的危险性。

4. 殉爆

当炸药爆炸时，能引起位于一定距离之外的炸药也发生爆炸，这种现象称为殉爆，这是炸药所具有的特殊性质。殉爆发生的原因是冲击波的传播作用，距离越近冲击波强度越大。冲击波在传播过程中有很大的破坏力，会使周围建筑物遭到破坏和人员遭受伤害。

5. 毒害性

有些炸药，如苦味酸、梯恩梯、硝化甘油、雷汞、迭氮化铅等，本身都具有一定毒害性，且绝大多数炸药爆炸时能够产生诸如 CO、CO_2、NO、NO_2、HCN、N_2 等有毒或窒息性气体，可从呼吸道、食道甚至皮肤等进入体内，引起中毒。这是因为它们本身含有形成这些有毒或窒息性气体的元素，在爆炸瞬间，这些元素的原子相互间重新结合而组成一些有毒的或窒息性的气体。因此，炸药爆炸场所进行施救工作时，除了防止爆炸伤害外，还应注意防毒，以免造成中毒事故。

（二）易燃气体

1. 易燃易爆性

1）引燃能量低

所有处于爆炸极限范围之内的可燃气体，遇着火源都能发生着火或爆炸，有的可燃气体遇到极微小能量着火源的作用即可引爆。如乙炔、氢气的最小引燃能量只有 0.019 mJ；液化石油气的引燃能量也很低，只有 $3 \times 10^{-4} \sim 4 \times 10^{-4}$ J，通常一个电话机、步话机或手电筒开关时的火花即可成为起火爆炸的引火源，其火焰扑灭后很容易复燃。一些可燃气体在空气中的最小引燃能量见表 3-1。

表 3-1　一些可燃气体在空气中的最小引燃能量　　　　　　　　　　mJ

可燃气体	最小引燃能量	可燃气体	最小引燃能量
甲烷	0.28	丙炔	0.152
乙烷	0.25	1,3-丁二烯	0.013
丙烷	0.26	丙烯	0.28
戊烷	0.51	环氧丙烷	0.19
乙炔	0.019	环丙烷	0.17
乙烯基乙炔	0.082	氢	0.019
乙烯	0.096	硫化氢	0.068
正丁烷	0.25	环氧乙烷	0.087
异戊烷	0.70		

2）爆炸极限范围宽

大多数可燃气体的爆炸极限范围很宽。如环氧乙烷的爆炸极限在 3%～100%，液化石油气闪点低于 -45 ℃，爆炸极限为 2%～9%，1 m^3 的液态液化石油气可汽化成 250～300 m^3 的气态液化石油气，与空气混合可形成 3000～15000 m^3 的爆炸性混合气体。常见可燃气体的爆炸极限范围见表 3-2。

表 3-2　常见可燃气体的爆炸极限范围

分子式	物质名称	爆炸极限范围/%	
		下限	上限
CH_4	甲烷	5.3	15
C_2H_6	乙烷	3.0	16.0
C_3H_8	丙烷	2.1	9.5
C_4H_{10}	丁烷	1.5	8.5
C_5H_{12}	戊烷	1.7	9.8
C_6H_{14}	己烷	1.2	6.9
C_2H_4	乙烯	2.7	36.0
C_3H_6	丙烯	1.0	15.0
C_2H_2	乙炔	2.1	80.0

表 3 - 2（续）

分子式	物质名称	爆炸极限范围/%	
		下限	上限
C_2H_4O	环氧乙烷、氧化乙烯	3.0	100.0
C_4H_6	1,3 - 丁二烯（联乙烯）	1.4	16.3
CO	一氧化碳	12.5	74.2
H_2	氢	4.1	74
H_2S	硫化氢	4.0	46.0
C_2H_3Cl	氯乙烯	3.6	31.0
HCN	氰化氢	5.6	40.0

2. 扩散性

处于气体状态的任何物质都没有固定的形状和体积，且能自发地充满任何容器。由于气体的分子间距大，相互作用力小，所以非常容易扩散。其特点是：

（1）易在空气中无限制扩散。比空气轻的可燃气体逸散在空气中可以无限制地扩散，易与空气形成爆炸性混合物，并能够顺风飘荡，迅速蔓延和扩展。

（2）易漂流于地表、沟渠、隧道、厂房死角等处。比空气重的可燃气体泄漏出来时，往往漂流于地表、沟渠、隧道、厂房死角等处，长时间聚集不散，易与空气在局部形成爆炸性混合气体，遇着火源发生着火或爆炸；同时，比重大的可燃气体，一般都有较大的发热量，在火灾条件下易于造成火势扩大。

3. 可压缩性和膨胀性

任何物体都有热胀冷缩的性质，气体也不例外，其体积也会因温度的升降而胀缩，且胀缩的幅度比液体要大得多。其特点是：

（1）当压强不变时，气体的温度与体积成正比，即温度越高，体积越大。

（2）当温度不变时，气体的体积与压力成反比，即压力越大，体积越小。所以气体通常都是经压缩后储存在钢瓶中。

（3）在体积不变时，气体的温度与压力成正比。储存在固定容积容器内的气体被加热时，温度越高，其膨胀后形成的压力就越大。

因此，压缩气体和液化气体，在储存、运输和使用过程中，一定要注意采取防火、防晒、隔热等措施；在向容器、气瓶内充装时，要注意极限温度和压力，严格控制充装量，防止超装、超温、超压，造成事故。

4. 带电性

任何物体的摩擦都会产生静电，氢气、乙烯、乙炔、天然气、液化石油气等压缩气体或液化气体从管口或破损处高速喷出时也同样能产生静电。其主要原因是气体本身剧烈运动造成分子间的相互摩擦；气体中含有固体颗粒或液体杂质在压力下高速喷出时与喷嘴产生摩擦等。带电性是评定可燃气体火灾危险性的参数之一，掌握了可燃气体的带电性，可据以采取设备接地，控制流速等相应的防范措施。影响气体静电荷产生的主要因素有：

（1）杂质。气体中所含的液体或固体杂质越多，多数情况下产生的静电荷也越多。

（2）流速。气体的流速越快，产生的静电荷也越多。

5. 腐蚀、毒害、窒息性

1）腐蚀性

主要是一些含氢、硫元素的气体具有腐蚀性。如硫化氢、硫氧化碳、氨、氢等，都能腐蚀设备，削弱设备的耐压强度，严重时可导致设备系统出现裂隙而漏气，引起火灾等事故。目前危险性最大的是氢，氢在高压下能渗透到碳素中去，使金属容器发生"氢脆"变疏。因此，对盛装这类气体的容器，要采取一定的防腐措施。如用高压合金钢并含铬、钼等一定量的稀有金属制造材料，定期检验其耐压强度等。

2）毒害性

压缩气体和液化气体，除氧气和压缩空气外，大都具有一定的毒害性。我国《危险货物品名表》（GB 12268—2012）列入管理的剧毒气体中，毒性最大的是氰化氢，当在空气中的浓度达到300 mg/m³时，能够使人立即死亡；达到200 mg/m³时，10 min 后死亡；达到100 mg/m³时，一般在 1 h 后死亡。不仅如此，氰化氢、硫化氢、硒化氢、锑化氢、二甲胺、氨、溴甲烷、二硼烷、二氯硅烷、锗烷、三氟氯乙烯等气体，除具有相当的毒害性外，还具有一定的着火爆炸性，切忌只看有毒气体标志而忽视了它们的火灾危险性。

3）窒息性

压缩气体和液化气体除氧气和压缩空气外，其他都具有窒息性。一般压缩气体和液化气体的易燃易爆性和毒害性易引起人们的注意，而其窒息性往往被忽视，尤其是那些不燃无毒的气体。如氮气、二氧化碳及氦、氖、氩、氪、氙等惰性气体，虽然它们无毒不燃，但都必须盛装在容器之内，并有一定的压力。如二氧化碳、氮气气瓶的工作压力均可达15 MPa，设计压力有的可达20～30 MPa。这些气体一旦泄漏于房间或大型设备及装置内时，均会使现场人员窒息死亡。另外，充装这些气体的气瓶也是压力容器，在受热或受到火场上的热辐射时，将会使气瓶压力升高，当超过其强度时便会发生爆裂，现场人员也会被伤害。

6. 氧化性和自燃性

氧化性也就是我们常说的助燃性，除极易自燃的物质外，通常可燃性物质只有和氧化性物质作用，遇火源才能发生燃烧。所以，氧化性气体是燃烧得以发生的重要因素之一。

在实施消防安全管理时不可忽略这些气体的氧化性，尤其是列为有毒气体管理的氯气和氟气等氧化性气体，除了应注意其毒害性外，亦应注意其氧化性，在储存、运输和使用时必须与可燃气体分开储存、运输和配载。

（三）易燃液体

1. 高度易燃性

　　由于液体的燃烧是通过其挥发出的蒸气与空气形成可燃性混合物，在一定比例范围内遇火源点燃而实现的，因而液体的燃烧是液体蒸气与空气中的氧进行的剧烈反应。所谓易燃液体实质上就是指其蒸气极易被引燃，从表3-3可以看出，多数易燃液体被引燃只需要0.5 mJ左右的能量。由于易燃液体的沸点都很低，故十分易于挥发出易燃蒸气，且液体表面的蒸气压较大，加之着火所需的能量极小，故易燃液体都具有高度易燃性。

表3-3　几种常见易燃液体蒸气在空气中的最小引燃能量　　　　　　　　　mJ

液体名称	最小引燃能量	液体名称	最小引燃能量
2-戊烯	0.51	二异丁烯	0.96
1-庚烯	0.56	醋酸甲酯	0.4
正戊烷	0.28	醋酸乙烯	0.7
庚烷	0.7	醋酸乙酯	1.42
三甲基丁烷	1	甲醇	0.215
异辛烷	1.35	异丙基硫醇	0.53
二甲基丙烷	1.57	异丙醇	0.65
二甲基戊烷	1.64	丙烯醛	0.137
二氢吡喃	0.365	乙醛	0.376
1,2亚乙基亚胺	0.48	丙醛	0.325
环己烯	0.525	丁酮	0.68
丙基氯	1.08	丙酮	1.15
丁基氯	1.24	环戊烷	0.54
异丙基氯	1.55	四氢呋喃	0.54
呋喃	0.225	四氢吡喃	0.54
噻吩	0.39	三乙胺	0.75
环己烷	0.22	异丙胺	2
甲醚	0.33	乙胺	2.4
二甲氧基甲烷	0.42	苯	0.55
乙醚	0.19	二硫化碳	0.015
异丙醚	1.14	汽油	0.1～0.2

2. 蒸气易爆性

　　由于液体在任一温度下都能蒸发，所以，在存放易燃液体的场所也都蒸发有大量的易燃蒸气，并常常在作业场所或储存场地弥漫。如储运石油的场所，能嗅到各种油品的气味就是这个缘故。由于易燃液体具有这种蒸发性，所以当挥发出的易燃蒸气与空气混合，达到爆炸浓度范围时，遇火源就会发生爆炸。易燃液体的挥发性越强，这种爆炸危险就越大。

3. 受热膨胀性

易燃液体也和其他物体一样，有受热膨胀性。故储存于密闭容器中的易燃液体受热后，在本身体积膨胀的同时会使蒸气压力增加，如果超过了容器所能承受的压力限度，就会造成容器膨胀，以致爆裂。夏季盛装易燃液体的桶，常出现"鼓桶"现象以及玻璃容器发生爆裂，就是受热膨胀所致。所以，对盛装易燃液体的容器，应留有不少于5%的空隙，夏天要储存于阴凉处或用喷淋冷水降温的方法加以防护。

4. 流动性

流动性是任何液体的通性，由于易燃液体易着火，故其流动性的存在更增加了火灾危险性。如易燃液体渗漏会很快向四周流淌，并由于毛细管和浸润作用，能扩大其表面积，加快挥发速度，提高空气中的蒸气浓度；如在火场上储罐（容器）一旦爆裂，液体会四处流淌，造成火势蔓延，给施救工作带来困难。所以，为了防止液体泄漏、流散，在储存工作中应设置事故槽（罐）、构筑防火堤、设置水封井等；液体着火时，应设法堵截流散的液体，防止火势扩大。

液体流动性的强弱主要取决于液体本身的黏度。液体的黏度越小，流动性越强，反之则越弱。液体的黏度会随着温度的升高而减小，即温度升高时流动性会增强。

5. 带电性

多数易燃液体都是电介质，在灌注、输送、喷流过程中能够产生静电，当静电荷聚集到一定程度则会放电发火，故有引起着火或爆炸的危险。液体的带电能力主要取决于介电常数和电阻率。一般来说，介电常数小于10（特别是小于3），电阻率大于105 $\Omega \cdot cm$ 的液体都有较大的带电能力，如醚、酯、芳烃、二硫化碳、石油及石油产品等。除此之外，液体的带电能力还与输送管道的材质和流速有关。管道内表面越光滑，产生的静电荷越少；流速越快，产生的静电荷则越多。

6. 氧化性和自燃性

分子组成中含有硝酸根的酯类有机易燃液体大多数具有氧化性，不仅极其易燃，而且受热可自燃，甚至引起爆炸。如硝酸乙酯溶液具有强氧化性，10 ℃时可闪燃，85 ℃时即自燃（爆炸）。硝酸正丙酯、硝酸异丙酯等液体具有氧化性，爆炸极限宽至1% ~ 100%，几乎相当于液体炸药。因此，我们不仅要注意防备易燃液体蒸气的爆炸性，还应注意分子中含有硝酸根的酯类等有机液体的氧化性，使其不与其他易燃液体混存、混运，避免高热，防止因受热而引起爆炸。

7. 毒害性

易燃液体大都具有毒害性，有的还有刺激性和腐蚀性。其毒性与其化学结构、蒸发速率有关。不饱和碳氢化合物、芳香族碳氢化合物和易蒸发的石油产品比饱和的碳氢化合物、不易蒸发的石油产品的毒性要大。易燃液体蒸气能通过人体的呼吸道、消化道、皮肤进入体内，造成中毒。

（四）易燃固体

1. 燃点低、易点燃

易燃固体的着火点都比较低，一般在 300 ℃以下，在常温下只要有能量很小的火源与之作用即能引起燃烧。如镁粉、铝粉只要有 20 mJ 的点火能即可点燃；硫黄、生松香则只需 15 mJ 的点火能即可点燃，有些易燃固体当受到摩擦、撞击等外力作用时也能引发燃烧。所以，易燃固体在储存、运输、装卸过程中，应当注意轻拿轻放，避免摩擦撞击等外力作用。

2. 遇酸、氧化剂易燃易爆

绝大多数易燃固体遇无机酸性腐蚀品、氧化剂等能够立即引起着火或爆炸。如发孔剂 H 与酸性物质接触能立即起火；萘与发烟硫酸接触反应非常剧烈，甚至引起爆炸；红磷与氯酸钾、硫黄与过氧化钠或氯酸钾相遇，稍经摩擦或撞击，都会引起着火或爆炸。所以，易燃固体绝对不许和氧化剂、酸类混储、混运。

3. 本身或燃烧产物有毒

很多易燃固体本身就具有毒害性或燃烧后能产生有毒气体，如硫黄、三硫化四磷等，不仅与皮肤接触（特别夏季有汗的情况下）能引起中毒，而且粉尘吸入后亦能引起中毒；硝基化合物、硝化棉及其制品，重氮氨基苯等易燃固体，由于本身含有硝基（—NO_2）、亚硝基（—NO）、重氮基（—N＝N—）等不稳定的基团，在快速燃烧的条件下，还有可能转为爆炸，燃烧时亦会产生大量的一氧化碳、氧化氮、氰氢酸等有毒气体，故应特别注意防毒。

4. 遇湿易燃性

硫的磷化物不仅具有遇火受热易燃性，而且还具有遇湿易燃性。如五硫化二磷、三硫化四磷等，遇水能产生具有腐蚀性和毒性的可燃气体硫化氢。所以，对此类物品还应注意防水、防潮，着火时不可用水扑救。

5. 自燃危险性

易燃固体中的赛璐珞、硝化棉及其制品等在积热不散的条件下都容易自燃起火，硝化棉在 40 ℃的条件下就会分解。因此，这些易燃固体在储存和远航水上运输时，一定要注意通风、降温、散潮，堆垛不可过大、过高，加强养护管理，防止自燃造成火灾。

（五）易于自燃的物质

1. 遇空气自燃

易于自燃的物质大部分性质非常活泼，具有极强的还原性，接触空气后能迅速与空气中的氧化合，并产生大量的热，达到其自燃点而着火，接触氧化剂和其他氧化性物质反应更加剧烈，甚至爆炸。如黄磷遇空气即自燃起火，生成有毒的五氧化二磷。所以对此类物品的包装必须保证密闭，充氮气保护或根据其特性用液封密闭，如黄磷须存放于水中等。

2. 遇水自燃

易于自燃的物质中的硼、锌、锑、铝的烷基化合物类、烷基铝氢化合物类、烷基铝卤化物类（如氯化二乙基铝、二氯化乙基铝、三氯化甲基铝、三氯化三乙基铝、三溴化三甲基铝等）、烷基铝类（三甲基铝、三乙基铝、三丙基铝、三丁基铝、三异丁基铝等）等，化学性质非常活泼，具有极强的还原性，遇氧化剂和酸类反应剧烈。除在空气中能自燃外，遇水或受潮还能分解而自燃或爆炸。

3. 积热自燃

硝化纤维的胶片、废影片、X 光片等，由于本身含有硝酸根，化学性质很不稳定，在常温下就能缓慢分解，当堆积在一起或仓室通风不好时，分解反应产生的热量无法散失，放出的热量越积越多，便会自动升温达到其自燃点而着火，火焰温度可达 1200 ℃。

（六）遇水放出易燃气体的物质

1. 遇水放出易燃气体

遇水放出易燃气体的物质主要包括碱金属、碱土金属及其硼烷类和石灰氮（氰化钙）、锌粉等金属粉末类，目前列入《危险货物品名表》（GB 12268—2012）的这类物品火灾危险性很大，故其火灾危险性全部属于甲类。

（1）遇水后发生剧烈的化学反应使水分解，夺取水中的氧与之化合，放出可燃气体和热量。当可燃气体在空气中达到燃烧范围时，或接触明火，或由于反应放出的热量达到引燃温度时就会发生着火或爆炸。如金属钠、氢化钠、二硼氢等遇水反应剧烈，放出氢气多，产生热量大，能直接使氢气燃爆。

$$2Na + 2H_2O === 2NaOH + H_2 \uparrow + 317.788 \text{ kJ}$$

$$NaH + H_2O === NaOH + H_2 \uparrow + 132.303 \text{ kJ}$$

$$B_2H_2 + 6H_2O === 2HBO_2 + 6H_2 \uparrow + 418.68 \text{ kJ}$$

（2）遇水后反应较为缓慢，放出的可燃气体和热量少，可燃气体接触明火时才可引起燃烧。如氢化铝、硼氢化钠等都属于这种情况。

$$AlH_3 + 3H_2O === Al(OH)_3 + 3H_2 \uparrow + Q$$

$$NaBH_4 + 2H_2O === NaBO_2 + 4H_2 \uparrow + Q$$

（3）电石、碳化铝、甲基钠等遇水放出易燃气体的物质盛放在密闭容器内，遇湿后放出的乙炔和甲烷及热量逸散不出来而积累，致使容器内的气体越积越多，压力越来越大，当超过了容器的强度时，就会胀裂容器以致发生化学爆炸。

$$CaC_2 + 2H_2O === Ca(OH)_2 + C_2H_2 \uparrow + Q$$

$$Al_3C_4 + 12H_2O === 4Al(OH)_3 + 3CH_4 \uparrow + Q$$

$$NaCH_3 + H_2O === NaOH + CH_4 \uparrow + Q$$

2. 遇氧化剂和酸着火爆炸

遇水放出易燃气体的物质除遇水能反应外，遇到氧化剂、酸也能发生反应，而且比遇水反应得更加剧烈、危险性更大。有些遇水反应较为缓慢，甚至不发生反应的物品，当遇到酸或氧化剂时，也能发生剧烈反应。如锌粒在常温下放入水中并不会发生反应，但放入酸中，即使是较稀的酸，反应也非常剧烈，放出大量氢气。这是因为遇水放出易燃气体的物质都是还原性很强的物品，而氧化剂和酸类等物品都具有较强的氧化性，所以它们相遇后反应更加剧烈。

3. 自燃危险性

有些物品不仅有遇水放出易燃气体的危险，而且还有自燃危险。如金属粉末类的锌粉、铝镁粉等，在潮湿空气中能自燃，与水接触，特别是在高温下反应比较强烈，能放出氢气和热量。

铝镁粉是金属镁粉和金属铝粉的混合物。铝镁粉与水反应比镁粉或铝粉单独与水反应要强烈得多。因为镁粉或铝粉单独与水（汽）反应，除产生氢气外，还生成氢氧化镁和氢氧化铝，后者能形成保护膜，阻止反应继续进行，不会引起自燃。而铝镁粉与水反应则同时生成氢氧化镁和氢氧化铝，这后两者之间又能起反应生成偏铝酸镁：

$$2Al + 6H_2O = 2Al(OH)_3 + 3H_2 \uparrow + Q$$
$$Mg + 2H_2O = Mg(OH)_2 + H_2 \uparrow + Q$$
$$Mg(OH)_2 + 2Al(OH)_3 = Mg(AlO_2)_2 + 4H_2O$$

由于反应中偏铝酸镁能溶解于水，破坏了氢氧化镁和氢氧化铝对镁粉和铝粉的保护作用，使铝镁粉不断地与水发生剧烈反应，产生氢气和大量的热，从而引起燃烧。

另外，金属的硅化物、磷化物类物品遇水能放出在空气中自燃且有毒的气体四氢化硅和磷化氢，这类气体的自燃危险是不容忽视的。如硅化镁和磷化钙与水的反应：

$$Mg_2Si + 4H_2O = 2Mg(OH)_2 + SiH_4 \uparrow + Q$$
$$Ca_3P_2 + 6H_2O = 3Ca(OH)_2 + 2PH_3 \uparrow + Q$$

4. 毒害性和腐蚀性

在遇水放出易燃气体的物质中，有一些与水反应生成的气体是易燃有毒的，如乙炔、磷化氢、四氢化硅等。尤其是金属的磷化物、硫化物与水反应，可放出有毒的可燃气体，并放出一定的热量；同时，遇水放出易燃气体的物质本身有很多也是有毒的，如钠汞齐、钾汞齐等都是毒害性很强的物质，硼和氢的金属化合物类的毒性比氰化氢、光气的毒性还大。因此，还应特别注意防毒。

综上所述，遇水放出易燃气体的物质必须盛装于气密或液密容器中，或浸没于稳定剂中，置于干燥通风处，与性质相互抵触的物品隔离储存，注意防水、防潮、防雨雪、防酸，严禁火种接近等，切实保证储存、运输和销售的安全。

（七）氧化性物质

1. 氧化性强

氧化剂多为碱金属、碱土金属的盐或过氧化基所组成的化合物。其特点是活泼性强，易分解，有极强的氧化性；本身不燃烧，但与可燃物作用能发生着火和爆炸。属于这类的物质主要包括硝酸盐类、氯的含氧酸及其盐类、高锰酸盐类、过氧化物类以及其他银、铝催化剂等。

2. 易分解

在列入氧化剂管理的危险品中，除有机硝酸盐类外，都是不燃物质，但当受热、被撞或摩擦时极易分解出原子氧，若接触易燃物、有机物能引起着火和爆炸。例如，硝酸铵在加热到210℃时即能分解，温度超过400℃时就能引起爆炸，若有易燃物或还原剂渗入，危险性就更大。

一些常见氧化剂的分解温度和与可燃性粉状物的反应情况见表3－4。

表3－4　一些氧化剂的分解温度和与可燃性粉状物的反应情况

氧化剂名称	分解温度/℃	与木炭、硫黄等粉状物混合后受热、撞击、摩擦反应情况
硝酸铵	210	受热能着火、爆炸
高锰酸钾	＜240	经撞击爆炸
硝酸钾	400	受热能着火、爆炸
硝酸钠	380	受热能着火、爆炸
氯酸钾	400	经摩擦立即爆炸
氯酸钠	300	经摩擦立即着火
过氧化钾	490	经摩擦立即着火
过氧化钠	460	经摩擦立即着火

所以，储运这些氧化剂时，应防止受热、摩擦、撞击，并与易燃物、还原剂、有机氧化剂、可燃粉状物等隔离存放，遇有硝酸铵结块必须粉碎时，不得使用铁质等硬质工具敲打，可用木质等柔质工具破碎。

3. 可燃性

虽然氧化剂绝大多数是不燃的，但也有少数具有可燃性，如硝酸胍、硝酸脲、过氧化氢尿素、高氯酸醋酐溶液、二氯异氰尿酸、三氯异氰尿酸、四硝基甲烷等有机氧化剂，不仅具有很强的氧化性，而且与可燃性物质结合可引起着火或爆炸，着火不需要外界的可燃物参与即可燃烧。因此，有机氧化剂除防止与任何可燃物质相混外，还应隔离所有火种和热源，防止阳光曝晒和任何高温的作用。储存或运输时，应与无机氧化剂和有机过氧化物分开堆放或积载。

4. 与可燃液体作用自燃

有些氧化剂与可燃液体接触能引起自燃。如高锰酸钾与甘油或乙二醇接触，过氧化钠与甲醇或醋酸接触，铬酸与丙酮或香蕉水接触等，都能自燃起火，故在储运这些氧化剂时，一定要与可燃液体隔离，分仓储存，分车运输。

5. 与酸作用分解

氧化剂遇酸后，大多数能发生反应，而且反应常常是剧烈的，甚至引起爆炸。如过氧化钠、高锰酸钾与硫酸，氯酸钾与硝酸接触等都十分危险。因此，氧化剂不可与硫酸、硝酸等酸类物质混储混运。这些氧化剂着火时，也不能用泡沫和酸碱灭火器扑救。

6. 与水作用分解

有些氧化剂，特别是过氧化钠、过氧化钾等活泼金属的过氧化物，遇水或吸收空气中的水蒸气和二氧化碳时，能分解放出原子氧，致使可燃物质燃爆。此外，漂粉精（主要成分是次氯酸钙）吸水后，不仅能放出原子氧，还能放出大量的氯；高锰酸锌吸水后形成的液体，接触纸张、棉布等有机物能立即引起燃烧。所以，这类氧化剂在储运中，要严密包装，防止受潮、雨淋。着火时禁止用水扑救，也不能用二氧化碳扑救。

7. 强氧化剂与弱氧化剂作用时易分解

在氧化剂中，强氧化剂与弱氧化剂相互之间接触能发生复分解反应，产生高热而引起着火或爆炸。因为弱氧化剂在遇到比其氧化性强的氧化剂时，又呈还原性。如漂白粉、亚硝酸盐、亚氯酸盐、次氯酸盐等氧化剂，当遇到氯酸盐、硝酸盐等氧化剂时，即显示还原性，并发生剧烈反应，引起着火或爆炸。如硝酸铵与亚硝酸钠作用能分解生成硝酸钠和比其危险性更大的亚硝酸铵。因此，氧化性弱的氧化剂不能与比它们氧化性强的氧化剂一起储运，应注意分隔。

8. 腐蚀毒害性

绝大多数氧化剂都具有一定的毒害性和腐蚀性，能毒害人体，烧伤皮肤。如二氧化铬（铬酸）既有毒害性又有腐蚀性，故储运这类物品时应注意安全防护。

（八）有机过氧化物

1. 分解爆炸性

由于有机过氧化物都含有过氧基（—O—O—），而氧基（—O—O—）是极不稳定的结构，对热、震动、冲击或摩擦都极为敏感。所以当受到轻微的外力作用时即分解。如过氧化二乙酰，纯品制成后存放 24 h 就可能发生强烈的爆炸；过氧化二苯甲酰当含水在 1% 以下时，稍有摩擦即能爆炸；所以，有机过氧化物对温度和外力作用是十分敏感的，其危险性和危害性比其他氧化剂更大。

2. 易燃性

有机过氧化物不仅极易分解爆炸，而且还特别易燃。如过氧化叔丁醇的闪点为 26.67 ℃，过氧化二叔丁酯的闪点只有 12 ℃。有机过氧化物因受热或与杂质（如酸、重金属化合物、胺等）接触或摩擦、碰撞而发热分解时，可产生有害或易燃气体或蒸气；许多有机过氧化物易燃，而且燃烧迅速而猛烈，当封闭受热时极易由迅速的爆燃而转为爆轰。所以扑救有机过氧化物火灾时应特别注意爆炸的危险性。

3. 人身伤害性

有机过氧化物的人身伤害性主要表现为容易伤害眼睛，如过氧化环己酮、叔丁基过氧化氢、过氧化二乙酰等，都对眼睛有伤害作用，其中有些即使与眼睛短暂接触，也会对角膜造成严重伤害。

第二节　易燃易爆危险品储存防火

一、危险品的分类存放

危险品的分类存放是一个十分复杂的问题，能否同库存放、隔离存放或分仓存放，应充分考虑相关因素，防止发生事故。

（一）危险品储存分类存放的依据

1. 危险品自身的特性

危险品自身的性能是否相互抵触、灭火方法是否不同、性能的危险程度等，是确定危险品能否同库存放的最基本原则。

2. 仓库规模的大小

仓库规模的大小决定了库存危险品量的多少和库房的建筑条件。如国家大型的专门危险品仓库与企事业单位附属的小型危险品仓库不同，与医院、学校、科研单位做化学试验或医疗用的小型试剂存放库就更不同；正规建设的防潮、隔热的低温库房与简易小库房不同。

3. 危险品自身包装的技术条件

不同的包装，对所包装物品的保护程度是不同的。同样条件下，较好的物品包装，对自身物品的保护效果要好，安全性也相对好一些，与其他物品的相互影响也相对小一些。

（二）危险品分类存放的基本原则

（1）不同类的危险品不得同库存放。

（2）可燃性物品不得与氧化性物品同库存放。

（3）灭火方法不同的物品不得同库存放。

（4）起爆药不得与猛炸药同库存放。

（5）起爆器材不得与爆炸物质同库存放。

（6）其他性质相互抵触的物品不得同库存放。

（7）符合以上原则的甲类危险品与乙类危险品应当隔开存放。

（8）说明书或国家另有专门规定不得同库存放的危险品不得同库存放。

（三）危险品分类存放的基本要求

危险品能否同库存放，要综合分析其危险程度，确定如何分类存放。按照分区、分类、分段专仓、专储的原则，定品种、定数量、定库房、定人员（四定）进行保管。对小型仓库应分类、分间、分堆存放。

科研、学校、医院等单位供化学试验或医疗用的危险品试剂和药剂，应设专门的储藏室储存。储藏室和储藏柜应以储存性质相同的物品为主，对性能相互抵触或灭火方法不同的危险品，除爆炸品、压缩和液化气体、易燃固体中的自反应物质、易于自燃的物质、有机过氧化物、感染性物质和放射性物质以及各类中的Ⅰ级危险品外，如果一件物品的最大量限制在规范要求范围内，包装坚固、封口严密时，可允许同室或同柜分格存放。但储藏室的面积一般不宜超过 20 m²；储藏柜应根据具体情况建造，每只柜的总储量不应超过200 kg。

二、易燃易爆危险品的储存要求

（一）压缩气体和液化气体

1. 压缩气体和液化气体之间

可燃气体与氧化性气体混合，遇着火源有引起着火甚至爆炸的危险，应隔离存放。如液氯遇液氨相互作用，除生成氯化铵的烟雾外，同时将生成有爆炸性的氯化氮（NCl₃），极易发生爆炸；液氯遇乙炔则立即起火爆炸。因此液氯与液氨、乙炔等可燃气体不得同库存放和同车配装。

2. 与易于自燃的物质、遇水放出易燃气体的物质之间

甲类自燃物质在空气中能自行燃烧，如遇易燃或氧化性气体能加剧燃烧，同时燃烧的高温会造成钢瓶爆裂，扩大事故。因此，剧毒、可燃、氧化性气体均不得与Ⅰ、Ⅱ级易于自燃的物质同库储存和同车配载；与遇水放出易燃气体的物质因灭火方法不同，应隔离存放；剧毒气体、氧化性气体不得与易燃液体、易燃固体同库储存。

3. 与硝酸、硫酸等强酸之间

剧毒气体、可燃气体不得与硝酸、硫酸等强酸同库储存；氧化性气体、不燃气体与硫酸等强酸应隔离储存。因为这些酸有强氧化性，不仅与某些剧毒和易燃气体能发生化学反应，而且这些酸能腐蚀钢瓶使瓶体损坏。

4. 与油脂及含油物质、易燃物之间

氧气瓶及氧气空瓶不得与油脂及含油物质、易燃物同库储存。因为氧气与油脂接触时，能使油脂自燃着火，产生的高热也可造成氧气钢瓶爆炸。

（二）易燃液体

易燃液体不仅本身易燃，而且大都具有一定的毒性，原则上应单独存放。因条件限制不得不与其他种类的危险品同储时，应遵守如下原则。

1. 与易于自燃的物质之间

与Ⅰ、Ⅱ级易于自燃的物质不能同库储存，与Ⅲ级易于自燃的物质应隔离储存。

2. 与腐蚀性物品之间

与溴、过氧化氢、硝酸等强酸不可同库储存，如量很少时，可隔离储存，并保持 2 m以上的防火间距。

3. 与遇水放出易燃气体的物质之间

含水的易燃液体和需要加水存放的易燃液体，不得与遇水放出易燃气体的物质同库储存。如二硫化碳本身虽不含水，但包装时必须要有不少于容器1/4的水层覆盖液面，所以

不能和遇水放出易燃气体的物质同储。

（三）易燃固体

1. 与易于自燃的物质之间

与Ⅰ、Ⅱ级易于自燃的物质不能同库储存，与Ⅲ级易于自燃的物质应隔离储存。

2. 与遇水放出易燃气体的物质之间

因灭火方法不同，且有的性质相互抵触，所以与遇水放出易燃气体的物质不能同库储存。

3. 与氧化性物质之间

与氧化剂不能同库储存。因为易燃固体都有很强的还原性，与氧化剂接触或混合有引起着火爆炸的危险。

4. 与腐蚀性物品之间

与溴、过氧化氢、硝酸等具有氧化性的腐蚀性物品不可同库储存，与其他酸性腐蚀品可同库隔离存放。但发孔剂与某些酸作用能引起燃烧，所以不可同库存放。

5. 易燃固体之间

金属氨基化合物、金属粉末、磷的化合物等易燃固体与其他易燃固体不宜同库储存，因为它们的灭火方法和储存保养措施不同。硝化棉、赤磷、赛璐珞、火柴等均宜专库储存。樟脑、萘、赛璐珞制品，虽属乙类易燃固体，但挥发出来的蒸气和空气可形成爆炸性的混合气体，遇火源容易引起爆炸，储存条件要求高，也宜专库储存。

（四）易于自燃的物质

1. 与遇水放出易燃气体的物质之间

硼、锌、锑、铝等的碳氢化合物类易于自燃的物质与黄磷不得同库储存，其他Ⅰ、Ⅱ级易于自燃的物质与Ⅲ级易于自燃的物质应隔离存放。

2. 其他易于自燃的危险品之间

Ⅰ、Ⅱ级易于自燃的物质，不得与爆炸品、氧化剂、氧化性气体、易燃液体、易燃固体同库储存。易于自燃的物质与溴、硝酸、过氧化氢等具有较强氧化性的腐蚀性物品不可同库存放；与盐酸、甲酸、醋酸和碱性腐蚀品，也不准同库存放或隔离存放。

（五）遇水放出易燃气体的物质

1. 与易于自燃的物质之间

遇水放出易燃气体的物质不得与易于自燃的物质同库存放。因为易于自燃的物质危险性大，见空气即着火，且黄磷的包装用水作稳定剂，一旦包装破损或渗透都有引起着火的危险。

2. 与氧化性物质之间

因为遇水放出易燃气体的物质是还原剂，遇氧化剂会着火和爆炸，所以与氧化剂不可同库存放。

3. 与腐蚀性物品之间

因为溴、过氧化氢、硝酸、硫酸等强酸，都具有较强的氧化性，与遇水燃烧物品接触会立即着火或爆炸，且过氧化氢还含有水，也会引起着火爆炸，所以不得同库存放。与盐酸、甲酸、醋酸和含水碱性腐蚀品如液碱等，应隔离存放。

4. 与含水的易燃液体和稳定剂是水的易燃液体之间

遇水放出易燃气体的物质与含水的易燃液体和稳定剂是水的易燃液体，如乙酸、二硫化碳等，均不得同库储存。

5. 遇水放出易燃气体的物质之间

活泼金属及其氢化物可同库存放；电石受潮后产生大量乙炔气，其包装易发生爆破，应单独存放。磷化钙、硫化钠、硅化镁等受潮后能产生大量易燃的毒气和易自燃的毒气，因此，亦应单独存放。

（六）氧化性物质和有机过氧化物

1. 氧化性物质与有机过氧化物之间

甲类无机氧化性物质与有机氧化性物质特别是有机过氧化物不能同库储存。因为绝大多数的甲类无机氧化性物质都不燃，但都具有容易分解出氧的特性。如过氧化钠在空气中吸收二氧化碳能放出氧，氯酸钾、硝酸钠等受热后也会分解而放出氧。而有机氧化性物质特别是有机过氧化物对热、震动特别敏感而且易燃。遇到氧能够加强其燃烧，甚至引起爆炸。

漂白粉及无机氧化性物质的亚硝酸盐、亚氯酸盐、次亚氯酸盐（漂粉精）不得与其他氧化性物质和有机过氧化物同库储存。这是因为上述氧化性物质遇到比其氧化性更强的氧化性物品时，即表现出还原性。

2. 氧化性物质与压缩气体和液化气体之间

甲类氧化性物质与剧毒气体或易燃气体接触容易引起着火或钢瓶爆炸，不可同库储存。如过氧化钠遇氯气会生成 Na_2O 和 Cl_2O，而 Cl_2O 极易爆炸分解为氧和氯。

无酸性的乙类氧化性物质与压缩和液化气体可隔离储存，并保持 2 m 以上的间距，与惰性气体可同库分开储存。

3. 氧化性物质与自燃、易燃，遇水放出易燃气体的物质之间

氧化性物质与自燃、易燃，遇水放出易燃气体的物质，一般不可同库储存，因为易于自燃的物质燃烧时，能从氧化剂中得到氧，从而加剧燃烧。如白磷遇到氯酸钾会立即起火爆炸。

遇水放出易燃气体的物质，都有较强的还原性，遇氧化剂不仅会起火，甚至爆炸。

易燃液体遇氧化性物质会自行燃烧。如酒精遇铬酸酐（CrO_3）会立即剧烈燃烧。

易燃固体中的部分物品与氧化剂混合能成为爆炸性混合物，受热、撞击、摩擦即能起火或爆炸。如硫黄遇到过氧化钠，轻微触动就会立即起火或爆炸。

4. 氧化性物质与毒害品之间

无机氧化性物质与毒害品应隔离储存，有机氧化性物质与毒害品可以同库隔离储存，

但与有可燃性的毒害品不可同库储存,接触能引起燃烧。如1,1-二氯丙酮(油状液体)能与氧化剂剧烈反应,双乙烯酮若遇过氧化物则加速聚合而爆炸。

有些有机农药遇无机氧化性物质能引起化学反应,破坏农药结构而失效。有些无机剧毒品易被氧化,氧化后有爆炸性,或者变成剧毒物质。如氰化钠、氰化钾及其他氰化物与氯酸盐或亚硝酸盐混合后能发生爆炸;又如砷被氧化后有毒,与氧化性物质接触后毒性更大。

5. 氧化性物质与腐蚀性物品之间

(1)有机过氧化物不得与溴和硫酸等氧化性腐蚀品同库储存。因为这些物品相互接触能发生剧烈反应,尤其是溴及各种强酸的反应更为突出。如过氧化苯甲酰与硫酸相遇即会燃烧。

(2)漂白粉不得与无机氧化性物质同库储存。硝酸盐与硝酸、发烟硝酸可同库储存,但不得与硫酸、发烟硫酸、氯硝酸同库储存;其他无机氧化性物质与硝酸、硫酸、发烟硫酸、氯磺酸等均不得同库储存。

(3)硝酸(或发烟硝酸)和硝酸盐都含有硝酸根离子,二者可以同库储存。其他无机氧化剂与硝酸、硫酸、氯磺酸等强酸接触能发生剧烈反应,如氯酸钾遇浓硫酸会立即起火爆炸,所以这些无机氧化剂与上述各酸不得同库储存。

6. 与松软的粉状物之间

无机氧化性物质不得与松软的粉状物同库储存。如煤粉、焦粉、炭黑、糖淀粉、锯末等,因为无机氧化性物质若与这些物品混合,遇热或摩擦即能起火或爆炸。

三、易燃易爆危险品储存防火要求

(一)气瓶储存防火

气瓶的保管除每日必须进行一次检查外,还要随时查看有无漏气和堆垛不稳等情况。对毒气瓶库房,进入前应先通风再入内,并佩戴必要的防毒用具。发现钢瓶漏气时,首先确定漏气种类,并做好相应的防护,站在上风向向气瓶泼冷水降温,然后将阀门旋紧。气瓶阀门失控无法旋紧时,最好浸入石灰水中。如果现场没有石灰水,也可将气瓶浸入清水中。但氨气瓶漏气时,应将气瓶浸入清水中。储存气瓶的温度不宜高于28 ℃;对特殊气体,气瓶的温度还应再低。

(二)易燃液体储存防火

易燃液体宜储存在阴凉、通风条件好的库房内。极易燃烧的乙醚、二硫化碳、石油醚(馏程30~60 ℃)等,宜储存于低温库房内。其他如苯、乙醇、油漆和各种漆类稀释剂等,可在一般库房内储存。经营和使用这类物品的批发部、门市部、机关、厂矿、企业、学校等单位的仓库,虽存量不大,也仍应注意养护管理。

1. 温度的控制

存放沸点在50 ℃以下的易燃液体仓库,夏季应实行低温作业。除此之外,还应采取密封库房降温、涂白降温、埋藏降温和泡沫塑料保持低温等措施。埋藏降温主要是储存量不大时，可在密封库内用砂土埋藏的方法降温，对于防止遇高温容器爆破也有作用。泡沫塑料保持低温，是在原库房的墙壁四周，粘贴一层厚 5～10 cm 的不燃性聚苯乙烯泡沫塑料板，库房顶外再加一层石棉瓦顶（中间留约 50 cm 的空隙），其隔热效果也很好，一般可降低库温 3～4 ℃。

易燃液体储存温度控制的范围，根据沸点的不同有所变化，一般要求如下：

（1）沸点在 50 ℃以下，闪点在 0 ℃以下的低闪点易燃液体库房，温度应控制在 26 ℃以下。

（2）沸点在 51 ℃以上，闪点在 1 ℃以上 23 ℃以下的中闪点易燃液体库房，温度应控制在 30 ℃以下。

（3）乙类易燃液体库房，温度可在 32 ℃上下，但最高不得超过 35 ℃。

有的易燃液体受冻后，容易造成变质或容器破裂。如乳化漆受冻后，有水珠析出，会失去乳化状态；熔点低的环己烷、二氧戊烷等液体，若用大玻璃瓶盛装，气温低时易凝结成块，可能导致容器胀破；叔丁醇即使使用小玻璃瓶盛装也易造成容器破裂。所以，此类液体冬季还应注意防冻。

2. 湿度的控制

湿度对多数易燃液体影响不大，但湿度过大会使金属包装生锈。氯或氟硅烷类液体吸潮后，能分解并产生有腐蚀性的气体，所以应注意防潮。

要特别注意低沸点和难以封口的脂肪胺类及氯、溴、碘等化合物的分解变色和卤硅烷吸收空气中水分的分解情况等，发现问题，及时采取各种有效的封口、修补或防倾倒等措施。

（三）易燃固体储存防火

对易燃固体中的樟脑、赛璐珞制品、火柴、精萘等怕热物品，库房温度宜保持在 30 ℃以下，相对湿度保持在 80% 以下。乙类易燃固体的库房温度不应超过 35 ℃，相对湿度亦应保持在 80% 以下。在梅雨季节，应加强库房湿度管理，做好通风或密封工作。特别是对硝化棉、赛璐珞、各种磷的化合物和火柴等，更需加强检查，及时采取防护措施。

（四）易于自燃的物质储存防火

加强库房的温、湿度管理，是确保易于自燃的物质不发生自燃事故的重要养护措施之一。对Ⅰ级易于自燃的物质（不包括黄磷、651 除氧催化剂），特别是硝酸纤维废胶片等，库温不宜超过 28 ℃，相对湿度不大于 75%。对Ⅱ、Ⅲ级易于自燃的物质，库温不应超过 30 ℃，相对湿度不超过 80%。黄磷、651 除氧催化剂不怕潮湿，但怕冻，冬季储存温度不应低于 3 ℃。原因是封存物品的水结冰后易出现裂缝漏进空气而使被保护的物品自燃起火。

黄磷、三乙基铝等类物品，如出厂时间不长，入库验收包装完好，而稳定剂又是充足的，可每周检查一次，每季全查一次，如包装容器质量差，检查次数应增多。

出厂不久即进库的桐油配料制品，性质不稳定，入库初期应加强检查。储存时间较长的，性质变得稍微稳定一些，但在温、湿度较高的情况下，仍会加剧氧化发热，也应注意检查。硝酸纤维胶片，尤其是洗去药膜的胶片，存放时间越长，越容易分解变质，必须勤检查。特别是出现起泡、发黏、发霉等接近变质的变化时，更要注意晾晒，以防自燃起火。

硝酸纤维废胶片和桐油配料制品，为及时准确地掌握它们的温、湿度变化情况，可在物品入库堆码时，将插扦电子测温、湿两用仪的传感器定点埋藏在堆垛的上、中、下各层的不同部位，以便随时掌握货垛不同部位的温、湿度变化情况。

易于自燃的物质一旦发现问题，变化较快，要及时采取有效措施处理。如硝酸纤维胶片发热时，要立即搬出库房外，散热摊凉；桐油配料制品堆垛内发热时，要立即翻垛，排风散热，但都不要在库内拆包。

（五）遇水放出易燃气体的物质储存防火

遇水放出易燃气体的物质的养护重点是预防高温和潮湿，库房温度一般不应高于 30 ℃，相对湿度应保持在 75% 以下。库房绝对不许漏雨、漏水，下水道要保持畅通，防止积水内涝。尤其是雷雨季节和防汛期间，更要注意检查，发现问题及时处理，不可拖延。

（六）氧化性物质储存防火

氧化剂对温、湿度的影响十分敏感，特别是有机过氧化物，受热后不仅容易挥发和膨胀，同时还能加速分解作用，发生着火和爆炸。硝酸镝、硝酸铟、硝酸锰等低熔点氧化剂和有结晶水的硝酸盐类，受热后能溶于本身的结晶水中，若封闭不严又极易吸潮溶化。所以库温必须保持在 28 ℃以下。

硝酸铵、硝酸钙、硝酸镁、硝酸铁等氧化剂易吸潮溶化，过氧化钠、三氧化铬等还易吸潮变质。所以这些物品的相对湿度不应超过 75%，其他一般氧化剂的相对湿度不应超过 80%。对硝酸盐、亚硝酸盐、亚氯酸盐类的袋装氧化剂，均应列为防潮重点。可采取库房和堆垛进行密封；垛位进行高垫架、铺隔潮层；科学利用自然通风进行降潮、干砂吸潮；在密封货垛内加入氯化钙吸潮剂；雨、雾天不准作业等措施。

第三节　易燃易爆危险品运输防火

一、易燃易爆危险品运输火灾的主要原因

（一）装卸违反操作规程

危险品在装卸过程中，如果违反操作规程，摔、碰、拖拉、翻滚、野蛮操作或使用不合格的装卸工具，都易造成摩擦、撞击而引起火灾事故。如上海铁路局某车站的港务码头，9 名装卸工装卸来站的 280 桶电石时，违反轻装轻卸的规定，又未按规定先放去桶内气体，而是将电石桶掀倒用吊杆吊入船舱，因用力过猛，使桶内电石相互撞击产生火花突

然发生爆炸，使操作的工人当场被炸死亡。江苏某县石油公司的一辆油罐车，在加油站灌油之后，油罐后闸阀未关牢就驱车赶路，洒在路上的油遇火源引燃并随车追去，车后约 2 km 长的火龙引起整车着火。驾驶员见势不妙，立即冲进路旁的河水中，但因河水太浅，车被烧毁，驾驶员被烧伤。

（二）包装不合格

包装不合格的危险品装上车或在车上码放不牢固等，容易留下事故隐患，并在行驶途中发生事故。如某市农药厂在某黄磷厂购买黄磷，开始计划用火车运输，但因包装桶盖不严密（漏水），铁路站方不予托运。该厂改用自己厂的汽车进行长途运输，将包装不合格的黄磷装上车，且未码放牢固。汽车行驶途中，黄磷桶翻倒，桶内的密封水流出，黄磷遇空气自燃起火，将整车黄磷连同汽车全部烧毁。某列载有丁酮 25 kg、异丙醇 1250 kg、甲酸 75 kg、氢氟酸 125 kg 和发孔剂、联苯、对苯二甲酸及铁桶盛装的其他危险品 284 桶的列车，由于车厢内装的用玻璃瓶盛装的丁酮、异丙醇等瓶盖松动、封口不严造成了渗漏挥发，外包装箱无防滑措施，在列车运行时易移位、翻倒，致使玻璃瓶破碎，蒸气遇火源爆炸起火，烧毁货车厢两辆及车上的全部货物，使沪宁线全部客货车停运 1 小时 42 分。

（三）车辆技术条件不佳

运输危险品的车辆应保证处于良好的技术状态，并符合所装运危险品的要求，否则就容易出现事故。如某铁路部门用未设防火板的木底板列车厢装运爆炸品，行驶中因铁路坡度大、长时间抱闸运行，闸瓦与车轮摩擦产生的火星点燃了车厢木底板，继而引燃包装箱发生爆炸事故。致使 100 多米长的钢轨扭曲炸断，铁路中断 24 h，附近农村民房遭到一定程度的破坏，五节棚车全部烧毁，其余爆炸品基本全部毁坏。某满载三氯化磷槽罐车的挂车轮胎突然脱落飞出，挂车倾翻，槽车内的 4 t 多三氯化磷全部外溢，造成 100 多人头晕、呕吐、呼吸困难，10 多亩稻田绝产，20 多亩农作物严重减产。

（四）混装混运，违章积载

危险品运输的积载隔离非常重要，否则一旦出现事故，后果不堪设想。如某列车由于所运货物染发剂的 A 液（苯类液体）、B 液（双氧水）违章混装在同一车厢内，在运输中相互挤压致包装破漏，使两种液体混合自燃起火，致使一列车厢的货物都被烧毁。

（五）调车作业违章溜放

列车在调车连挂溜放时的撞击力是很大的，若超过了包装或容器的安全系数，就很容易损坏包装或使容器造成泄漏而发生事故。如某市液化石油气储配站在卸液化石油气时，火车调运空槽车与另一辆装满液化石油气的槽车相撞，阀门撞断致使大量液化石油气喷出而无法堵塞，最后消防救援人员冒生命危险硬是用木塞塞上才避免了大爆炸。

（六）行驶违章

车辆在行驶中违章行车是造成交通事故的一个重要原因。2012 年 8 月 26 日凌晨，河南省孟州市某运输公司的罐车从榆林装载甲醇运往山东。该罐车从服务区匝道违法驶入高速公路后，导致由北向南行驶的某双层卧铺客车追尾，造成甲醇泄漏，客车起火，客车司乘人员 36 人死亡，3 人受伤。

（七）疲劳驾驶

疲劳驾驶常常是发生交通事故的主要原因。如宝鸡市一个体司机驾驶大货车拉运 5.2 t 氰化钠在公路上行驶时，因疲劳驾驶导致操作错误，使汽车翻入路北侧约 3 m 深的大河内，导致罐体上部撕开了一个长约 30 cm、宽约 5 cm 的裂口，5 t 氰化钠液体流入河道，造成了河水严重污染，直接威胁河流下游的人畜安全。

（八）静电放电

由于绝大部分易燃气体、液体都是介电体，在运输过程中容易产生并积累静电，如果没有很好消除和导除静电的措施，很容易发生静电放电而导致着火爆炸事故。如广州某公司的"大庆 243"油轮第 14 航次从广州黄埔驶抵长江下游龙潭水道南京栖霞油运锚地，在过驳作业时因静电放电引起爆燃，造成三艘油驳相继爆炸起火，泄漏的原油在江面上形成了 2 万多平方米的油淌大火，造成 6 人死亡，3 人失踪，大庆轮和三个油驳全损或部分烧损，直接财产损失达 822.6 万元。

（九）灭火方法错误

危险品在运输过程中发生火灾，灭火方法不当同样会小火酿成大灾，造成更大的损失和伤亡。如 1947 年发生在美国得克萨斯城"格兰德坎普号"法国货轮，船上载有 2300 t 硝酸铵和花生、芝麻、铣床等货物，装卸工人在工作期间抽烟引发起火，着火后船长和大副都不懂硝酸铵的灭火方法，不知道硝酸铵着火只能用大量水灭火，不能盖上舱盖用水蒸气灭火，使硝酸铵在封闭条件下很快由着火转为爆炸。这次事故形成的两次爆炸和烈火吞没了得克萨斯城，烈火烧了三天三夜，造成 516 人死亡，3000 多人受伤，15000 人无家可归，直接经济损失 1 亿美元。这一事故使这座化学城顿临毁灭，成为震撼世界的一大惨案。

二、易燃易爆危险品道路运输防火

（一）整装危险品道路运输装卸的防火要求

用于装卸危险品的机械及工具，应当符合行业标准规定的技术要求，并应按危险品的性质选用合适的装卸机具。装卸易燃易爆危险品应使用铜质或镀铜工具，禁止使用铁质等易产生火花的工具，装卸机械应设置火星熄灭器，装卸Ⅰ、Ⅱ级危险品的机具应按额定负荷降低 25% 使用。同时，对于不同的危险品还有不同的要求。

1. 压缩气体和液化气体

（1）车厢内不得沾有油脂污染物及强酸残留物。

（2）装卸时要旋紧瓶帽，注意保护气瓶阀门，防止撞坏。汽车装卸时，同一车厢不准二人同时单独往车上装瓶。除允许竖装的气瓶（如民用液化石油气瓶等）外，车上气瓶均应横向平放，并妥善固定，防止滚动，阀门应朝向一方，最上层气瓶不得超过车厢栏板高度。

（3）液化石油气钢瓶，必须竖放，10 kg 和 15 kg 钢瓶放置时不得超过两层，50 kg 及 50 kg 以上的钢瓶，须单层码放；液氯钢瓶，充装量为 50 kg 的应横向卧放，高度不大于两层，充装量为 500 kg 和 1000 kg 的钢瓶只允许单层放置，且瓶口一律朝向车辆行驶方向的右方。所有钢瓶，都应有聚乙烯护圈或橡胶护圈。

（4）装卸操作时，不要把阀门对准人身，注意防止气瓶安全帽脱落。气瓶应竖立转动，不准脱手滚瓶或传接。

（5）装运大型气瓶（盛装净重 0.5 t 以上）或成组集装气瓶时，瓶与瓶、集装架与集装架之间需填牢木塞，集装架的瓶口应朝向行车的右方，车厢后栏板与气瓶空隙处必须有固定支撑物，并用紧身器紧固；氢气集装瓶每单元总重量不得大于 2 t，集装夹具、吊环的安全系数不得小于 9。

（6）用机械化、自动化灌装钢瓶时，可采用集装箱。卸车时，应在气瓶落地点铺上铝垫或橡皮垫，必须逐个卸车，严禁溜放。

2. 易燃液体

（1）空桶堆放场、重桶库房（棚）的布置，应避免油桶搬运作业交叉进行和往返运输。灌装油罐、灌桶操作、收发油桶等场地应分区布置，且应方便操作、互不干扰。灌装油泵房、灌桶间、重桶库房可合并设在同一建筑物内。对于甲、乙类油品，油泵与灌油栓之间应设防火墙。甲、乙类油品的灌桶间与重桶库房之间应设无门、窗、孔洞的防火墙。

（2）油桶灌装宜采用泵送灌装方式。有地形高差可供利用时，宜采用油罐直接自流灌装方式。

（3）甲、乙、丙$_A$类油品宜在灌油棚（亭）内灌装。

（4）灌装 200 L 易燃液体桶的时间，甲、乙、丙$_A$类油品宜为 1 min，灌油枪出口流速不得大于 4.5 m/s。

（5）装运易燃液体的车厢内，不得有氧化剂、有机过氧化物、易于自燃的物质、氧化性腐蚀品、强碱等残留物。

（6）对低沸点或易聚合的易燃液体，如发现其包装容器内装物有膨胀（鼓桶）现象时不得装车，应调换包装容器后才可再装车。

（7）对钢制包装件多层装载时，层间必须采取合适的衬垫，并应捆扎牢固。

（8）金属桶盛装的易燃液体，不得从高处翻滚卸车。从车上溜放或滚动操作时，应有防止撞击产生火星的措施。

3. 易燃固体、易于自燃的物质和遇水放出易燃气体的物质

（1）装卸易升华、挥发出易燃、有毒（害）或刺激性气体的货物时，现场应通风良好。

（2）装运需用水（如黄磷）、煤油、石蜡（如金属钠、金属钾）或其他稳定剂进行防护的包装件时，应认真检查包装有无渗漏现象及封口是否严密，发现问题要立即通知发

货人调换包装。

（3）装卸碳化钙（电石）时，应弄清包装内有无充填保护气体。未充填保护气体的，在装卸前应侧身轻轻地拧开通气孔放气，防止铁桶爆裂伤人。

（4）装卸遇水易放出易燃气体的物质时，在雨雪天如不具备防雨条件，不准进行装卸作业。

4. 氧化性物质

（1）车厢、装卸机具设备及操作场所不得沾有酸类、煤炭、面粉、油脂、磷、硫或其他粉状可燃物。

（2）如货物包装为金属容器，装车时应单独摆放；需多层装载时，应采用合适的材料衬垫。

（3）对添加稳定剂和需控温的一级氧化剂和有机过氧化物，密切注意包装有无渗漏及变形，如有异常应拒绝装车。

（4）装卸过程如发生包装破损，撒漏物不得装入原包装内，必须另行处理。不得踩踏、碾压撒漏物。

（二）危险品道路运输车辆行驶的消防安全要求

由于运输危险品的车辆所载的是危险品货物，一旦发生行车事故不单是一个交通事故的问题，往往形成腐蚀品、毒气泄漏，可燃气体、液体着火、爆炸等灾害事故。影响危险品道路运输安全行驶的因素主要有驾驶员的技术熟练程度、驾驶员的精神状态、饮酒和疲劳的影响、车辆的技术状况、道路状况、天气状况等。

1. 驾驶员与押运员

危险货物道路运输企业或者单位，应当聘用具有相应从业资格证的驾驶人员、装卸管理人员和押运人员，并在上岗时随身携带从业资格证和道路运输证。

（1）驾驶人员需取得相应机动车驾驶证，有两年以上安全驾驶经历，安全行车里程在5万公里以上，年龄不超过60周岁，经设区的市级交通主管部门考试合格，取得相应从业资格证。

（2）要熟悉道路情况和道路运输安全知识，熟知所运危险品的物理化学性能和槽车、罐车的技术性能以及装卸作业的安全操作规程，熟知防火、灭火知识和事故处置办法，能熟练使用灭火器材和紧急切断装置。

（3）驾驶员如果精神状态不佳、连续行车处于疲劳状态，也不准驾驶运输危险品的车辆。

（4）汽车长途运输爆炸品时，车上无押运人员不得单独行驶，每车押运人员不得少于1人并要求坐在车上，如特殊原因需要在驾驶室内乘坐时，要经常停车检查车上货物状况。车上严禁捎带无关人员和危及所运爆炸品安全的其他物品。

2. 车辆的行驶

（1）爆炸危险品道路运输的行车路线，应事先报请当地公安部门批准。原则上尽量绕过城市、村镇和居民较多的地方，在车辆较少的道路上行驶。

（2）应按公安交通管理部门指定的路线、时间和车速行驶。夜间运输时，车辆前后应有红色信号。车辆不准带拖挂车，车上禁止吸烟，在通过隧道、涵洞、立交桥时，要注意标高，限速行驶。

（3）一般雨雪天、大雾天、雷雨天、大风沙天、酷暑干热天禁止运输危险品。对怕冻危险品在遇寒流时也不宜运输（有保暖措施的除外）。

（4）液化燃气槽车、汽油罐车不准携带其他易燃易爆危险品，当罐体内液温达到40 ℃ 时，应采取遮阳、罐外泼冷水降温等安全措施。对低沸点的易燃液体、气体和对热较敏感的易燃易爆危险品，在夏季的酷暑季节宜选择夜间运输。

（5）运输爆炸品的车辆，在厂内、库内行车速度不得超过 15 km/h，出入厂区大门及倒车速度不得超过 5 km/h。厂外公路行驶时，运输火工品的车速不得超过 30 km/h，运输火箭弹的车速不得超过 40 km/h，运输其他爆炸品的车速不应超过 50 km/h。多辆车列队运输爆炸品时，车与车之间应保持 50 m 以上的安全距离，上、下坡时还要加大距离。

（6）运输其他危险品的车辆，在经过交叉路口、行人稠密地点，通过城门、桥梁、隧道、狭路、村镇、车站、急弯和下陡坡时，在冰雪道路上行驶时或遇到牲畜群、下雨、下雪、车辆的刮水器损坏或遇大风、大雾、大雨、大雪视距在 30 m 以内时，以及遇有警告标志时等，其时速均不应超过 15 km。同一方向行驶的载有危险品的车辆与其他机动车辆之间至少应有 30 m 的距离，冬季行经冰雪路面时，至少应保持 50 m 的距离。

3. 车辆的停放

（1）道路运输危险品的车辆在运输途中，一般不宜停留，若必须停留时，应沿公路边依次停放，车辆之间至少保持 2 m 的距离，并不得与对侧车辆平行停放。应当远离机关、学校、工厂、仓库和人员集中的场所，以及交叉路口、桥梁、牌楼、狭路、急弯、陡坡、隧道、涵洞等易于发生危险的地点。

（2）停车位置应通风良好，10 m 以内不得有任何明火和建筑物。运输爆炸品的车辆，应与其他车辆、高压线、重要建筑物、人员聚集处等保持 100 m 以上的安全距离，并由押运员看守。如途中停车需超过 6 h，应与当地公安部门取得联系，并按指定的安全地点停放。

（3）夏季应有遮阳措施。驾驶员和押运员不能同时远离车辆，可轮换看护。在途中需停车检修时，应使用不产生火花的工具，并不准有明火作业。

（4）在途中如遇雷雨时，应停放在宽敞地带，远离森林和高大的建筑物，以防止雷击。

4. 运输途中的着火应急措施

行驶途中遇到火灾时，应当掌握正确的应急处置方法：

（1）驾驶员和押运员要沉着冷静，不要惊慌。

（2）对初期火灾，应根据着火物质的性质，迅速用车上所配置的灭火器进行扑救。

（3）应立即向当地消防部门报警，并将车辆开至不危及周围安全的地方，设法控制火势蔓延。

（4）液化石油气槽车或石油罐车发生泄漏时，应采取紧急措施止漏，一般不得启动车辆，同时立即与有关单位和消防部门联系，采取灭火措施，切断一切火源，设立警戒区，断绝交通，并组织人员向上风方向疏散。

（5）气体槽车大量泄漏而起火时，在没有可靠止漏措施时，千万不要将火扑灭，应在立即报警的同时，将车辆开至不危及周围安全的地方，并设法控制火势蔓延和加强对罐体的冷却降温，等待消防救援人员。

三、易燃易爆危险品铁路运输防火

（一）铁路运输办理站的消防安全要求

1. 办理站设置地点的选择

危险品铁路运输办理站要根据危险品运输需求和铁路运力资源配置情况，统一规划，合理布局。新建站时，应远离市区和人口稠密的区域；与发展危险品物流园区配套考虑；并与省、自治区、直辖市人民政府或设区的市级人民政府商定符合安全要求的危险品铁路运输办理站设置地点。

2. 办理站设置地点的消防安全措施

危险品铁路运输办理站要建立健全消防安全防护责任制，对职工进行消防安全防护教育和培训；确定重点危险源，配置消防安全防护设施和器材，设置消防安全防护标志。

3. 办理站设置地点的应急消防要求

危险品铁路运输办理站要建立义务消防应急救援队伍，制定事故处置和应急预案，设置醒目的安全疏散标志，保持疏散通道安全畅通；定期组织事故救援演练，开展预防自救工作，并对活动进行记录和总结，对巡查情况进行完整记录。

（二）铁路装卸作业线的消防安全要求

（1）散装危险品装卸操作复杂，属于易燃易爆危险场所，要求危险品铁路装卸线应为尽头式，并应按危险品运输量计算确定其车位数。

（2）为保证机车安全地退出，对于有一条以上装卸线的装卸区，机车在送取、摘挂车后，其前端至前方警冲标应留有供机车司机向前方及邻线瞭望的不小于 31 m 的距离。终端车位的车钩中心线至装卸线车挡的安全距离应为 20 m。

（3）为了便于实现自流装卸，散装铁路专用线的装卸作业线，应敷设在卸液仓库的最低处或最高处。装卸作业线应为零坡直线段，并保持严格水平，以防止列车装卸时滑动造成事故。

（三）铁路装卸站台的安全要求

（1）承运危险品的车站应当设置危险品专运装卸线、货物货场和保证安全的装卸设施。危险品货场要与其他物品货场分开设置，并在总体布局上，将危险品货场设在城市的郊区。在危险品货场内，对爆炸品、易燃气体和易燃液体货物，应当设置专门的货位和堆栈栈台。

（2）危险品货场应设置专门存放危险品的中转仓库。仓库的占地面积及防火墙隔间的面积可比其他仓库的面积增加一倍，但耐火极限不应低于二级。库房四周 50 m 以内严禁任何明火。

（3）危险品铁路运输货场内要有不受铁路列车阻拦的消防车道。消防车道应尽量避免与铁路交叉，如必须交叉时，应设置备用车道，且两车道之间的间距不应小于一列火车的长度。

（4）危险品货场及较大的栈台，应设置消防给水，配置应急灭火器材。大型货场的消防供水量应不小于 50 L/s。消防水池、消火栓距最远的库房或堆场的距离不应大于 150 m。此外，每个危险品中转库房或堆场还应设置扑灭初期火灾的灭火器材。

（四）易燃易爆危险品铁路运输的确认

1. 确认能否运输

主要是通过检查包装，看其是否符合所运输危险品的要求；包装的标志及编号与所运危险品是否相符；稳定剂的含量是否符合要求等。如过氧化氢的含量不应超过 40%；硝化纤维素的含氧量不得大于 12.5%，湿润剂不小于 32%；二硫化碳、黄磷必须浸在水中，且液面应高于物品 4 cm；碱金属（金属钠、钾、钙等）必须浸于煤油中等。对包装不符合要求和稳定剂不足的，均不可装运和配载。

2. 确认季节性限制和禁配的危险品

有些危险品当气温较高时运输，容易将容器胀破引起危险，所以气温较高时禁止一般包装运输。如铁桶盛装的乙醚在每年的 4—9 月，不能敞车和棚车配载；对两种以上物品相互接触可引起着火、爆炸或其他危险反应的物品禁止配载。如水合肼、无水肼与氧化剂、有机过氧化物，液氨、液氢、液化石油气与液氯、液氟、氧气、压缩空气，硫黄、赤磷与氧化剂、有机过氧化物等均不可同车配载。

3. 确认到站

为了保障安全，对不具备条件的车站是不允许接收危险品货物的，不能把危险品运至不能接收危险品的车站。对同一车内装载的危险品，应当严格遵守"危险货物配载表"的有关规定，并按表的规定检查确认可否运输。

（五）易燃易爆危险品铁路运输的配载

危险品在运输时，可否同装一车或如何配装积载受多种因素的影响，综合归纳，以下因素应当充分考虑。

1. 危险品性质的相互抵触

危险品能否同车配载，首先取决于相互之间的化学性质是否抵触。如相互接触后会发生爆炸、燃烧或产生毒性气体的危险品，严禁同车配载；某些危险品性质虽有抵触，但抵触程度不太大的可以采取隔离一定的距离配载。如氰化物与酸类，氧化性物质与可燃物质，弱氧化剂与强氧化剂等均不可同车配载。而其他酸性腐蚀品与氧化剂和有机过氧化物可以采取隔离 2 m 以上配载。

2. 灭火方法是否相同

有的危险品虽然性质不那么抵触，但由于着火时灭火方法不同，也不能同车配载。如硫黄和铝粉、黄磷与烷基铝等就不便同车配载，更不能装于同一外包装内。

3. 包装条件状况

包装好坏也是影响配载条件的重要因素，如果包装条件达到了一定的质量标准，可以起到不同性质物品的隔离保护作用。如铝粉、镁粉与盐酸，虽然性质相互抵触，但只要包装合格也允许同载一车。铁桶包装的乙醚在夏季不可装车运输，但若盛装在具有一定耐压强度（大于当地极端最高气温下的蒸气压）的容器内运输时，四季均可运输。

4. 运输条件的好坏

铁路运输受震动、摩擦、冲撞和各地外界气温以及多次装卸作业的影响较大，要考虑到随时出现包装破损、货物撒漏的可能，一旦发生事故时的危害、影响面大。

四、易燃易爆危险品水路运输防火

（一）危险品水路运输装卸设施防火

危险品装卸的场地包括铁路装卸作业线，道路、铁路装卸货场以及港口、码头等，都对危险品的安全运输有重要作用。由于危险品都具有一定的危险性，港口应设置专用码头，不能在旅客码头、装卸其他货物的码头进行装卸作业。对货运量较小的港口，可根据所运危险品的特点分成若干区。如杂货装卸区、石油装卸区、化学危险品装卸区等。

1. 危险品通用码头的消防安全要求

码头上的各装卸区应有一定的防火间距，库房的允许建筑面积可比其他库房增加50%。码头上还应根据需要设置相应的消防设施。

（1）消防站：大型或重要的港口（码头）应设专业消防站。吞吐量为 1000 万～2000 万 t/a 的港口都应配置消防艇。消防艇的锚泊位置应能便捷地驶往港内的每一个泊位。

（2）消火栓：应在码头泊位纵深 30～50 m 处敷设消防水管，每隔 50 m 设一地下消火栓，并配备国际统一规定的万用接口一套，以供岸上或船上连接使用。

2. 散装易燃液体码头的消防安全要求

散装易燃液体码头是港口专门用于装卸停靠油船的码头，是装卸油品码头的简称。

1）散装易燃液体码头的分级

根据《油气化工码头设计防火规范》(JTS 158—2019)，散装易燃液体码头按设计船型的载重吨位划分为四级，见表 3-5。

表3-5 油气化工码头防火等级

防火等级	海 港		河 港	
	船舶吨级 DWT/t	船舶总吨 GT	船舶吨级 DWT/t	船舶总吨 GT
特级	≥100000	≥10000	≥10000	≥3000
一级	≥2000 <100000	<10000	≥5000 <10000	<3000
二级	≥5000 <20000	—	≥1000 <5000	—
三级	<5000	—	<1000	—

2）散装易燃液体码头的布置

散装易燃液体船宜设置独立的散装易燃液体装卸码头和作业区，且应布置在港口的边缘地带和下游。当散装易燃液体装卸船与其他货物装卸船共用一个码头时，两者不能同时作业。内河装卸散装易燃液体的码头，应与其他客运、货运码头，化学危险品码头及桥梁等建、构筑物保持一定的安全距离，并尽可能设置在下游地带，确有困难时，可以设在上游，但应有可靠的安全设施。海港以及河口港装卸散装易燃液体的码头不宜与其他码头建在同一港区水域内，如确有困难必须建在同一港区水域内时应有可靠的安全设施。

3）散装易燃液体码头建造的防火要求

（1）码头的液体输送管道在穿越、跨越码头的铁路和道路时，应满足防火间距要求。管道埋地穿越铁路和道路处，其交角不宜小于60°，并应采取涵洞、套管或其他防护措施。管道架空跨越电气化铁路时，轨面以上的净空高度不应小于6.6 m。管道跨越消防道路时，路面以上的净空高度不应小于5 m。管道跨越车行道路时，路面以上的净空高度不应小于4.5 m。管架立柱边缘距铁路不应小于3 m，距道路不应小于1 m。

（2）应有远离明火的措施。装卸甲、乙类散装易燃液体的码头与陆地明火和散发火花的建筑物、构筑物或地点的距离不小于40 m。甲、乙类散装易燃液体码头与陆地易燃液体储罐的防火距离不应小于50 m。

（3）应当设置二氧化碳（惰性气体）充填系统。设计船型在两万吨级以上（含两万吨）的油码头应当设置二氧化碳（惰性气体）充填系统，系统的规模应按油码头设计船型最大舱容空载所需补充二氧化碳（惰性气体）的量进行计算设计。

（4）应当设有明显醒目的红灯信号装置。为使散装易燃液体码头在正常作业时便于航行的船只避让，并保持一定安全距离，同时在事故时警告过往船只不要驶入危险区域，散装易燃液体码头应当设有醒目的红灯信号装置。

（5）采用橡胶软管作业时，应安装过压保护装置。散装易燃液体对橡胶软管存在腐蚀性和溶解性，使橡胶软管老化。所以，散装易燃液体码头采用橡胶软管作业时，必须安装过压保护装置，并在橡胶软管附近及阀门处设置凹槽，以便于收集意外喷溢的易燃液体。沿海二级和二级以上的易燃液体码头还应设拦油栅保护。并要求易燃液体码头应备存一定数量的祛油剂，并及时清除油污，防止发生火灾。

（6）易燃液体码头应设有为油船跨接的防静电接地装置。易燃液体码头应设有为油船跨接的防静电接地装置，可与码头上的易燃液体装卸设备的防静电接地装置合用。在易燃液体码头入口处应设置能够消除人体静电的铁栏杆或金属条等装置，码头的装卸油鹤管附近应设置静电接地装置。

（7）照明灯柱和变、配电间与油船装卸设备保证一定的防火安全距离。沿海、内河易燃液体码头的照明灯柱和变、配电间，应设立在距离易燃液体船注入口水平方向 15 m、垂直方向 7.5 m 以外的位置。灯柱的高度应使易燃液体的杆或其他装卸机具在使用中触及不到为宜。

（二）危险品水路运输码头消防设施

1. 散装易燃液体码头的灭火设施系统要求

（1）应当根据易燃液体的火灾危险性，码头的等级、邻近单位情况，易燃液体船的类型及水文、气象、地理自然条件等因素，综合考虑设置一定的消防设施。为便于早报警和调集施救力量，易燃液体码头应当设置无线电通信设备及其他报警装置。

（2）装卸甲、乙类易燃液体的一级码头，应采用固定式的泡沫灭火方式；装卸甲、乙类易燃液体的二级码头和丙类易燃液体的一级码头，二级码头可采用半固定式泡沫灭火系统，并应配置 30 L/s 的移动喷雾水炮一只，500 L 推车式压力比例混合泡沫装置一台。装卸甲、乙类易燃液体的三级码头和丙类易燃液体的二级码头可采用半固定式泡沫灭火系统和（或）小型灭火器的灭火方式，并应配置 7.5 L/s 喷雾水枪两只，200 L 推车式压力比例混合泡沫装置一台。

（3）火灾危险性较大的单位和部位还可适当增设手推式泡沫灭火器，各类易燃液体码头均宜配置高、中倍数的泡沫灭火设备系统。

2. 散装易燃液体码头灭火器的配置要求

（1）小型灭火器机动灵活，能保证迅速扑灭初起火灾，因此除三、四级易燃液体码头应配置小型灭火器外，对于一、二级易燃液体码头也应配置。

（2）装卸甲、乙类易燃液体的四级码头和丙类易燃液体的三级码头应按 3 只/100 m^2 的标准配置；装卸甲、乙类易燃液体并已设置固定或半固定泡沫灭火方式的码头，应按 1 只/100 m^2 的标准配置；装卸丙类易燃液体的码头应按 1 只/150 m^2 的标准配置。

3. 散装易燃液体码头消防泵房的设置要求

为保证消防泵的安全和便于消防人员操作，消防泵房不得与易燃液体泵房合建。所设的固定或半固定消防管线也不宜与易燃液体、汽、水管线排列在一起。

4. 散装易燃液体码头消防船的配备要求

为了易燃液体码头的消防安全，本着既经济又实际的原则，对装卸甲、乙类易燃液体的一级码头应配备 2～3 艘拖轮兼消防的两用船；对甲、乙类易燃液体的二级码头和丙类易燃液体的一级码头，应配备 1～2 艘拖轮兼消防的两用船。

（三）船舶运输危险品的隔离和积载

1. 隔离的安全要求

装运危险品的船舶，应按照"危险货物隔离表"的要求合理积载，并在积载图上清楚地标明所装危险品的品名、重量、位置等，包括危险货物集装箱与载驳船在船上的位置。参照我国《水路危险货物运输管理规则》的要求对各类危险品进行隔离。

2. 积载的安全要求

（1）积载危险品的场所应清洁、干燥、阴凉、通风良好。装载时，物品应进行必要的铺垫和加固，使之适应水上运输的要求，防止倒桩和摩擦。对需要经常检查和需近前检查的物品，可生成爆炸性气体混合物、产生剧毒蒸气或对船舶有腐蚀作用的物品，发生意外事故必须投弃的危险品，均应在舱面积载。

（2）对在海水、空气、阳光等作用下易产生易燃气体、自燃或爆炸等危险后果的危险品或受潮后会影响包装强度的物品不得在舱面积载。

（3）易燃易爆危险品积载时，应远离一切热源、火源、电源，包括机舱、烟囱、炉灶、温控集装箱、电缆等。能散发有毒、易燃蒸气的危险品在积载时，应避免气体渗入生活区和工作区。

（4）当危险品与普通物品在同一集装箱内装运时，危险品应装在箱门附近。

（四）危险品船舶运输装卸的基本防火要求

1. 危险品船舶运输装卸作业人员的条件

危险品船舶运输的装卸作业人员，应选择具有一定业务知识的固定人员（班组）承担。必须熟悉消防安全的和运输安全的法律法规、安全规程；了解所装（卸）运危险品的危害特性、包装物或者容器的使用要求、发生意外事故时的处置措施和安全防护措施。危险品的装卸作业，应当在专业装卸管理人员的现场指挥下进行，不得违章作业。危险品运输企业或者单位，应当对从业人员进行经常性的安全操作培训。

2. 危险品水路运输装卸场地的要求

装卸危险品应在指定的车站、货栈、码头进行。在装卸大量的爆炸性、易燃性、放射性等烈性危险品前，站方、港方应会同消防、港监等安全监督部门，以及船、车方和货主等单位召开车（船）前会议，研究消防安全、保卫、装卸衔接等措施，确保装卸工作顺利进行。

3. 危险品水路运输装卸操作的要求

（1）装卸作业前，货运员应向装卸工（组）讲明货物的性质、注意事项、灭火方法等；并复查包装是否良好，中转范围是否正确等。装卸工应准备好装卸工具和防护用品，并与货运员共同检查待装车辆。特别是装运过危险物品的车辆，是否符合要求、是否遗留撒漏物等，必要时装车前进行清扫。

（2）装卸时，港口装卸部门应严格按照配载图标明的位置积载，不得随意变更积载位置。在装卸有电感应的爆炸品和低闪点易燃液体的过程中，不得检修和使用雷达、无线电电报、电话发射机，也不得同时进行加油等其他作业。

（3）船舶运输危险品的装载要紧密、牢靠，防止摩擦、瓶口朝上，禁止倒置、侧放、窜动。不得与普通货物混装。

（4）搬运时，要轻拿轻放，不能摔碰、拖拉、摩擦、翻滚等。用大型机械进行吊装作业时，不得超过机具额定负荷的75%。

4. 危险品水路运输起卸货物的要求

（1）起卸易燃易爆危险品时，应划定禁火区，距装卸点50 m以内无关人员不得接近。作业人员不得携带火种或穿带钉鞋进入作业现场。装卸量小时，应备足相应的灭火器材，装卸量特别大时，应有消防队值勤看护。夜间作业应有足够的照明设备，应使用防爆式或封闭式安全照明灯。

（2）爆炸品和放射性物品，原则上应最后装最先卸。装有爆炸品的舱室内，在中途站（港），不应加载其他物品，若确需加载时，应视为同类危险品。

（3）起卸放射性物品和易放出易燃、有毒气体的危险品前，应进行充分通风，必要时应检测合格后才能进行作业。在打开箱门或开启舱盖时，应注意防止产生火花，人员站在上风处。

5. 危险品水路运输电磁波辐射的防护

在装运电火工品、无线电引信及电发火等（如电发火的火箭弹）对外部电磁辐射敏感的电发火爆炸品时，应通过包装设计，对电起爆装置加以有效的防护，并尽量远离大功率的电台、雷达和无线电发报机等，以使其不受电磁辐射源的影响。

6. 危险品水路运输装卸过程的要求

（1）装卸危险品过程中，如遇有雷击、雨雪天或附近发生火灾时，应立即关闭车厢（舱）门停止作业。对温度较为敏感的危险品，于高温季节不宜在每日8~18时作业，并避免阳光直射。

（2）船舶装卸危险品，应备有相应的消防救生设备，船与岸、船与驳之间应设置安全网。

（3）装卸作业中，货运员要坚守岗位，监装监卸。查看有无漏装、误装，检查车辆配载是否符合要求。船舶装卸时，船方要有专人值班。装卸大量易燃易爆危险品时，船长要亲自监督，不得离船，确需离船时，应责成大副负责。

7. 危险品水路运输船舶航行的安全要求

（1）应悬挂或显示规定的信号，远离其他船舶或设施停泊航行。装运危险品的船舶，应悬挂或显示规定的信号。停泊、航行时，应尽可能远离其他船舶或设施。在气候恶劣、能见度不良的情况下，不应进出港口、靠离码头或通过桥梁船闸。

（2）不准搭乘无关人员并严禁烟火。船上不准搭乘无关人员。船上的人员除指定地点外，严禁吸烟。在禁止吸烟的地方不准携带火种。无人驳装运危险品时，须有专人随船看管。船舶在航行中要定期进行检查，确保航行安全。

（3）特别危险的驳船，不得与其他驳船混合编队。危险品运输驳船应当与其他驳船分开编队。如对装运爆炸品、一级易燃液体和有机过氧化物的驳船，不得与其他驳船混合编队；顶推（拖带）船上的缆绳，应采取措施防止产生静电或火花。推轮（拖轮）的烟囱应设置火星熄灭器并与驳船保持一定距离等。

（4）航行、停泊过程中，不得进行焊割或易产生火花的修理作业。装载易燃易爆危险品的船舶在航行、停泊过程中，不得进行焊割或易产生火花的修理作业。如有特殊情况，应采取相应的安全防护措施，并经船长批准（如在装卸过程中应经港务监督部门批准）。

（5）远离有冒火星的船舶和减少具有火灾危险的活动。易燃液体船舶在航行时，应严防与冒火星的船舶靠近航行。船上不应敲打铁器和穿带钉子的鞋在甲板上走动。

习题

1. 危险品的分类有哪些？

2. 易燃易爆危险品有哪些特性？

3. 爆炸品是如何分项的？

4. 易燃气体的危险特性是什么？

5. 易燃固体危险特性的影响因素有哪些？

6. 危险品储存发生火灾的主要原因有哪些？

7. 危险品分类存放的基本原则有哪些？

8. 易燃易爆危险品储存的基本防火要求有哪些？

9. 易燃易爆危险品运输发生火灾的主要原因有哪些？

10. 易燃易爆危险品道路运输车辆行驶应注意哪些消防安全要求？

11. 易燃易爆危险品铁路运输配载有哪些防火要求？

12. 易燃易爆危险品船舶运输装卸有哪些基本防火要求？

第四章　石油化工企业防火

石油化工行业是我国国民经济的支柱产业之一，在国民经济发展中有着不可替代的作用。石油炼制作为石油化工的重要组成部分，是提供能源，尤其是交通运输燃料和有机化工原料的最重要的工业。随着产能规模的进一步扩大，深冷、高温、高压等新技术及LNG等新能源不断出现，加之石油化工行业的生产、储存、运输每个环节均存在大量危险化学品，有关危险化学品的各类事故也频频发生，作为火灾防控的源头，加强石油化工企业及相关储配场所的防火工作显得尤为重要。

第一节　石油化工企业概述

石油化工企业指以石油、天然气及其产品为原料，生产、储运各种石油化工产品的炼油厂、石油化工厂、石油化纤厂或其联合组成的工厂。石油炼制主要以石油（或称原油）为原料，经加工生产各种石油燃料（如汽油、煤油、柴油、炼厂气），润滑油和润滑脂、蜡、沥青和石油焦，溶剂等。石油化工主要以石油炼制过程产生的各种石油馏分和炼厂气以及油田气、天然气等为原料，生产以乙烯、丙烯、丁二烯、苯、甲苯、二甲苯等为代表的基本化工原料。

一、石油化工企业分类

现行国家标准《石油化工企业设计防火标准（2018年版）》（GB 50160—2008），按照原油加工能力或厂区占地面积对石油化工企业的生产规模进行如下分类：

大型：原油加工能力大于或等于10000 kt/a或占地面积大于或等于2000000 m^2。

中型：原油加工能力大于或等于5000 kt/a且小于10000 kt/a或占地面积大于或等于1000000 m^2 且小于2000000 m^2。

二、石油化工企业的生产工艺流程

炼油的基本工艺流程是原油经原油蒸馏装置蒸馏后，按沸程不同得到轻组分物料、重组分油品（汽油、煤油、柴油组分），减压塔底渣油重组分经催化裂化装置、延迟焦化装置热裂解、聚合后打开分子链得到汽煤柴等轻质油品。为进一步提高油品质量或生产芳烃组分，经原油蒸馏、催化裂化、延迟焦化装置得到的轻组分经催化重整、加氢裂化、汽油加氢、煤油加氢、柴油加氢装置得到高辛烷值汽煤柴燃料油或芳烃等产品。

石油化工企业原油蒸馏装置叫作一次加工装置，原油蒸馏装置产出的产品往往作为二次加工装置的原料。二次加工装置一般包括催化裂化、延迟焦化、催化重整、加氢裂化等，渣油加工还有热裂化或者减粘裂化、溶剂脱沥青、渣油加氢裂化等工艺。生产辅助系统有热电装置、空分装置、循环水装置、产品储存、运输的油库、调运设施等。按生产工艺流程，本节重点对石油炼制的常减压、催化裂化、延迟焦化、催化重整及加氢五套装置进行介绍。

（一）常减压装置

常减压装置是将原油用蒸馏方法分割成不同沸点范围的组分，以适应产品和下游工艺装置对原料的要求。常减压装置是炼油厂加工原油的第一个工序，在炼油厂加工总流程中有重要作用，常被称为"龙头"装置。常减压装置主要是通过精馏过程，在常压和减压的条件下，根据各组分相对挥发度的不同，在塔盘上汽液两相进行逆向接触、传质传热，经过多次汽化和多次冷凝，将原油中的汽油、煤油、柴油、润滑油、渣油等馏分切割出来。

根据原油和产品的不同，常减压装置可分为燃料型、燃料－润滑油型和燃料－化工型三种类型。这三者在工艺过程上并无本质区别，只是在侧线数目和分馏精度上有差异。燃料－润滑油型常减压装置因侧线数目多且产品都需要汽提，流程比较复杂；而燃料型、燃料－化工型则较简单。常减压装置从外形上看为两塔两炉两框架，如图4-1所示。

图4-1　常减压装置

常减压装置的工艺流程一般分为初馏、常压蒸馏和减压蒸馏，如图4-2所示。

1. 初馏

脱盐、脱水后的原油换热至215~230℃进入初馏塔，从塔顶蒸馏出初馏点~130℃的馏分，其中一部分作塔顶回流，另一部分引出作为重整原料或汽油组分。

2. 常压蒸馏

初馏塔底的拔头原油经常压加热炉加热到350~365℃，进入常压分馏塔。塔顶打入

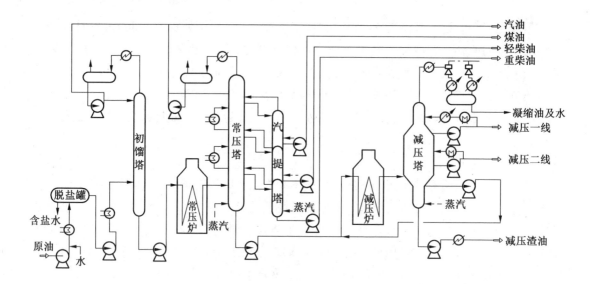

图 4 - 2　典型的常减压装置工艺流程

冷回流，使塔顶温度控制在 90～110 ℃。由塔顶到进料段温度逐渐上升，利用馏分沸点范围不同，塔顶蒸出汽油，依次从侧一线、侧二线、侧三线分别蒸出煤油、轻柴油、重柴油。这些侧线馏分经常压汽提塔用过热蒸汽提出轻组分后，经换热回收一部分热量，再分别冷却到一定温度后送出装置。塔底温度约为 350 ℃，塔底未汽化的重油经过热蒸汽提出轻组分后，作减压塔进料油。为了使塔内沿塔高各部分的汽、液负荷比较均匀，并充分利用回流热，一般在塔中各侧线抽出口之间打入 2～3 个中段循环回流。

3. 减压蒸馏

常压塔底重油用泵送入减压加热炉，加热到 390～400 ℃进入减压分馏塔。塔顶不出产品，分出的不凝气经冷凝冷却后，通常用二级蒸汽喷射器抽出不凝气，使塔内保持残压 1.33～2.66 kPa，以利于在减压下使油品充分蒸出。塔侧从一二侧线抽出轻重不同的润滑油馏分或裂化原料油，分别经汽提、换热、冷却后，一部分可以返回塔内作循环回流，一部分送出装置。塔底减压渣油也吹入过热蒸汽提出轻组分，提高拔出率后，用泵抽出，经换热、冷却后出装置，可以作为自用燃料或商品燃料油，也可以作为沥青原料或丙烷脱沥青装置的原料，进一步生产重质润滑油和沥青。

（二）催化裂化装置

催化裂化是炼油工业中最重要的二次加工工艺，在炼油工业生产中占重要地位，也是重油轻质化的核心工艺。催化裂化过程是以减压渣油、常压渣油、焦化蜡油和蜡油等重质馏分油为原料，在常压和 460～530 ℃，经催化剂作用，发生一系列化学反应（裂化、缩合反应），转化生成轻质石油气、汽油、柴油等轻质产品和焦炭的过程。

催化裂化装置一般由三部分组成：反应－再生系统、分馏系统和吸收－稳定系统。催化裂化装置如图4-3所示，工艺流程如图4-4所示。

图4-3 催化裂化装置

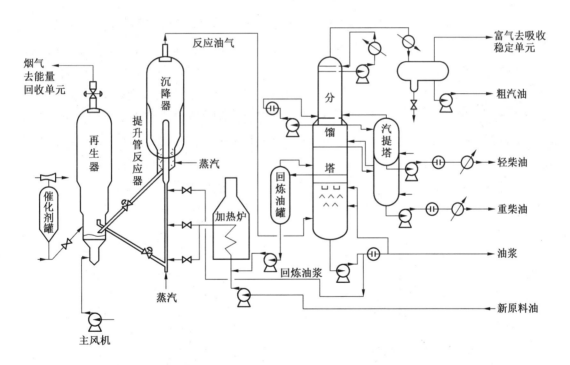

图4-4 催化裂化装置工艺流程

（三）延迟焦化装置

延迟焦化是通过热裂化将石油渣油转化为液体和气体产品，同时生成浓缩的固体炭材料——石油焦。在该过程中通常使用水平管式火焰加热炉加热至485～505℃的热裂化温度。由于反应物料在加热炉管中停留时间很短，焦化反应被"延迟"到加热炉下游的焦化塔内发生，因此称为延迟焦化。延迟焦化装置如图4-5所示。

图4-5　延迟焦化装置

延迟焦化装置工艺流程如下：原料经换热后进入加热炉对流段，加热到340℃左右进入焦化分馏塔下部，与来自焦炭塔顶部的高温油气进行换热，原料与循环油从分馏塔底抽出，送至加热炉辐射段加热到500℃左右再进入焦炭塔，在焦炭塔内进行深度裂解和缩合，最后生成焦炭和油气，反应油气从焦炭塔顶进入分馏塔，而焦炭则聚集在焦炭塔内，当塔内焦炭达到一定高度后，加热炉出口物料经四通阀切换到另一个焦炭塔，充满焦炭的焦炭塔经过大量吹入蒸汽和水冷后，用高压水进行除焦。分馏塔则分离出气体、汽油、柴油、蜡油，气体经分液后进入燃料气管网，汽油组分经加氢精制作为化工原料，焦化柴油经加氢后生产柴油，焦化蜡油则作为催化原料。其工艺流程如图4-6所示。

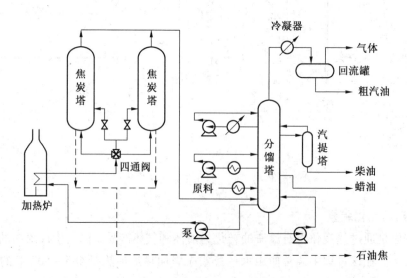

图4-6　延迟焦化装置工艺流程

（四）催化重整装置

所谓催化重整，就是指原料中的烃分子，在催化剂的作用下重新排列或转化成新的分子结构的过程。催化重整是炼油工艺中重要的二次加工方法之一，它以石脑油、常减压汽油为原料，制取高辛烷值汽油组分和苯、甲苯、二甲苯等有机化工原料，同时副产廉价氢气。连续重整装置如图4-7所示。

根据催化剂的再生方式不同，催化重整装置主要分为固定床半再生催化重整和催化剂连续再生的连续重整。根据目的产品不同可分为以生产芳烃为目的、以生产高辛烷值汽油为目的以及二者兼而有之的三种装置类型。重整一般是以直馏石脑油作为原料，经过预处理、预加氢后进入重整反应器，在催化剂的作用下进行化学反应，使环烷烃、烷烃转化成芳烃或异构烷烃，增加芳烃含量，提高汽油的辛烷值。由于是脱氢反应，因此重整同时还产生氢气。连续重整装置工艺流程如图4-8所示。

图4-7 连续重整装置

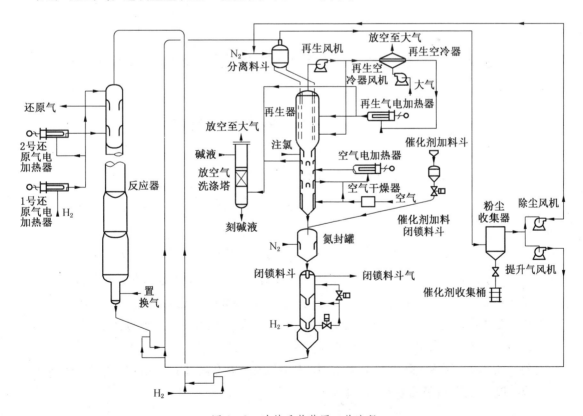

图4-8 连续重整装置工艺流程

（五）加氢装置

加氢的目的是提高汽油、柴油的精度和质量。加氢精制主要用于油品精制，是在高温（250～420℃）、中高压力（2.0～10.0 MPa）和有催化剂的条件下，在油品中加入氢，使氢与油品中的非烃类化合物等杂质发生反应，从而将后者除去，达到精制的目的。其目的是除掉油品中的硫、氮、氧等杂原子及金属杂质，改善油品的使用性能。以柴油加氢装置为例，该装置以常压蒸馏装置提供的直馏柴油和催化裂化装置提供的催化柴油为原料，新氢由催化重整装置提供，经过加氢精制工艺生产柴油，作为优质柴油调和组分送往调和罐区，副产的精制石脑油作为重整预处理装置的原料。柴油加氢精制工艺流程如图4-9所示。

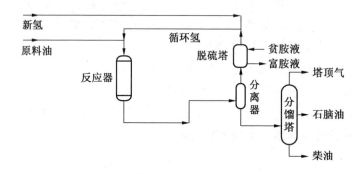

图4-9 柴油加氢精制工艺流程

第二节 石油化工的火灾危险性

一、原料、中间体及产品的火灾危险性

石油及其产品的主要成分是由碳和氢两种元素组成的碳氢化合物。碳氢化合物简称烃，是石油加工和利用的主要对象。石油产品可分为石油燃料、石油溶剂与化工原料、润滑剂、石蜡、石油沥青、石油焦六类。其中，石油燃料产量最大（约占石油产品总量的90%），润滑剂品种最多。石油产品的特性主要有易燃、易爆、易挥发、易扩散、易流淌、易积聚静电、易受热膨胀等。石油炼制，从原料到产品，包括工艺过程中的半成品、中间体、各种溶剂、添加剂、催化剂、引发剂、试剂等，绝大多数属于易燃易爆物质。这些物质多以气体和液体状态存在，极易泄漏和挥发，尤其在加工生产过程中，工艺操作条件苛刻，有高温、深冷、高压、真空，许多加热温度都达到和超过了物质的自燃点，一旦操作失误或因设备失修，极易发生火灾爆炸事故。

二、生产装置的火灾危险性

从生产方式来看，装置一旦投入生产，不分昼夜，不分节假日，长周期连续作业。在联合企业内、厂际之间、车间之间、工段之间、工序之间，管道互通，原料产品互通互供，上游的产品是中游的原料，中游的产品又是下游的原料，形成相互依存、不可分割的有机整体。任何一点发生泄漏，可燃易燃物料都有发生爆炸燃烧的可能，而任何一点发生爆炸燃烧，都可以引发更大范围的爆炸燃烧，形成连锁反应导致泄漏、着火、爆炸、设施倒塌等连锁性复合型灾害，如工艺及消防措施不到位，极易引发系统的连锁反应和多种险情。

石油化工生产装置都是以管道、反应容器、加热炉、分馏塔等为基础，布置相应框架构成一个整体的装置进行生产，框架的布局从下到上依次是泵（液相、提供动力）—换热器（热能交换）—回流罐（气液分离）—空冷器（初级降温），危险性也在逐步递增。但每套装置又有其特殊的火灾危险性。

按照功能不同，石油化工生产工艺装置可分为炉（加热炉、裂解炉等）、器（反应器、换热器、分离器等）、罐（原料罐、中间产品罐、成品罐等）、塔（分馏塔、吸收塔等）、泵（油泵、酸泵、水泵等）、机（通风机、鼓风机、压缩机等）以及管（设备与设备间种类繁多、纵横交错的工艺管线）等。与其他生产工艺装置相比，石油化工生产工艺装置具有高低不一、物料处理量大、操作控制难、动态设备与静态设备并存等特点。

此外，工艺装置受设计不合理、材质缺陷、焊接质量差、密封不严、操作失误或受物料腐蚀、磨蚀等因素的影响会导致物料泄漏，从而引起火灾或爆炸事故。由于装置结构不一、内装物料性质不同，因此各类装置的火灾危险性也不尽相同。火灾爆炸危险性主要取决于物料的火灾爆炸危险性、催化剂（引发剂）的危险性、工艺控制参数以及反应器的形式和构造等。

（一）常减压装置的火灾危险性

常减压装置由炉区、热油泵房、塔区及换热区四个部分构成。

炉区包括常压炉、减压炉。这个区域属于高温区、明火区。一是常压炉的加热介质为初馏塔底油，减压炉的主要介质为常压重油，介质为重质组分，炉管内易结焦，造成局部过热导致炉管破裂引起漏油着火；二是加热炉的燃料为燃料油或瓦斯气，如果在开停工过程中操作错误，会发生炉腔爆炸事故。

热油泵房主要包括常压塔底泵和减压塔底泵，介质分别是 350 ~ 360 ℃ 的常压塔底油和 380 ~ 390 ℃ 的减压塔底油。这两种介质的操作温度都高于该油品的自燃点，油泵高速运转时一旦出现泄漏会立即自燃起火，发生大面积的火灾事故。

（二）催化裂化装置的火灾危险性

反应再生系统中反应器与再生器间有再生斜管和待生斜管连通，两器必须保持微正压，如果两器的压差和料位控制不好，将出现催化剂倒流，流化介质互串而导致设备损坏，或发生火灾爆炸事故。分馏系统高温油气从反再系统通过大油气管线系统进入分馏塔，含有催化剂粉末的油气在高速流动下容易冲蚀管线及设备，造成火灾事故。吸收稳定系统压力高，而且介质均为轻组分，硫化物也会聚集在该系统，易造成设备腐蚀泄漏或硫化亚铁自燃而发生火灾爆炸事故。从物料上看，吸收稳定系统含有液化烃，易发生爆炸。硫化氢属于剧毒物质，在该装置内三个系统中的火灾风险最高。

（三）延迟焦化装置的火灾危险性

焦化塔是延迟焦化装置火灾危险性较大的部位，存在三个主要危险点：一是下部的四通阀，因受物料中焦炭摩擦和黏附的影响，极易泄漏，而泄漏油品的温度已超过自燃点，容易造成火灾；二是焦化塔上盖由于控制系统失灵，使塔电动阀门自动开启，高温油气冒出，自燃着火；三是正在生产运行的焦化塔下口法兰泄漏着火。由于下口法兰紧固力不均匀，存在偏口现象，但随着生产料位的提高，塔下口法兰处所承受的压力增大，紧固螺栓伸长，或者垫片质量问题，都会导致焦炭塔下口泄漏，高温渣油遇空气自燃。

（四）催化重整装置的火灾危险性

催化重整装置反应过程中伴随有氢气产生。氢气为甲类可燃气体，爆炸极限为4.0%~75.6%，因装置问题和操作不当易引发爆炸。该装置火灾危险性较大的设备主要有两个：一是反应器，预加氢反应和重整反应都在反应器内进行，反应器内不仅有昂贵的催化剂，而且充满易燃易爆烃类、氢气等物质，操作温度高，压力较大，如反应器超温、超压，处理不当或不及时，将会使反应器及其附件发生开裂、损坏，导致泄漏，而引起火灾爆炸事故；二是高压分离器，反应物流在高压分离器进行油、气、水三相分离，同时该分离器又是反应系统压力控制点，如液面过高，会造成循环氢带液而损坏压缩机，使循环氢泄漏，液面过低，容易出现高压串低压，引发设备爆炸事故。还有各安全附件，如安全阀、液面计、压力表、调节阀、控制仪表等任何一项失灵，都有可能导致爆炸事故发生。

（五）加氢装置的火灾危险性

加氢装置的火灾危险性在于大量气/液态的氢气存在于炉、塔及各种容器内，若压力失衡易引发氢气泄漏，而氢气的爆炸极限较宽，燃烧时不易察觉。因此在处置该类型火灾时，必须分梯次进入现场，携带侦检仪器，实时监测氢气含量，做好防爆工作。处置过程中严禁使用直流水对加氢反应器进行射水，选择阵地时尽量使用移动炮以减少现场处置人员。

三、生产工艺的火灾危险性

石油化工生产的开车、停车、检修或生产过程中，通过置换、清扫，对设备、工艺管线、生产车间内的易燃易爆、有毒物质进行处置，有利于生产安全。但置换、清扫清洗作业本身具有特殊的火灾危险性，置换、清扫清洗不彻底，取样分析结果不符合标准，置换后可燃气体没有排入安全场所，以及操作人员责任心不强等，都可能导致火灾或爆炸事故。

石油化工生产检修作业中，动火作业是一种常用的补焊修复方法。实际操作中，因动火作业手续不全、动火前进行动火分析的时间不符合要求或分析化验结果不明确、动火作业前的隔离措施不当、不按动火作业规程进行动火焊接补漏、监护措施不得力等因素，都可能酿成火灾或爆炸事故。

四、管理及人为的火灾危险性

（一）装置联合布局的火灾危险性

石油化工生产装置塔、釜、泵、罐、槽、炉、阀、管道等设备及承载框架大多为金属构造，以2000 kt/a重油催化装置为例，各种金属设备总重达16000 t。金属在火灾状况下强度下降，易发生变形倒塌，装置区域内换热器、冷凝器、空冷器、蒸馏塔、反应釜，以及各种管廊管线和操作平台等成组立体布局，造成灭火射流角度受限，受地面流淌火影响，阵地选择困难，设备中间部位着火，设备及其邻近设备灭火与冷却射流的作用有限。

（二）参数控制不当的火灾危险性

石油化工生产中对物料流量、流速、原料配比、温度、压力等工艺参数的要求十分严格。参数稍有差错，其发生的化学反应则完全不同。如流量过大，导致反应速度加快、反应不彻底，进而增加后续设备的火灾爆炸危险；如流速过快，导致反应不完全，而且对于醇类、醚类等易产生静电的物料，还能增加静电荷的产生和积聚，从而导致静电类火灾或爆炸事故。

（三）人为因素的火灾危险性

石油化工生产中，每套工艺装置都有相应的操作规程。严格按照操作规程作业，能减少或消除火灾隐患。但由于种种原因，在生产和设备检修过程中因违反操作规程而造成的火灾或爆炸时有发生。在近年来的石油化工生产中，由于违反操作规程而导致火灾或爆炸事故所占比例较大。

第三节　石油化工企业的防火要求

针对石油化工行业原料的火灾爆炸危险性和生产装置及工艺过程中的火灾爆炸危险性特点，现行国家有关标准、规范及法律法规对石油化工企业的安全设计、防火防爆等做了比较全面的规定，在石油化工企业设计及日常运行中应严格遵守。需要指出的是，工艺本身设计、本质安全条件、技术成熟度及企业自身运行管理水平往往是火灾防控最为重要的关键点，消防设计、固定消防设施往往解决火灾已经发生的初期阶段，而灭火救援则是火灾防控的最后一道防线。因此，在进行整体设计时，应牢牢把握工艺优先、突出消防、为灭火救援创造条件的原则进行，不能生搬硬套规范。此外，防火和灭火救援工作应根据不断发展的新技术、新工艺进行相应调整。

石油化工企业的生产区宜位于临近城镇或居民区全年最小频率风向的上风侧，且宜邻近天然水源；在山区或丘陵地区，应避免布置在通风不良的地段；在沿江岸布置时，宜位于临近江河的城镇、大型锚地、船厂等重要建筑物或构筑物的下游。公路和地区架空电力线路严禁穿越生产区。地区输油（输气）管道不应穿越厂区。

一、石油化工生产防火

（一）工厂总平面布置

根据石油化工企业的生产特点，为了安全生产，满足各类设施的不同要求，防止或减少火灾的发生及相互间的影响，在总平面布置时，应结合地形、风向等条件，将工艺装置、各类设施等划分为不同的功能区，既有利于安全防火，也便于操作和管理。

（二）厂区道路

工厂主要出入口不应少于两个，且应设于不同的方位。厂区道路应尽量作环状布置，对火灾危险性大的工艺生产装置，储罐区及桶装易燃、可燃液体堆场，在其四周应设消防车道。根据生产装置或储罐区的体量大小，对消防车道的要求也有所区别，对占地大于80000 m^2 的装置或联合装置及含有单罐容积大于50000 m^3 的可燃液体罐组，其周边消防车道的路面宽度不应小于9 m，路面内缘转弯半径不宜小于15 m，路面上净空高度不应低于5 m。

（三）厂内铁路

厂内铁路宜集中布置在厂区边缘。液化烃、可燃液体或甲、乙类固体的铁路装卸线停放车辆的线段应为平直段。甲、乙类生产区域内不宜设铁路线。

（四）工艺装置

1. 工艺设备

工艺设备本体（不含衬里）及其基础，管道（不含衬里）及其支、吊架和基础应采用不燃烧材料，但储罐底板垫层可采用沥青砂；设备和管道的保温层应采用不燃烧材料，当设备和管道的保冷层采用阻燃型泡沫塑料制品时，其氧指数不应小于30。

根据石油化工生产特点，《石油化工企业设计防火标准（2018 年版）》（GB 50160—2008）还从装置内布置、泵和压缩机、污水处理厂和循环水厂、泄压排放和火炬系统及钢结构耐火保护等火灾防控的关键点进行了详细规定。

2. 管道布置

1）厂内管线综合

全厂性工艺及热力管道宜地上敷设；沿地面或低支架敷设的管道不应环绕工艺装置或罐组布置，并不应妨碍消防车通行。管道及其桁架跨越厂内铁路线的净空高度不应小于5.5 m；跨越厂内道路的净空高度不应小于5 m。在跨越铁路或道路的可燃气体、液化烃和可燃液体管道上不应设置阀门及易发生泄漏的管道附件。

可燃气体、液化烃、可燃液体的管道横穿铁路线或道路时应敷设在管涵或套管内，并采取防止可燃气体串入和积聚在管涵或套管内的措施。永久性的地上、地下管道不得穿越或跨越与其无关的工艺装置、系统单元或储罐组；在跨越罐区泵房的可燃气体、液化烃和可燃液体的管道上不应设置阀门及易发生泄漏的管道附件。

2）工艺及公用物料管道

可燃气体、液化烃和可燃液体的管道不得穿过与其无关的建筑物。进、出装置的可燃气体、液化烃和可燃液体的管道，在装置的边界处应设隔断阀和8字盲板，在隔断阀处应设平台，长度等于或大于8 m的平台应在两个方向设梯子。甲、乙$_A$类设备和管道应有惰性气体置换设施。输送可燃气体、液化烃和可燃液体的管道在进出石油化工企业时，应在围墙内设紧急切断阀，且紧急切断阀应具有自动和手动切断功能。液化烃、液氯、液氨管道不得采用软管连接，可燃液体管道不得采用非金属软管连接。

3）含可燃液体的生产污水管道

生产污水管道互通，若可燃气体串入其他区域时，遇点火源可能发生爆炸，沿下水道蔓延几百米甚至上千米，数个井盖崩起，难于扑救、难于研判，对现场处置人员造成了较大的风险。排水管道在各区之间用水封隔开，确保某区的排水管道发生火灾爆炸事故后，不致串入另一区。因此，要求生产污水管道关键部位要设水封，且水封高度不得小于250 mm，需要设置水封的部位主要有：工艺装置内的塔、加热炉、泵、冷换设备等区围堰的排水出口，工艺装置、罐组或其他设施及建筑物、构筑物、管沟等的排水出口，全厂性的支干管与干管交汇处的支干管上。另外，当全厂性支干管、干管的管段长度超过300 m时，也需要用水封井隔开。

（五）泄压排放

石油化工生产的工艺装置和设备以及储存运输设备，常常需要排放可燃气体或蒸气。为了确保排放安全，防止火灾爆炸事故发生，排放设施必须从工艺上和设计上采取相应的安全措施。安全泄压装置是必不可少的安全附件，当被保护系统内介质压力超过规定值时，泄压装置动作并向外排放介质，防止压力继续升高而导致承压设备破坏。

1. 泄压排放设施的种类

泄压排放设施按其功能可分为两种：一种是正常情况下排放，如生产装置开车时，工艺设备吹扫时和停车检修时，需将设备内的废气、废液排空；另一种是事故情况下排放，当反应物料发生剧烈反应，采取加强冷却、减少投料时，应将设备内物料及时排放，防止事故扩大；或紧急情况下自动启动安全阀、爆破片动作泄压；或发生火灾时，为了安全，将危险区域的易燃物料放空。甲、乙、丙类设备均应有这些事故紧急排放设施。

常用可燃气体或蒸气的排放系统可以利用专门的设施，或利用通常的工艺管道和容器。大型石油化工生产装置都是通过火炬来排放易燃易爆气体的。可燃气体、蒸气或有毒气体经分离罐分离处理，对捕集下来的液滴或污液进行回收或经地下排污管排至安全地点；其气态物经防止回火的密封罐导入火炬系统，焚烧后排放到大气中。当中小型企业设置专用火炬进行排放有困难时，可将易燃易爆无毒的气体通过放空管（排气筒）直接排入大气，一般放空管安装在化学反应器和储运容器等设备上。

2. 火炬系统的安全设置

1）防火间距

全厂性火炬应布置在工艺生产装置、易燃和可燃液体与液化石油气等可燃气体的储罐区和装卸区，以及全厂性重要辅助生产设施及人员集中场所全年最小频率风向的上风侧。火炬与甲、乙、丙类工艺装置，隔油池，天然气等石油气压缩机房，液化石油气等可燃气体罐区和罐装站、油品罐区、仓库及其他全厂性重要设施等的防火间距，应符合《石油化工企业设计防火标准（2018 年版）》（GB 50160—2008）的要求。距火炬筒 30 m 范围内严禁可燃气体放空。

2）火炬高度

火炬高度设计应充分考虑事故火炬出现最大排放量时，热辐射强度对人员和设备的影响。火炬高度依据顶端火焰的辐射热对地面上人员的热影响，或大风时火焰长度及倾斜度对邻近构筑物及生产装置的热影响确定，应使火焰的辐射热不致影响人身及设备安全。

3）排放能力

火炬的排放能力应以正常运转时、停车大检修时、全停电或部分停电时、仪器设备故障或发生火灾时等可能出现的排放量中最大可能的排出气量为准。必须保证火炬燃烧嘴具有处理其中最大的气体排放量的能力。

4）保证排出气体处理质量

火炬具有净化、排放并使可燃性气态物质燃烧而消除可燃性的作用。当火焰脱离火炬和熄灭时，会有大量的有毒和可燃气体进入大气，因此火炬顶部应设长明灯或其他可靠的点火设施。火炬燃烧嘴是关系排出气体处理质量的重要部件，要求其喷出的气流速度要适中，一般控制在音速的 1/5 左右，既不能吹灭火焰，也不可将火焰吹飞。

5）设置自动控制系统

在中央控制室内应安装具有气体排放、输送和燃烧等参数控制仪表和信号显示装置。主要参数应以极限值信号装置的调节仪表来控制，如送往火炬喷头的可燃气体和辅助燃气的流量低于计算流量的信号、火炬喷头火焰熄灭的信号和高限排放量的信号等。

6）设置安全装置

为了防止排出的气体带液体，可燃气体放空管道在接入火炬前应设置分液器。为了防止火焰和空气倒入火炬筒，在火炬筒上部应安装防回火装置。为及时发现空气倒入火炬系统的情况，须设置火炬管内出现真空的信号装置，并能随即进行连锁，以改变吹洗可燃气体和惰性气体的供给量。为了防止气体通过液封时产生水力冲击或发生泄漏，应该在分离器、液封和冷凝液受槽上安装最高和最低液位的信号装置。为更好地提高火炬装置的耐爆性，还可在排放气体的管道上安装气体的最低余压和流速的自动调节系统。为保证气体无烟燃烧，应设有自动调节送至火炬喷头的可燃气体和蒸气比例的调节器。当排放气体中含有乙炔或存在爆炸分解危险时，在火炬筒入口前应设置拉西环填料的塔式阻火器。

（六）放空管

1. 安装要求

放空管一般应设在设备或容器顶部，室内设备安设的放空管应引出室外，其管口要高于附近有人操作的最高设备 2 m 以上。此外，连续排放的放空管，还应高出半径 20 m 范围内的平台或建筑物顶 3.5 m 以上；间歇排放的放空管口，应高出 10 m 范围内的平台或建筑物顶 3.5 m 以上；平台或建筑物应与放空管垂直面呈 45°角。

2. 设置安全装置

排放后可能立即燃烧的可燃气体，应经冷却装置冷却后接至放空设施。放空管上应安装阻火器或其他限制火焰的设备，以防止气体在管道出口处着火，并使火焰扩散到工艺装置中。由于紧急放空管口和安全阀放空管口均装于高出建筑物顶部的位置，且排放易燃易爆介质，其冲出气柱较高，容易遭受雷击，因此放空管口应处在防雷保护范围内。当放空气体流速较快时，为防止因静电放电引起事故，放空管应有良好的接地。有条件时，可在放空管下部连接氮气或蒸气管线，以便稀释排放的可燃气体或蒸气，或防止雷击着火和静电着火。

3. 防止大气污染

为了防止火灾危险和危害人身健康的大气污染，当事故放空大量可燃、有毒气体及蒸气时，均须排放至火炬燃烧。排放可能携带腐蚀性液滴的可燃气体，应经过气液分离器分离后，接入通往火炬的管线，不得在装置附近未经燃烧直接放空。

（七）安全阀

根据国家现行相关法规规定，在非正常条件下，可能超压的下列设备应设安全阀：

（1）顶部最高操作压力大于或等于 0.1 MPa 的压力容器。

（2）顶部最高操作压力大于 0.03 MPa 的蒸馏塔、蒸发塔和汽提塔（汽提塔顶蒸气通入另一蒸馏塔者除外）。

（3）往复式压缩机各段出口或电动往复泵、齿轮泵、螺杆泵等容积式泵的出口（设备本身已有安全阀者除外）。

（4）凡与鼓风机、离心式压缩机、离心泵或蒸气往复泵出口连接的设备不能承受其最高压力时，鼓风机、离心式压缩机、离心泵或蒸气往复泵的出口。

（5）可燃气体或液体受热膨胀，可能超过设计压力的设备。

（6）顶部最高操作压力为 0.03 ~ 0.1 MPa 的设备应根据工艺要求设置。

（八）消防要求

1. 消防水源及泵房

当消防用水由工厂水源直接供给时，工厂给水管网的进水管不应少于两条。当其中一条发生事故时，另一条应能满足 100% 的消防用水和 70% 的生产、生活用水总量的要求。消防用水由消防水池（罐）供给时，工厂给水管网的进水管，应能满足消防水池（罐）的补充水和 100% 的生产、生活用水总量的要求。

消防水泵房一般宜与生活或生产水泵房合建，这样能减少操作人员，并能保证消防水泵经常处于完好状态，火灾时能及时投入运转。水泵房的耐火等级不能低于二级。消防水泵应设双动力源，当采用柴油机作为动力源时，柴油机的油料储备量应能满足机组连续运转 6 h 的要求。

2. 消防站的位置

消防站宜位于生产区全年最小频率风向的下风侧，并宜避开工厂主要人流道路，远离噪声场所。其选址应便于消防车迅速通往工艺装置区和罐区。

消防站的服务范围应按行车路程计，行车路程不宜大于 2.5 km，并且接火警后消防车到达火场的时间不宜超过 5 min。对丁、戊类的局部场所，消防站的服务范围可加大到 4 km；行车车速按每小时 30 km 考虑，5 min 的行车距离即为 2.5 km。

3. 消防系统设置

石油化工企业的生产区、公用及辅助生产设施、全厂性重要设施和区域性重要设施的火灾危险场所应设置火灾自动报警系统和火灾电话报警。消防站应设置可受理不少于 2 处同时报警的火灾受警录音电话，且应设置无线通信设备。

此外，消防给水管道及消火栓，消防水炮、水喷淋、水喷雾，低倍数泡沫灭火系统，蒸汽灭火系统，灭火器设置等均应满足相关的标准规范。

需要特别指出的是，从火灾防控角度出发，需要特别关注液化烃的消防安全，尤其是涉及液化烃的装置、管道、储罐等，这是由液化烃本身的火灾危险性决定的，国家标准规范中很多都是专门针对液化烃提出的，因此在实际的防灭火工作中也应尤为注意。

二、石油化工储存防火

石油化工产品以油品居多，可燃液体、液化烃、可燃气体、助燃气体的储存设施通常以储罐为主，其他化学品和危险品通常储存在专用仓库内。

（一）储罐分类

1. 按储罐的设计压力分类

一般可分为常压储罐、低压储罐和压力储罐。设计压力小于或等于 6.9 kPa（罐顶表压）的储罐为常压储罐；设计压力大于 6.9 kPa 且小于 0.1 MPa（罐顶表压）的储罐为低压储罐；设计压力大于或等于 0.1 MPa（罐顶表压）的储罐为压力储罐。大多数油料，如原油、汽油、柴油、润滑油等均采用常压储罐储存。液化石油气、丙烷、丙烯、丁烯等高蒸气压产品一般采用压力储罐储存（低温液化石油气除外）。只有常温下饱和蒸气压较高的轻石脑油和某些化工物料采用低压储罐储存。

2. 按储罐的安装位置分类

一般可分为地上储罐、埋地卧式储罐等。地上储罐指建于地面上，罐内最低液面高于附近地坪的储罐，通常由钢板焊接而成。这种储罐的优点是投资少、建设周期短、日常维护和管理方便，是应用最多的储罐；其缺点是占地面积大、油料蒸发损耗较大、火灾危险性大。埋地卧式储罐指罐内最高液面低于罐外周围 4 m 范围内地面最低标高 0.2 m 的卧式储罐。其优点是油料蒸发损耗低、火灾危险性小、油料着火不易危及相邻储罐、对消防设施的设置要求少、有一定的隐蔽能力。

3. 按储罐的材质分类

一般可分为金属储罐和非金属储罐。金属储罐是使用钢板焊接而成的容器，具有造价低、不易渗漏、不产生裂纹、能承受较高的内压、施工方便、大小形状不受限制、易于清洗和检修、安全可靠及适合于储存各类油料等优点，因而得到了广泛应用。其缺点是易受腐蚀，易增加轻油蒸发损耗，且储存黏度大油料加温时易损失热量、降低效率等。非金属储罐顶底采用钢筋混凝土制作。其优点是可以大量节省钢材，抗腐蚀性能好，材料导热系数小、热损失较少，可以提高热利用率。用于储存原油或轻质油料时，气体空间的温度变化较小，可以减少油料的蒸发损耗。其缺点是储存轻质油料时易发生渗漏，一旦发生基础沉陷，易使储罐破坏且不易修复。

4. 按储罐的结构形状分类

一般可分为立式圆筒状、卧式圆筒状和特殊形状三类。立式储罐按罐顶结构又可分为固定顶储罐和活动顶储罐两类。固定顶有锥顶和拱顶两种。图4-10和图4-11分别为固定顶储罐结构示意图和现场照片。活动顶储罐有外浮顶和内浮顶两种。图4-12和图4-13分别为外浮顶储罐结构示意图和现场照片，图4-14和图4-15分别为内浮顶储罐结构示意图和现场照片。卧式储罐有圆筒形和椭圆形两种。图4-16和图4-17分别为卧式储罐结构示意图和现场照片。特殊形状的储罐有球形罐、扁球形罐、水滴形罐。特殊形状的储罐在容量相同的情况下，液体蒸发面对所储油料的体积之比值较小，这些形状的储罐能将储罐产生的应力均匀地分布在金属结构上，应力分布较为合理，能承受较高的压力。特殊形状的储罐多用于储存高蒸气压的石油产品，如液化石油气、丙烷、丙烯、丁烷等，球形储罐最为常用，图4-18和图4-19分别为球形储罐结构示意图和现场照片。

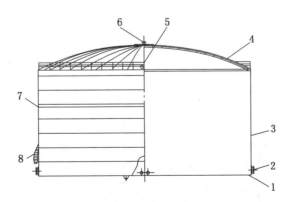

1—罐底；2—罐壁人孔；3—罐壁；4—罐顶；5—透光孔；6—呼吸阀口；7—加强圈；8—平台及盘梯

图4-10 固定顶储罐（拱顶）结构示意图

图 4 - 11　固定顶储罐现场照片

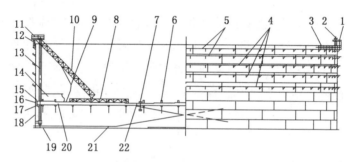

1—导向管平台；2—导向管；3—顶部抗风圈栏杆；4—加强圈；5—抗风圈；6—浮顶支柱；
7—紧急排水装置；8—转动扶梯轨道；9—静电导出装置；10—转动扶梯；11—顶部平台；
12—盘梯；13—量油管；14—泡沫挡板；15—二次密封；16—一次密封；17—刮蜡装置；
18—壁板；19—底板；20—浮顶；21—浮顶排水装置；22—浮顶集水坑

图 4 - 12　外浮顶储罐结构示意图

图 4 - 13　外浮顶储罐现场照片

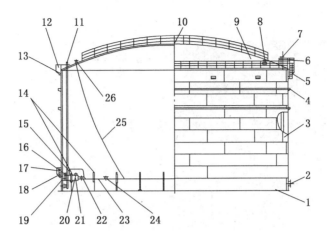

1—罐底；2—罐壁人孔；3—罐壁；4—加强圈；5—盘梯；6—量油管平台；7—量油管；
8—罐顶人孔；9—罐顶；10—罐顶通气孔；11—导向管；12—导向管平台；13—罐壁
通气孔；14—浮顶支柱；15—泡沫挡板；16—浮顶呼吸阀；17—罐壁带芯人孔；
18—罐壁带芯人孔平台梯子；19—密封装置；20—浮舱人孔；21—浮舱；
22—自动通气阀；23—单盘板；24—单盘人孔；25—静电
导出装置；26—透光孔

图4-14 内浮顶储罐结构示意图

图4-15 内浮顶储罐现场照片

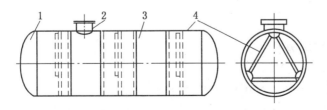

1—碟形头盖；2—人孔；3—罐身；4—三角支撑

图4-16 卧式储罐结构示意图

图 4-17　卧式储罐现场照片

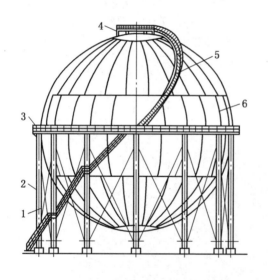

1—拉杆；2—支柱；3—中部平台；4—顶部操作平台；

5—盘梯；6—壳体

图 4-18　球形储罐结构示意图

图 4-19　球形储罐现场照片

(二) 储罐及罐组防火

1. 储罐防火

可燃气体、助燃气体、液化烃和可燃液体的储罐基础、防火堤、隔堤及管架 (墩) 等，均应采用不燃材料。液化烃和可燃液体储罐的保温层应采用不燃材料。当保冷层采用阻燃型泡沫塑料制品时，其氧指数不应小于 30。

可燃液体的地上储罐应采用钢罐，浮顶储罐单罐容积不应大于 150000 m^3；固定顶和储存甲$_B$、乙$_A$类可燃液体内浮顶储罐直径不应大于 48 m；储罐罐壁高度不应超过 24 m；容积大于或等于 50000 m³的浮顶储罐应设置两个盘梯，并应在罐顶设置两个平台。

2. 罐组防火

在同一罐组内，宜布置火灾危险性类别相同或相近的储罐；当单罐容积小于或等于 1000 m³时，火灾危险性类别不同的储罐也可同组布置；沸溢性液体的储罐不应与非沸溢性液体储罐同组布置；可燃液体的压力储罐可与液化烃的全压力储罐同组布置；可燃液体的低压储罐可与常压储罐同组布置；轻、重污油储罐宜同组独立布置。

1）可燃液体的地上罐组

（1）罐组容积。固定顶储罐和浮顶、内浮顶储罐的混合罐组中浮顶、内浮顶储罐的容积可折半计算。浮顶罐组的总容积不应大于 600000 m³；采用钢制单盘或双盘时内浮顶罐组的总容积不应大于 360000 m³；采用易熔材料制作的内浮顶及其与采用钢制单盘或双盘内浮顶的混合罐组总容积不应大于 240000 m³；固定顶罐组的总容积不应大于 120000 m³；固定顶储罐和浮顶、内浮顶储罐的混合罐组的总容积不应大于 120000 m³。当含有单罐容积大于 50000 m³的储罐时，储罐的个数不应多于 4 个；当含有单罐容积大于或等于 10000 m³且小于或等于 50000 m³的储罐时，储罐的个数不应多于 12 个；当含有单罐容积大于或等于 1000 m³且小于 10000 m³的储罐时，储罐的个数不应多于 16 个；单罐容积小于 1000 m³储罐的个数不受限制。

（2）平面布置。罐组内相邻可燃液体地上储罐的防火间距不应小于表 4-1 的规定。

表 4-1　罐组内相邻可燃液体地上储罐的防火间距

液体类别	储罐型式			
	固定顶储罐		内浮顶储罐	卧式储罐
	≤1000 m³	>1000 m³		
甲$_B$、乙类	0.75D	0.6D	0.4D	0.8 m
丙$_A$类	0.4D			
丙$_B$类	2 m	5 m		

注：1. 表中 D 为相邻较大储罐的直径，单罐容积大于 1000 m³的储罐取直径或高度的较大值。

2. 储存不同类别液体的或不同型式的相邻储罐的防火间距应采用本表规定的较大值。

3. 现有浅盘式内浮顶储罐的防火间距同固定顶储罐。

4. 可燃液体的低压储罐，其防火间距按固定顶储罐考虑。

5. 储存丙$_B$类可燃液体的浮顶、内浮顶储罐，其防火间距大于 15 m 时，可取 15 m。

（3）防火堤。可燃液体的地上罐组应设防火堤和隔堤。防火堤内的有效容积不应小于罐组内 1 个最大储罐的容积，当浮顶、内浮顶罐组不能满足此要求时，应设置事故存液池储存剩余部分，但罐组防火堤内的有效容积不应小于罐组内 1 个最大储罐容积的一半；

隔堤内有效容积不应小于隔堤内 1 个最大储罐容积的 10%。立式储罐防火堤的高度应为计算高度加 0.2 m，但不应低于 1 m（以堤内设计地坪标高为准），且不宜高于 2.2 m（以堤外 3 m 范围内设计地坪标高为准）；卧式储罐防火堤的高度不应低于 0.5 m（以堤内设计地坪标高为准）；立式储罐组内隔堤的高度不应低于 0.5 m；卧式储罐组内隔堤的高度不应低于 0.3 m；在防火堤的不同方位上应设置人行台阶或坡道，同一方位上两个相邻人行台阶或坡道之间距离不宜大于 60 m；隔堤应设置人行台阶。

2）液化烃、可燃气体、助燃气体罐组

（1）罐组容积。液化烃罐组的总容积和储罐数应根据储罐类型和材质的不同确定，全压力式或半冷冻式液化烃储罐的单罐容积不应大于 4000 m³。

液化烃储罐成组布置时应符合下列规定：液化烃罐组内的储罐不应超过 2 排；每组全压力式或半冷冻式储罐的个数不应多于 12 个；全冷冻式储罐的个数不宜多于 2 个；全冷冻式储罐应单独成组布置；储罐不能适应罐组内任一介质泄漏所产生的最低温度时，不应布置在同一罐组内。

（2）平面布置。液化烃、可燃气体、助燃气体的罐组内，储罐的防火间距不应小于表 4-2 的规定。

表 4-2 液化烃、可燃气体、助燃气体的罐组内储罐的防火间距

介质	储存方式或储罐型式		球罐	卧（立）罐	全冷冻式储罐		水槽式气柜	干式气柜
					≤100 m³	>100 m³		
液化烃	全压力式或半冷冻式储罐	有事故排放至火炬的措施	0.5D	D	*	*	*	*
		无事故排放至火炬的措施	D		*	*	*	*
	全冷冻式储罐	≤100 m³	*	*	1.5 m	0.5D	*	*
		>100 m³	*	*	0.5D	0.5D	*	*
助燃气体	球罐		0.5D	0.65D	*	*	*	*
	卧（立）罐		0.5D	0.65D	*	*	*	*
可燃气体	水槽式气柜		*	*	*	*	0.5D	0.65D
	干式气柜		*	*	*	*	0.65D	0.65D
	球罐		0.5D	*	*	*	0.65D	0.65D

* 表示不应同组布置。

（3）防火堤。液化烃全压力式或半冷冻式罐组宜设高度为 0.6 m 的防火堤，防火堤内堤脚线距储罐不应小于 3 m，堤内应采用现浇混凝土地面，并应坡向外侧，防火堤内的

隔堤不宜高于 0.3 m；全压力式、半冷冻式液氨储罐的防火堤和隔堤的设置应同液化烃储罐的要求。液化烃全冷冻式单防罐罐组应设防火堤，防火堤内的有效容积不应小于 1 个最大储罐的容积；防火堤及隔堤应为不燃烧实体防护结构，能承受所容纳液体的静压及温度变化的影响，且不渗漏。全冷冻式液氨单防储罐应设防火堤，堤内有效容积不应小于 1 个最大储罐容积的 60% 。

三、石油化工运输防火

（一）装卸设施防火

石油产品的装卸设施包括铁路装卸设施、汽车装卸设施和码头装卸设施，一般分为装卸区和装卸设备两部分，其防火要求也不尽相同。

1. 铁路装卸防火

1）铁路装卸区的防火设计要求

铁路油品装卸区一般布置在油品生产、仓储区的边缘地带，主要由油品装卸线、装卸栈桥、装卸鹤管、零位罐、缓冲罐、油泵房等设备和设施组成。可燃液体、液化烃的铁路装卸设施防火设计应遵循以下规定：

（1）油品装卸线。装卸线一般不与生产、仓储区的出入口道路相交，以避免铁路调车作业影响生产，确保仓储区内车辆正常出入，以及发生火灾时外来救援车辆顺利通过。同一铁路装卸线一侧的两个装卸栈台相邻鹤位之间的距离不应小于 24 m。

（2）装卸栈台。装卸栈台应采用不燃材料建造，装卸栈台两端和沿栈台每隔 60 m 左右应设梯子，在距装卸栈台边缘 10 m 以外的可燃液体（润滑油除外）输入管道上应设便于操作的紧急切断阀。液化烃装卸栈台宜单独设置。

（3）防火间距。甲$_B$、乙$_A$类液体装卸鹤管与集中布置的泵的防火间距不应小于 8 m；甲$_B$、乙$_A$类液体装卸鹤管及集中布置的泵与油气回收设备的防火间距不应小于 4.5 m；零位罐至罐车装卸线不应小于 6 m。

（4）装卸鹤管。顶部敞口装车的甲$_B$、乙、丙$_A$类的液体应采用液下装车鹤管。低温液化烃装卸鹤位应单独设置。

2）铁路装卸作业的防火措施

铁路装卸作业的火灾危险性很大，必须采取有力措施来确保消防安全。装卸油品操作人员都要穿防静电工服、工鞋和戴工帽、纯棉手套。

（1）装卸前。装卸作业前，油罐车需要调到指定车位，并采取固定措施。机车必须离开。操作人员要认真检查相关设施，确认油罐车缸体和各部件正常，装卸设备和设施合格，栈桥、鹤管、铁轨的静电跨接线连接牢固，静电接地线接地良好。

（2）装卸时。装卸时严禁使用铁器敲击罐口。灌装时,要按列车沿途所经地区高气温下的允许灌装速度予以灌装,鹤管内的油品流速要控制在 4.5 m/s 以下。雨天或附近发生火灾时,不得进行装卸作业,应盖严油罐车罐口,关闭有关重要阀门,断开有关设备的电源。

（3）装卸后。装卸完毕，须先静置至少 2 min，然后再进行计量等作业。作业结束后，要及时清理作业现场，整理归放工具，切断电源。

2. 汽车装卸防火

1）汽车装卸区防火

汽车装卸区一般附属于石油天然气站场、石油化工企业或石油库内，主要由高架罐、油泵房、装车棚（亭）、装车栈桥、卸车台、控制室等油品装卸设施组成。运输的主要工具是汽车油罐车，罐体一般包括简体、封头、量油口、人孔、灌油口、卸油口、通气阀和其他一些必要附件。

（1）装卸车场。场地应采用现浇混凝土地面，场区宜设单独的进、出口和能保证消防车辆顺利接近火灾场地的消防车道，当进、出口合用时，场内应设回车场。

（2）防火间距。甲$_B$、乙$_A$类液体装卸鹤管与集中布置的泵的防火间距不应小于 8 m；甲$_B$、乙$_A$类液体装卸鹤管及集中布置的泵与油气回收设备的防火间距不应小于 4.5 m；装卸车鹤位与缓冲罐之间的距离不应小于 5 m，与高架罐之间的距离不应小于 0.6 m。液化烃的装卸车鹤位与集中布置的泵的距离不应小于 10 m。

（3）装卸鹤管、鹤位。甲$_B$、乙、丙$_A$类液体的装车应采用液下装车鹤管；低温液化烃装卸鹤位应单独设置；甲$_B$、乙、丙$_A$类液体与其他类液体、液化烃与可燃液体的汽车装卸栈台相邻鹤位之间的距离均不应小于 8 m，汽车装卸车鹤位之间的距离不应小于 4 m。

（4）应急设备。在距装卸车鹤位 10 m 以外的液化烃装卸管道上应设便于操作的紧急切断阀。

2）汽车装卸作业防火

（1）一般要求。装卸人员要穿防静电服和鞋，上岗作业前要用手触摸人体静电消除装置，关闭通信设备。装卸车辆进入装卸区行车速度不得超过 5 km/h。油品装车时流量不得小于 30 m³/h，卸车时油品流速不应大于 4.5 m/s。

（2）付油操作。付油员付油前要检查相关设备和线路，确认油品规格，检查无误后启动装油系统。付油过程中，司乘人员要监视罐口，防止意外冒油。当装车棚、栈桥内设有固定灭火系统时，付油员要做好随时启动灭火设施的准备。付油完毕断开接地线，待油罐车静置 3~5 min 后，才能启动车辆缓慢驶离。

（3）卸油操作。卸油人员进入岗位后要检查油罐车的安全设施是否齐全有效，作业现场要准备至少一个 4 kg 干粉灭火器、一个泡沫灭火器和一块灭火毯。油罐车熄火并静置不少于 3 min 后，卸油人员连好静电接地，按工艺流程连接卸油管，确认无误后，油罐车驾驶员缓慢开启卸油阀，开启速度控制在 4 r/min 以下。卸油过程中，卸油人员和油罐车驾驶员不得远离现场。易燃油品极易挥发，严禁采用明沟（槽）卸车系统卸车。雷雨天不得进行卸油作业。

3. 码头装卸防火

水上运输包括远洋运输、沿海运输和内河运输。同其他运输方式相比，油品的水路运输具有运载量大、能耗少、成本低等特点。

1）装卸码头防火

油品装卸码头宜布置在港口的边缘区域，油品泊位与其他泊位的船舶间距应符合相应规范要求。

（1）油品泊位。油品泊位的码头结构应采用不燃材料，油品码头上应设置必要的人行通道和检修通道，并应采用不燃或难燃性材料。液化烃泊位宜单独设置，当不同时作业时，可与其他可燃液体共用泊位。

（2）防火间距。可燃液体和液化烃的码头与其他码头或建筑物、构筑物的安全距离应按《油气化工码头设计防火规范》（JTJ 158—2019）的有关规定执行；除船舶在码头泊位内外挡停靠外，码头相邻泊位船舶间的防火间距不应小于表4-3的规定。

表4-3 液化烃、可燃气体、助燃气体的罐组内储罐的防火间距   m

船舶长度	<110	110~150	151~182	183~235	236~279
防火间距	25	35	40	50	55

（3）应急设备。在距泊位20 m以外或岸边处的装卸船管道上应设便于操作的紧急切断阀。

（4）装卸工艺设计。甲、乙类油品以及介质设计输送温度在其闪点以下10 ℃范围外的丙类油品，不得采用从顶部向油舱口灌装工艺，采用软管时应伸入舱底。液化烃的装卸应采用装卸臂或金属软管。

油品装卸码头的其他消防设计还应符合《油气化工码头设计防火规范》（JTJ 158—2019）、《建筑设计防火规范（2018 年版）》（GB 50016—2014）等技术标准规范的有关要求。

2）码头装卸作业防火

装卸作业应根据输送介质的特点和工艺要求，采用合理的工艺流程，选用安全可靠的设备材料，做到防泄漏、防爆、防雷及防静电。操作人员进入库区应穿防静电工作服，杜绝携带任何火种进入库区。

（1）装卸作业前，应先接好地线后再接输油管，静电接地要可靠，电缆规格要符合要求。机炉舱风头应背向油舱，停止通烟管和锅炉管吹灰。要关闭油舱甲板的水密门、窗，关闭相关电气开关，严防油气进入机炉舱和生活区。

（2）装卸油品时，应在船的周围设置围油栏，以防溢出油向周围扩散。作业中，禁止使用非防爆的手电筒等能产生火花或火星的设备。

（3）装卸完毕，应先拆输油管后拆地线，并清除软管、输油臂内的残油，关闭各油舱口和输油管线阀门，擦净现场油污。

（二）输送设施防火

化工生产过程中，常需要使用各种手段将各种物料，包括原料、中间体、产品、副产品及废弃物从一处送到另一处，有时是生产设备和车间之间的物料连续传输，有时是将产品送至用户，此过程为输送操作。所输送物料可能为块状、粉状、液体或气体等形态，物料本身的理化性质各异，温度、压力、流量不同，所采用的输送方式和机械也不同，使其存在的危险性也有很大差异。

1. 液体输送

液体输送是最常见的输送方式，一般通过泵体和管线进行输送。一般溶液可选用任何类型的泵输送，悬浮液可选用隔膜式往复泵或离心泵输送。当输送可燃液体时，应限制流速并设置良好接地，或采取加缓冲器、增湿、加抗静电剂等措施，防止静电产生危险。由于输送的流体具有可燃性，可燃液体一旦泄漏可能引发燃烧、爆炸事故，因此，应加强对输送系统的管道阀门、法兰等连接处的安全管理，防止"跑、冒、滴、漏"现象发生。在输送有爆炸性或燃烧性物料时，要采用氮气、二氧化碳等气体代替空气，以防燃烧和爆炸发生。选用蒸气往复泵输送易燃液体可以避免产生火花，安全性较好。只有对闪点高及沸点在130℃以上的可燃液体才用空气压送。在化工生产中，以压缩空气为动力输送酸碱等有腐蚀性液体的设备要符合压力容器的相关设计要求，满足足够的强度，输送此类流体的设备还应耐腐蚀或经防腐处理。甲、乙类火灾危险性的泵房，应安装自动报警系统。在泵房的阀组场所，应有能将可燃液体经水封引入集液井的设施，集液井应加盖，并有用泵抽除的设施。泵房还应采取防雷措施。

2. 固体输送

除人工搬运外，固体块状和粉状物料的输送一般多采用带式输送机、螺旋输送器、刮板输送机等多种机械输送方式，还可以采用电动葫芦、气动葫芦、电梯等间断式机械输送方式。输送机械运转部位多，极易由于碰撞起火和摩擦生热引燃物料。输送固体粉料的管道内，介质高速流动摩擦产生的静电或电气设备及线路漏电、短路产生的电气火花，都可能引燃可燃物料，甚至引起粉尘爆炸。因此，输送机械的传动和转动部位要保持正常润滑，防止摩擦过热。对于电气设备及其线路要注意保护，防止绝缘损坏发生漏电及短路事故。粉料输送管道的材料应选择导电性材料并可靠接地，如果采用绝缘材料管道，则管外应采取接地措施。对于输送可燃粉料以及输送过程中能产生可燃粉尘的情况，输送速度不应超过该物料允许的流速，风速、输送量不要急剧改变，以防产生静电发生危险。为了避免管道发生堵塞，管道输送的速度、直径、连接应设计合理。

3. 气体输送

气体输送通常采用通风机、鼓风机、压缩机和真空泵等设备为气体提供能量，达到压缩输送气体的目的。输送可燃气体的管道应经常保持正压状态，并根据实际需要安装止回阀、水封和阻火器等安全装置。压缩机吸入口应保持余压，如进气口压力偏低，压缩机应减少吸入量或紧急停车，以免造成负压吸入空气，进而引起爆炸。在操作中，应保持进气压力在允许范围内，谨防出现真空状态。当压缩机意外发生抽负现象，形成爆炸混合物时，应从入口阀注入惰性气体置换出空气，防止爆炸事故发生。

习题

1. 石油化工企业火灾有哪些特点？
2. 石油化工生产过程中应注意哪些事项？
3. 泄压排放的形式有哪些？
4. 石油化工输送设施有哪几类？应如何防火？
5. 简述液体装卸过程中需要注意的事项。

第五章 钢铁冶金企业防火

钢铁冶金企业规模庞大、工艺复杂、流程性强，在生产和加工过程中需要大量使用燃料和易燃易爆气体，而且，冶炼过程中亦会产生大量易燃易爆气体，火灾危险性较高，火灾事故多发。仅 2019 年以来，我国钢铁企业就发生了多起较大火灾，并造成了较大的人员伤亡和财产损失，为钢铁冶金企业的火灾防治敲响了警钟。

第一节 钢铁冶金企业概述

钢铁工业是指生产生铁、钢、钢材、工业纯铁及铁合金的工业。钢铁工业是工业化国家的基础工业之一，也是国民经济发展、国家基础设施建设、工业现代化和国防建设的重要物质基础。冶金工业水平是衡量一个国家工业现代化水平的标志，体现了国家经济、社会发展水平和综合实力，随着科技进步和钢铁工业的发展，我国正由钢铁大国迈向钢铁强国。

一、我国钢铁产业现状

我国是当之无愧的钢铁大国，21 世纪以来，我国钢铁工业迅猛发展，据不完全统计，我国共有钢铁冶金企业 1400 余家，包括钢铁联合企业约 650 家，独立球团厂约 53 家，独立轧钢厂约 700 家。我国比较著名的大型钢铁冶金企业有首钢集团、中国宝武集团、中信泰富特钢集团、沙钢集团、河钢集团、鞍钢集团、山钢集团、南钢集团等。图 5 - 1 为我国首钢京唐钢铁有限公司。

图 5 - 1 我国首钢京唐钢铁有限公司

我国粗钢产量常年位居世界第一，据世界钢铁协会统计，2020年全球粗钢产量达到18.64亿t，其中我国的粗钢产量达到10.53亿t，同比提高5.2%，占全球粗钢产量的56.5%。从我国区域布局看，华北和华东是钢铁主要产地，2019年产量占比合计达65%，西南和西北地区产量合计占10%；从单一省份看，2019年产量排名前五的分别为河北省、江苏省、辽宁省、山东省和山西省，产量占比分别为23%、12%、8%、8%和5%，合计占比达56%。

二、钢铁冶金主要工艺流程

现代钢铁企业的主要生产流程有长流程和短流程两种。目前，应用最为广泛的是长流程，全球约70%的钢铁企业采用长流程。

长流程的主要工艺特点是铁矿石原料经过烧结、团球处理后，采用高炉生产铁液，铁液经预处理后，由转炉炼钢、炉外精炼至合格钢液，然后由连铸浇注成不同形状的铸坯，最后轧制成各类钢材。

短流程根据原料不同分为两类：一类是铁矿石经直接熔融还原后，直接采用电炉或转炉炼钢，其主要特点是铁矿石原料不经过烧结、团球处理，无高炉炼铁环节，该流程目前应用较少，约占钢产量的10%以下；另一类是以废钢为原料，由电炉熔化冶炼后，进入后部工序，也没有高炉炼铁环节，该流程约占钢产量的20%。

总体来说，钢铁生产工艺主要包括炼铁、炼钢、连铸和轧钢等工序，其主要工艺流程如图5-2所示。炼铁主要是把烧结矿和块矿中的铁还原出来。焦炭、烧结矿、块矿连同

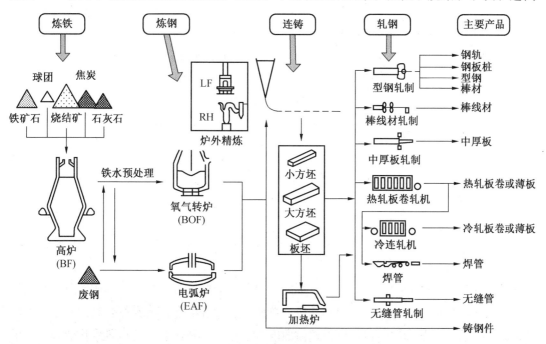

图5-2　钢铁冶金工艺流程

少量的石灰石，一起送入高炉中冶炼成液态生铁，然后送往炼钢厂作为炼钢原料。炼钢主要是把原料（铁液和废钢等）里过多的碳及硫、磷等杂质脱除并加入适量的合金成分。连铸是将钢液经中间罐连续注入结晶器中，凝成坯壳后，从结晶器以稳定的速度拉出，再经过二次喷水冷却，待全部凝固后，剪切成指定长度的连铸坯。轧钢则主要是把连铸的钢坯在不同的轧钢机上轧制成各类钢材，形成钢铁制品。除以上主要工序外，整个钢铁冶金工艺过程还包括采矿和选矿、烧结和球团、焦化等原料和燃料处理工艺，下面将对各工艺流程做简要介绍。

（一）采矿和选矿

铁矿石是高炉炼铁的主要原料，铁矿床大都埋藏于地下，也有露出地表或埋藏较浅的，还有在海底的。矿床开采一般分为露天开采、地下开采和深海开采等三种方法。矿床开采的一般流程如图 5 - 3 所示。

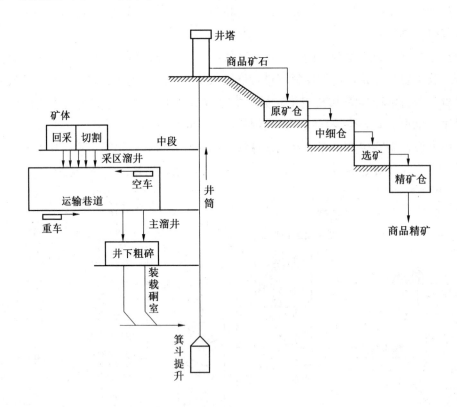

图 5 - 3　矿床开采流程

国内铁矿石富矿较少，多为贫矿，不能直接入炉冶炼，必须先进行选矿作业，得到铁精矿粉，然后再进行造块作业，得到品位、粒度和强度等冶金性能都符合高炉入炉要求的合格原料。选矿的基本过程包括矿石选前的准备工作、选别作业、选后脱水作业等，选前的准备作业一般包括洗矿、配矿、混匀、破碎、筛分、焙烧等工序。图 5 - 4 为一种典型的选矿流程。

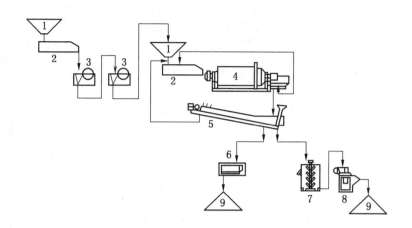

1—料仓；2—给料机；3—颚式破碎机；4—球磨机；5—分级机；

6—磁选机；7—搅拌桶；8—浮选机；9—成品

图5-4　选矿流程

（二）烧结和球团

完成选矿后，需要进行造块作业，得到合格的高炉炼铁原料。造块的主要目的是综合利用资源，扩大炼铁原料种类，去除有害杂质，回收有益元素，保护环境，改善矿石的冶金性能，适应高炉冶炼对铁矿石的质量要求。目前铁矿粉造块主要有烧结法和球团法，所获得的矿分别为烧结矿和球团矿。

烧结是将各种粉状的含铁原料，加入适量的燃料和溶剂，经混合和造球后，在烧结设备上使物料发生一系列物理化学变化，并将矿粉颗粒黏结成块的过程。目前生产上广泛采用带式抽风烧结机生产烧结矿。其工艺流程如图5-5所示，生产过程主要包括烧结料的准备、配料与混合、烧结和产品处理等工序。

球团是把细磨铁精矿粉或其他含铁粉料添加少量添加剂混合后，在加水润湿的条件下，通过造球机滚动成球，再经过干燥焙烧，固结成为具有一定强度和冶金性能的含铁材料。球团生产工艺流程如图5-6所示。目前应用较为普遍的球团生产方法有竖炉球团法、带式焙烧机球团法、链箅机-回转窑球团法。

（三）焦化

高炉冶炼最常用的燃料有焦炭、煤粉、油或燃气等，燃料用来产生炼铁所需的还原气体，促进铁矿石的熔化与还原，最终生产出铁。焦炭是高炉炼铁最重要的还原剂。焦炭在冶炼中主要起三方面作用：一是用作发热剂，高炉冶炼所消耗热量的70%～80%来自燃料的燃烧；二是用作还原剂，燃料中的固体碳本身，以及在高炉中燃烧生成的CO，均是重要的还原剂，金属铁及其他合金元素就是靠它们还原；三是用作料柱骨架，焦炭在料

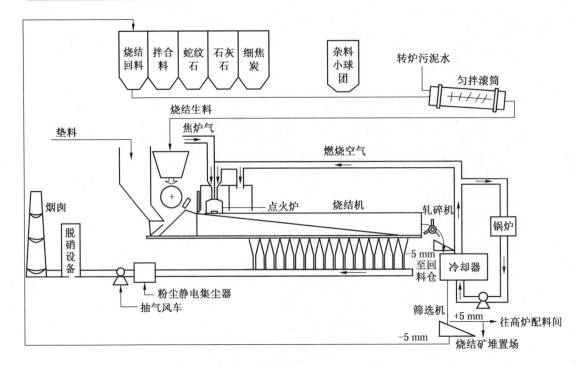

图 5-5 烧结工艺流程

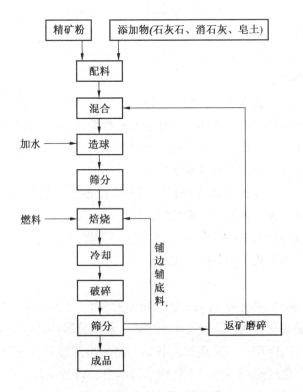

图 5-6 球团生产工艺流程

柱中体积占一半左右，在高炉下部不熔化、不软化，在软熔带形成焦床，从而改善料柱的透气性。现代焦炭的生产过程分为洗煤、配煤、炼焦和产品处理等工序，主要工艺流程如图 5-7 所示。

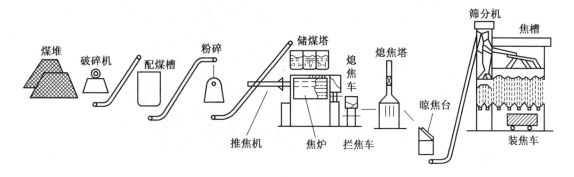

图 5-7　炼焦生产工艺流程

（四）高炉炼铁

高炉炼铁实质上是将铁从铁矿石等含铁化合物中还原出来的连续生产过程。主要包括炉料的加热、挥发和分解，铁及其他非铁元素的还原，炉料中非金属氧化物的熔化、造渣和生铁的脱硫，铁的渗碳及生铁的形成，炉料和煤气的运动等，是一系列物理化学反应过程的总和。高炉炼铁工艺流程主要包括煤粉喷吹系统、供风系统、高炉本体系统、煤气洗涤系统和渣铁处理系统等，其工艺流程如图 5-8 所示，高炉炼铁装置如图 5-9 所示。

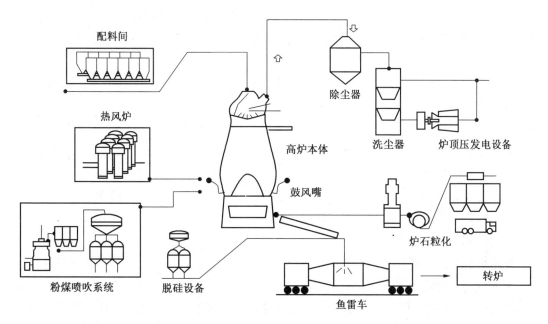

图 5-8　高炉炼铁工艺流程

图 5 - 9 高炉炼铁装置

（五）炼钢

炼钢主要是通过冶炼降低生铁中的碳含量和脱除有害杂质元素，再根据对钢性能的要求加入适量的合金元素，使其成为具有一定强度、韧性或其他特殊性能的钢材，目前炼钢工艺主要有转炉炼钢和电炉炼钢。

转炉炼钢法以铁水为主要原料，吹入氧气氧化铁水中的元素及杂质，并利用铁水中元素氧化的化学热及铁水物理热作为热源，将一定成分的铁水炼成合格钢液。现代转炉炼钢主要由转炉、供氧、上料、除尘回收、出钢出渣、铁水和废钢的供应等作业系统和工艺设备组成。转炉主要分为氧气顶吹转炉和顶底复吹转炉。氧气顶吹转炉生产工艺流程如图 5 - 10 所示，转炉炼钢现场照片如图 5 - 11 所示。

电炉炼钢是利用电能熔化精炼的方法。电炉炼钢一般是指电弧炉炼钢。电弧炉炼钢有酸性和碱性之分，因酸性电弧炉对炉料限制十分严格，所以很少采用。电弧炉炼钢通常指的是碱性电弧炉炼钢，碱性电弧炉炼钢能够生产当前转炉仍然不能生产的高质量合金钢。近年来，电炉炼钢在全世界全部钢产量中所占的比重逐年稳步上升，目前已达 25% 左右。随着高质量钢的需要量与日俱增，碱性电弧炉炼钢必将作为一种重要的炼钢法得到充分发展。现代电弧炉炼钢过程可分为三步，一是装料，二是熔化冶炼，三是出钢。电炉炼钢工艺流程如图 5 - 12 所示，电炉炼钢现场照片如图 5 - 13 所示。

（六）连铸

炼钢得到的钢水需要浇铸成具有一定形状、尺寸和重量的铸坯。浇铸工艺包括连续铸锭、钢带浇铸、模铸。连铸是应用最广泛的浇铸工艺，其工艺流程如图 5 - 14 所示，连铸车间现场照片如图 5 - 15 所示。钢液通过中间罐注入结晶器内，迅速冷却成内部仍为液芯的铸坯，铸坯的尾部与结晶器底部的引锭头衔接。浇铸开始后，开动拉坯机，通过引锭杆

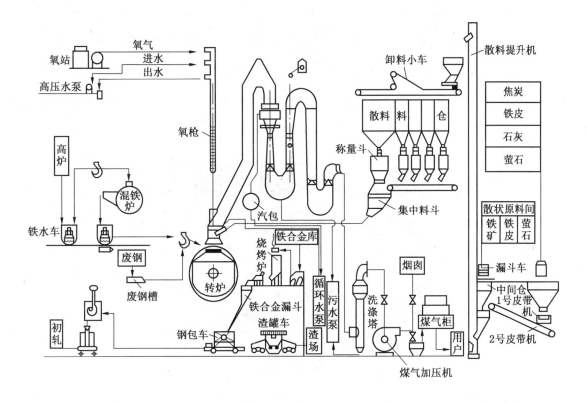

图 5 - 10 转炉炼钢工艺流程

图 5 - 11 转炉炼钢现场照片

图 5-12 电炉炼钢工艺流程

图 5-13 电炉炼钢现场照片

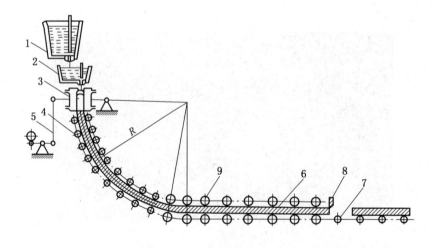

1—盛钢桶；2—中间罐；3—结晶器；4—二次冷却装置；5—振动装置；

6—铸坯；7—运输辊道；8—切割设备；9—拉坯矫直机

图 5-14 连铸工艺流程

图 5 – 15　连铸车间现场照片

把结晶器内的铸坯缓慢拉出。铸坯通过二次冷却装置时，被进一步喷水冷却至完全凝固。完全凝固的铸坯通过拉坯机后切割成规定的定尺，之后由运输辊道运往冷床。

（七）轧制

轧制是指金属坯料通过转动轧辊的缝隙间而使金属受压缩产生塑性变形的过程。根据轧辊转动方向和轧件在变形区中的运动特点可把轧制分为纵轧、横轧和斜轧。用轧制法生产的钢材，根据其断面形状，大致分为型材、线材、板材、钢管和特殊钢材等五类。

轧钢的方法，按轧制温度不同可分为热轧和冷轧。冷轧一般为常温下的轧制，热轧是将轧件加热至 900 ~ 1250 ℃进行轧制。从金属学观点来看，金属加热温度高于金属再结晶温度的，称为热轧；反之则为冷轧。轧钢工艺流程如图 5 – 16 所示，冷轧车间现场照片如图 5 – 17 所示。

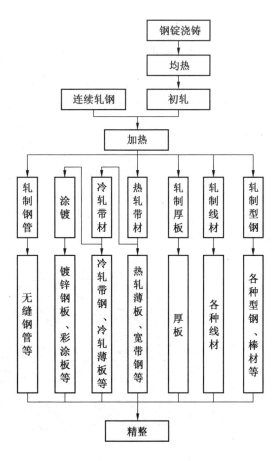

图 5 – 16　轧钢工艺流程

127

图 5-17　冷轧车间现场照片

第二节　钢铁冶金企业的火灾危险性

一、钢铁冶金企业火灾危险性概述

钢铁冶金企业规模庞大、工艺复杂、流程性强，在冶炼和热加工过程中需要耗用大量的煤、焦炭、燃油和电能，钢铁冶炼的生产过程属于高温生产过程。虽然生产钢铁的原料和其成品本身都是不燃烧物，但是在生产和加工过程中需要大量使用燃料和易燃易爆气等危险性物质，如纯氧、氢气、乙炔等，而且钢铁冶炼过程中要产生大量易燃易爆气体，如高炉煤气、转炉煤气等。这些行业特点决定了钢铁冶金企业具有较大的火灾危险性。近年来，钢铁企业发生过多起较大火灾，如 2019 年邯郸某钢铁有限公司烧结车间皮带通廊火灾、2019 年武汉某钢厂冷轧厂酸轧车间火灾、2020 年鞍山某钢铁集团冷轧厂火灾、2021 年辽宁某钢铁公司高炉上料皮带通廊火灾等。图 5-18 和图 5-19 分别为某钢厂高炉皮带

图 5-18　某钢厂高炉皮带通廊火灾现场照片

通廊火灾和某钢铁集团冷轧车间火灾现场照片。表5－1按起火部位和火灾类型统计了钢铁冶金企业在生产过程中发生的74起火灾。

图5－19　某钢铁集团冷轧车间火灾现场照片

表5－1　钢铁冶金企业火灾统计表

起火部位及火灾类型	次数	百分比/%
电缆夹层、电气地下室、电缆隧道、电缆竖井等电缆火灾	26	35.1
液压站、润滑油站（库）、储油间、油管廊等以中、高闪点油类为主的可燃液体火灾	11	14.9
变压器、电气室、控制室等电气火灾	12	16.2
可燃气体或粉尘爆炸	11	14.9
煤等原料运输皮带火灾	6	8.1
不锈钢冷轧机、修磨机及热轧机等生产设施火灾	4	5.4
苯、涂料等低闪点易燃液体火灾	2	2.7
办公楼、化验楼等场所火灾	2	2.7

从表5－1可以看到，钢铁冶金企业的电缆夹层、电气地下室、电缆隧道、电缆竖井等电缆火灾危险场所发生火灾的概率最高，在统计中占比35.1%；另外，液压站、润滑油站（库）、储油间、油管廊等以中、高闪点油类为主的可燃液体火灾危险场所，变压器、电气室、控制室等电气火灾危险场所及运输皮带发生火灾的概率也较高。

二、钢铁冶金企业重点工艺过程的火灾危险性

对于高炉炼铁工艺，在高炉内有炉顶压力、风温和气流等因素的影响，一座高炉其实就是一个高温高压的密闭容器，具有一定的火灾和爆炸隐患。在高炉炼铁生产过程中会产生大量的高浓度煤气，其浓度均在爆炸极限范围内，操作不慎，极易产生爆炸，如2006年3月30日某钢铁公司炼铁厂5号高炉发生爆炸，造成6人死亡，6人受伤；高炉出铁时如果操作不当、失控，会造成铁水溢出，可能引发火灾，如2007年6月15日南昌某钢铁公司因铁水外泄引燃焦炭进而引发火灾，而且对于铁水引发的火灾，扑救时也需格外小心，高温铁水遇水可能会引发更大的灾害；高炉各部位均采用水循环冷却，一旦高炉冷却水中断，就会烧坏冷却设备，严重时会造成炉缸烧穿，引起炉内煤气外泄和高温铁水外流，可能会导致火灾；热风炉大量使用高炉、焦炉煤气，当与空气混合达到爆炸极限时，遇到高温及明火即发生爆炸，并可能引发火灾；高炉生产大量使用液压设备，液压设备及泵站漏油，遇明火可能引发火灾；另外，上料系统运送烧结矿属于"热料"，易引燃上料皮带。

对于炼钢工艺，炼钢过程中铁水预处理、转炉、钢包精炼炉内容易发生喷溅事故，同时各种煤气、氧气管道以及液压站等均具有一定的火灾危险性，如铁水预处理过程，颗粒镁保存不当，易发生火灾。转炉炼钢、炉外精炼等过程中若操作不当，造成喷溅，使液态钢水溢出，可能会引起火灾，如2005年4月7日上海某钢厂钢包钢水外泄引发火灾，造成1人死亡1人受伤，2008年河南某钢铁厂炼钢车间180 t左右的钢包因操作不慎导致钢水外泄，引发火灾，消防救援人员历时5 h灭火；和高炉炼铁一样，炼钢设备多部位采用循环冷却，一旦冷却水中断，造成冷却设备损坏，可能会引起煤气、氧气和钢水外泄，引发火灾；转炉在出钢和倒渣过程中，如果倒出量过大，则容易导致溢出而引发火灾，转炉煤气外泄可能引发爆炸。

对于轧钢工艺，轧钢生产过程中坯料加热需要使用大量气体或液体燃料，输送燃料的管道若发生泄漏，或者操作不当都可能引发火灾；轧钢生产流水线上需要使用大量润滑油，液压系统中也需要大量润滑油，均存在火灾危险；热处理工艺中需要使用氢气作为保护气体，存在爆炸危险；另外，各种机械电气控制系统开启频繁，电气负荷变化剧烈，容易产生电气火灾事故。

三、钢铁冶金企业典型生产设施的火灾危险性

钢铁冶金企业工艺流程长，涉及的生产设备设施多，各类设施的火灾危害性大。

（一）电缆火灾

钢铁冶金企业用电量大，存在大量电缆隧道、电缆夹层、电缆沟等，这些区域内的电缆布置密集，数量巨大，相互贯通，在电缆本身故障和有外界火源的情况下，很容易引发火灾，致使设备停机，造成巨大损失。如2000年6月1日，山东某钢厂1号转炉下电缆

封闭桥架内的电缆因接头老化、发热，引发电缆着火，火势蔓延迅速，致使桥架中电缆全部烧损，造成 3 台转炉停产，损失巨大。再如 2007 年 8 月 2 日，某钢铁有限公司炼钢厂转炉主控楼交联电缆室发生火灾，导致公司全线停产，损失严重。

电缆火灾事故的主要原因有两方面：一是电缆在长期使用过程中，由于本身过热、短路、绝缘老化等原因引发火灾；二是由于外界火源引发火灾。在表 5-1 统计的 26 起电缆火灾事故中，因电缆本身故障引发的火灾占 16 起，其余 10 起为外因导致的火灾。电缆火灾有以下特点：一是燃烧猛烈，蔓延迅速。尤其是由于电缆本身过热、短路等原因引发的火灾，一旦着火将沿电缆迅速蔓延。二是扑救困难，内攻难度大。尤其是地下电缆隧道纵深长，散热难，不利于救援。三是损失严重，恢复时间长。电力电缆是生产的基础，此类火灾不仅直接烧毁电缆和设备，造成严重的直接经济损失，而且恢复时间长，也会造成巨大的间接经济损失。

（二）液压润滑站（库）火灾

液压润滑站（库）广泛分布于炼钢、炼铁、热轧及冷轧工艺流程中，由于工艺需要，该类场所一般处于高炉、冷轧机、热轧机等重要设备的地下，储存的油品为中、高闪点可燃液体，当可燃油蒸气与空气混合达到爆炸极限后，极易引发爆炸和火灾，随着液体的泄漏和流淌有可能造成大面积火灾。如 1976 年 6 月 19 日，唐山某中型轧钢厂地下油池发生爆炸事故，造成 24 人死亡，直接经济损失 22 万余元。该类火灾的原因是多方面的：一是由于油库外部火源、钢水泄漏、电缆短路等原因，通过管道、电缆隧道等引发油库内部火灾；二是润滑油管道、储油罐中的可燃液体受热后，体积膨胀，超过容器压力限制，会造成容器破裂，可能引发爆炸和燃烧；此外，输油泵、输油管道的法兰、阀门、高压软管的活接处等管件连接处，由于腐蚀、裂纹等原因引发泄漏，泄漏喷射出的高压油可能发生自燃。

（三）轧机等生产设施火灾

受工艺影响，轧机的轧辊、轴承等部位周围存在大量雾状润滑油粒，这些油粒受轧制过程中产生的温升作用，极有可能引发火灾。因此类火灾一般四周为人员作业区，易造成人员伤亡，且轧机价格不菲，即使发生很小的火灾，也会对轧机设备造成相当大的危害，导致较大损失。如 2019 年 10 月 25 日，武汉某钢厂冷轧厂酸轧车间发生火灾，导致 5 个机架和油库全部过火。

（四）原料运输皮带火灾

原料运输皮带机在运行过程中，皮带受卡或皮带与滚筒发生摩擦可能会起火引燃皮带和运送的物料，该类火灾具有内部扑救空间狭小、位置高、初期不易发现、产生明火后发展迅速等特点。如 2019 年 10 月 24 日，河北兴华钢铁有限公司炼铁厂烧结车间成品皮带通廊发生一起火灾事故，事故直接原因为烧结车间违章操作造成大量烧结矿红料引燃皮带通廊内皮带防尘罩护皮护帘、皮带，事故导致皮带通廊坍塌，造成 7 人死亡，直接经济损失约 930 万元。

第三节 钢铁冶金企业的防火要求

一、总平面布局

（一）布局要求

钢铁冶金企业占地面积大，工艺复杂，涉及技术面广，工艺厂区之间及各工艺厂区内部生产工序的连续性强。为保证安全生产，满足各类设施的不同要求，防止或减少火灾的发生并避免和减少对相邻建筑的影响，在进行厂区规划时需要同时进行消防规划。厂区规划要结合地形、风向、交通和水源等条件，将工艺装置和各类设施进行合理规划，做到既有利于防火安全，也便于生产和管理。

储存或使用甲、乙、丙类液体、可燃气体以及生产过程中产生大量烟气、粉尘、有毒有害气体的车间，需要布置在厂区边缘或主要生产车间、职工生活区全年最小频率风向上风侧。

矿山厂区的地面井口布置要注意风频、风向，避开火源。地下矿井口周围 200.0 m 内不能布置易燃易爆物品堆场及仓库，距井口 20.0 m 内不能布置锻造、铆焊等有明火或散发火花的工序。木材堆场、有自燃火灾危险的排土场、炉渣场等需要布置在进风井口常年最小频率风向的上风侧，且距进风井口距离不能小于 80.0 m，戊类建（构）筑物距矿井及进风井口的距离不能小于 15.0 m。

钢铁冶金企业占地面积很大，要保证消防车在规定的时间内赶到现场，在进行消防站的选址时就要充分考虑消防站的位置。企业消防站尽量独立建造，且距甲、乙、丙类液体储罐（区），可燃、助燃气体储罐（区）的距离不小于 200.0 m，并应布置在交通方便、利于消防车迅速出动的主要道路边。

（二）防火间距

钢铁冶金企业内建（构）筑物之间的防火间距应符合现行国家标准《建筑设计防火规范（2018 年版）》（GB 50016—2014）的有关规定。

浮选药剂库、油脂库距进风井、通风井扩散器的防火间距按储药储油容积进行区分，当储药储油容积小于 10 m^3 时，防火间距最小为 20 m；当大于或等于 10 m^3 小于 50 m^3 时，防火间距最小为 30 m；当大于或等于 50 m^3 小于 100 m^3 时，防火间距最小为 50 m；当大于或等于 100 m^3 时，防火间距最小为 80 m。

钢铁冶金企业中有较多常压的煤气柜，而且容积较大，为了管理方便和防止火灾发生，一般采用围墙形式将其隔离保护，当总容积小于或等于 200000 m^3 时，柜体外壁与围墙的间距不宜小于 15.0 m；当总容积大于 200000 m^3 时，不宜小于 18.0 m。容积不超过 20 m^3 的可燃气体储罐和容积不超过 50 m^3 的氧气储罐与所属使用厂房的防火间距不限。钢铁企业煤气生产、储存、使用等环节安全风险高，管控不当易发生煤气中毒、火灾、爆炸等生产安全事故，2018 年，全国钢铁企业发生较大煤气事故 3 起，造成 21 人死亡。2019 年，应急管理部印发《应急管理部办公厅关于开展钢铁企业煤气安全专项治理的通知》（应急厅函〔2019〕264 号），对钢铁企业的煤气安全生产进行了专门的治理和整顿。

露天布置的可燃气体与不可燃气体固定容积储罐之间的净距，氧气固定容积储罐与不可燃气体固定容积储罐之间的净距，以及不可燃气体固定容积储罐之间的净距应满足施工和检修的要求且不宜小于 2.0 m。为同一厂房、仓库输入（出）物料的两个及以上的带式输送机通廊之间的防火间距可按工艺要求确定。带式输送机通廊作为燃料、原料的转输设施大量存在于钢铁冶金企业中，其设置位置、高度和长度等均根据工艺需要进行布置和建设。带式输送机通廊的火灾危险性取决于其运输的物品，输煤和焦炭通廊的火灾危险性为丙类，其余为戊类。实际工程中，带式输送机通廊因皮带跑偏、摩擦等原因有起火现象，但未出现过引燃附近建（构）筑物，导致火灾蔓延情况。

烧结厂的主厂房与电气楼、炼铁的矿槽与焦槽、配料槽与贮料厂房之间的防火间距可按工艺要求确定，但最低不小于 6.0 m。

（三）管道布置

敷设甲、乙、丙类液体管道和可燃气体管道的全厂性综合管廊，要避开火灾危险性较大、腐蚀性较强的生产、储存和装卸设施以及有明火作业的场所。甲、乙、丙类液体管道和可燃气体管道不能穿过与其无关的建（构）筑物、生产装置及储罐区等。

高炉煤气、发生炉煤气、转炉煤气和铁合金电炉煤气的管道不要埋地敷设。该类管道输送的煤气中一氧化碳的含量较高，若采用地下直埋式，泄漏后可能会造成极大危害。

燃油管道和可燃、助燃气体管道应优先采用架空敷设，以便早期发现管道泄漏等问题，并便于修复。当架空敷设有困难时，也可采用管沟敷设，但须满足几个条件：一是燃油管道和可燃、助燃气体要独立敷设，可与不燃气体、水管道（消防供水管道除外）共同敷设在不燃烧体作盖板的地沟内；二是燃油管道和可燃、助燃气体管道可与使用目的相同的可燃气体管道同沟敷设，但沟内应用细砂充填且不得与其他地沟相通；三是其他用途的管道横穿地沟时，其穿过地沟部分要用套管保护，套管伸出地沟两壁的长度应大于200 mm；四是要采取防止含甲、乙、丙类液体的污水排至沟外的措施。

二、耐火等级及防火分区

（一）建（构）筑的耐火等级

钢铁冶金企业中建（构）筑物种类繁多，规模不一，其耐火等级应按现行国家标准《建筑设计防火规范（2018 年版）》（GB 50016—2014）的有关规定执行。本章不一一列举，仅针对特殊建筑进行分析。

地下液压站、润滑油站（库）要求耐火等级不低于二级，且最好采用钢筋混凝土结构或砖混结构。这类场所一般储油量大，火灾荷载大，一旦发生燃烧，不便于救援。

近年来，我国钢铁冶金企业大量采用钢结构建造大型厂房及各类建（构）筑物，主要有主厂房、炼钢炼铁平台、干煤棚、运煤栈桥等，这些建筑除要满足相应的耐火等级要求外，关键部位还需要进行防护处理。

钢铁冶金企业的钢结构厂房一般面积大、跨度大、厂房高，厂房内工艺流程长，大型设备多，设备密集，内部存在大量生产性热源，如高温铁水、铁块等，而且在生产中大量使用电气设备和加温工序，同时也存在各类可燃物。对于受到甲、乙、丙类液体或可燃气体火焰影响的部位，或生产时受热辐射影响，温度可能高于 200 ℃ 的部位，需要设置隔热板、隔热墙或喷涂防火隔热涂料等防火隔热保护措施，以使钢结构温度低于 200 ℃。

钢铁冶金企业采用钢结构的干煤棚、室内储煤场，一般面积大，构件多，对于这类场所，虽然存在煤自燃的火灾风险，但自燃的火焰高度一般为 0.5～1.0 m，不足以威胁到上部钢结构构件。因此，一般情况下，仅需对堆煤高度及以上 1.5 m 范围内的钢结构采取有效的防火保护措施即可。

（二）防火分区划分

钢铁冶金企业厂区内的建筑物防火分区应符合现行国家标准《建筑设计防火规范（2018 年版)》（GB 50016—2014）的规定。下面仅针对钢铁冶金企业的特殊场所进行分析。

钢铁冶金企业存在大量地下室，如地下润滑油站、液压站等，按《建筑防火设计规范（2018 年版)》（GB 50016—2014），其防火分区面积不可以超过 500 m²。如生产工艺需要，不能采用防火墙对防火分区进行防火分隔时，可以设置自动消防系统，从而使防火分区面积扩大 1.0 倍。

对于丁、戊类主厂房，其内的甲、乙、丙类辅助生产房间应当单独划分防火分区，采用耐火极限不低于 3.00 h 的不燃烧墙体和耐火极限不低于 1.50 h 的不燃烧楼板与其他部位隔开。对于厂房内火焰直接影响的部位或热辐射温度高于 200 ℃ 的部位，应采取外包敷不燃材料或其他防火隔热保护措施。满足上述要求的丁、戊类主厂房的防火分区面积可以不限。

根据生产设计需要，受煤坑为地下结构，火灾危险性为丙类，按《建筑设计防火规范（2018 年版)》（GB 50016—2014）要求，防火分区面积不应大于 500 m²。但实际工程中，其防火分区的建筑面积一般会超过 500 m²，而且由于生产特点也无法采用防火墙进行防火分区隔断。正常生产时，受煤坑一般只有 1～2 名流动操作工。考虑到焦化工艺中使用的炼焦煤一般为含水率 10% 左右的洗精煤，火灾发生的概率比其他类似场所如电厂小得多，因此，受煤坑的防火分区最大面积可增加至 3000 m²。

封闭储煤场防火分区面积一般不能超过 12000 m²，当超过 12000 m² 时，煤要采用分堆放置，煤堆底边间距不应小于 10 m 或煤堆间设置不低于 2 m 的隔墙，并需要设置消防炮等灭火设施。

冶金企业中存在大量主体设备的高度均超过 24 m 的工况，且设置了各种高架平台，这类厂房可以按单层建筑进行防火设计，如炼铁高炉及煤粉制备、炼钢转炉及电炉区域、轧钢的镀锌及连续退火机组区域、煤气发电机主厂房等，虽是单层，且不高于24 m，但局部操作平台、烟囱、设备等高于24 m。

三、安全疏散与建筑构造

（一）安全疏散

钢铁冶金企业的厂房、仓库、办公楼、食堂等建筑物的安全疏散，应符合现行国家标准《建筑设计防火规范（2018年版）》（GB 50016—2014）的有关规定。对于建筑面积不大于100 m² 且无人值守的地下液压站、地下润滑油站（库）、地下转运站等地下室、半地下室，可以只设置1个安全出口。

（二）建筑构造

钢铁冶金企业内的甲、乙类液体管道和可燃气体管道严禁穿过防火墙。一般情况下，丙类液体管道也不可以穿过防火墙，但是，如果因工艺需要，必须穿越时，丙类液体输送管道应采用钢管，穿过防火墙处需要采用防火封堵材料紧密填塞缝隙，防火封堵部位的耐火极限不能低于墙体的耐火极限。另外，当穿过防火墙的管道周边有可燃物时，应在墙体两侧1.0 m范围内的管道上采用不燃性绝热材料保护。

钢铁冶金企业由于冶炼工艺需要，存在高温铁水、钢水、熔渣、钢锭和钢坯以及运输这些物料的车辆，而这些高温物料引发的灾害也不少，如某钢铁公司炼铁厂的铁水罐经过高炉皮带通廊时，由于水进入罐车内引起铁水喷溅，从而引燃运输皮带，造成较大损失。所以，需要采取必要的措施，来应对高温物体对相关建筑构件的影响。对于有可能被铁水、钢水或熔渣喷溅造成危害的建筑构件，需要采取隔热保护措施。运载铁水罐、钢水罐、渣罐、红锭、红（热）坯等高温物品的过跨车、底盘铸车、（空）钢锭模车和（热）铸锭车等车辆及运载物的外表面距楼板和厂房（平台）柱外表面的距离不能小于0.8 m，并且楼板和柱也需要采取隔热保护措施。

封闭式液压站和润滑站（库）直接开向疏散方向的门，需要采用常闭式甲级防火门或火灾时能自动关闭的常开式甲级防火门。当封闭式液压站和润滑站（库）设置在建筑的首层，且其直接开向厂房外的门不采用防火门时，门的上方需要设置宽度不小于1.0 m的防火挑檐或高度不小于1.2 m的窗槛墙。

（三）建（构）筑物防爆

和一般企业不同，对于钢铁冶金类企业来说，爆炸风险包括两方面：一是可燃气体、可燃蒸气及可燃粉尘等与空气混合形成的爆炸性混合物所产生的爆炸，建筑防爆要求应按照《建筑设计防火规范（2018年版）》（GB 50016—2014）执行；二是钢铁冶金企业的炼铁、炼钢等有液体金属（铁水、钢水）和液体熔渣运作的厂房内，一旦有一定量的水与液体金属或熔渣相遇，水被突然汽化膨胀，将产生极为猛烈的爆炸，会将大量的液体金属或熔渣抛向空中，破坏力很大。为防止这类爆炸事故发生，存放、运输液体金属和熔渣的场所，不应设置积水的沟、坑等。当生产确需设置地面沟或坑等时，需要采取严密的防渗漏措施，并且车间地面标高要高出厂区地面标高 0.3 m 及以上。

四、工艺系统的防火要求

（一）采矿和选矿工艺的防火要求

采矿和选矿的重点防火对象主要有井（坑）口建（构）筑物、井下硐室、供配电设施以及选矿焙烧厂、选矿药剂制备厂和药剂库。

井（坑）口建（构）筑物，如压缩空气站、多绳提升井塔、提升机房、带式输送机及驱动站、通风机房、钢（钢筋混凝土）井架、架空索道站及支架等宜采用不燃烧体材料建造。井塔（井架）、提升机房和井口配电室的耐火等级不应低于二级，空压机室、机修间、井口仓库和办公室等的耐火等级不应低于三级。

矿井井筒、巷道及硐室需要支护时，最好采用混凝土锚杆、锚网及钢材支架。当采用木材支架时，木材支护段需要采取防火措施，如在木材支护段采用阻燃电缆和铺设消防水管，设置消火栓等灭火设施。矿山发生火灾与木材支护有极大关系，如 2004 年 11 月 20 日河北省某铁矿由于电焊引燃用于支护的荆笆，发生火灾，造成 106 人被困井下、70 名矿工遇难。随着钢铁工业的发展，支护材料越来越多地采用混凝土、钢材等不燃材料。目前，除小型矿山外，多数矿山已不采用木材支护。

井下桶装油库应布置在井底车场 15.0 m 以外，并且其储量不能超过一昼夜的需要量。井下油库与主运输通道的连接处要设置甲级防火门，而且不可与易燃材料共用一个硐室。在实际工程中，有的矿山将桶装油库设在了铲运机修理硐室内，对消防来说是十分不利的。

对于容易自燃的矿山，如含硫高的铁矿及硫铁矿，必须采用后退式回采，并宜采用黄泥灌浆或充填采矿法。采用后退式回采，可以在矿山工作面发生火灾时隔绝火区，更易恢复生产；采用黄泥灌浆对防火有一定效果，特别是采用充填采矿法可杜绝火灾发生。同时，回采还需要设降温水管及增设降温风机，以降低孔底温度，防止工作面钻孔内炸药自爆。容易自燃的矿山的通风必须采用压入式，注意不可使用抽出式通风，抽出式通风会使火区有毒气体及高温矿尘更易溢入工作面，严重恶化工作面作业条件。

对于选矿焙烧厂房，焙烧竖炉进料口及两侧排料口附近需要设置固定式一氧化碳监测报警装置，因竖炉两侧炉底排矿口水封罩上部设有多个火眼，操作人员挠火眼时，会有煤气溢出，或操作失误也会有煤气溢出。焙烧产品的带式输送机需要根据温度选用不同材料的输送带，当焙烧产品高于 80 ℃低于 150 ℃时，要选用耐热型输送带；焙烧产品高于 150 ℃低于 200 ℃时，要选用耐灼烧型输送带。另外，还原窑排烟管路需要设置在线烟气成分分析装置和一氧化碳超限报警装置，电除尘器需要设置防爆装置。

（二）综合原料场的防火要求

综合原料场是指对原料、燃料进行受卸、储存、处理和运输的设施。其范围包括从卸船机下带式输送机或火（汽）车卸车开始，经储存及处理后，将原料和燃料输送到矿焦槽、烧结配料槽、球团原料仓、焦化配煤槽、高炉喷煤磨煤机原煤槽（仓）、电厂原煤槽

（仓）、石灰焙烧原料槽（仓）顶面的设施。综合原料场的工艺系统组成包括受卸系统、料（煤）场系统、混匀系统、整粒（破碎筛分）系统、取制样系统、输送系统、干煤棚系统。综合原料场的重点防火对象主要有带式输送机系统及可燃物的储存、加工和输送系统。

设备自身摩擦升温是导致运煤系统发生火灾的重要原因。近年来焦化厂发生的运煤通廊火灾事故中，多因带式输送机改向滚筒轴拉断、托辊不转动及胶带跑偏等，致使胶带与钢结构件直接摩擦发热而升温，引起堆积煤粉的燃烧，酿成烧毁胶带及通廊的重大事故。带式输送机通廊应采用不燃材料建造。带式输送机应设置防打滑、防跑偏、防堵塞和紧急停机等设施，当其电动机功率大于55 kW时，还需要设置速度检测装置。输送机的漏斗溜槽最好采用密闭结构，其倾角要适应物料特性，并且不宜小于50°。漏斗溜槽要根据物料磨损性设置衬板，当输送物料为煤或焦炭时，衬板要采用不燃材料或难燃材料制作。

焦化炼焦用煤一般为含水10%左右的洗精煤，输送及转运过程中有少量粉尘溢出，运煤系统的卸车装置、破碎冻块室、贮配煤槽、各转运站及煤焦制样室需要设置自然通风装置。煤粉碎机室的粉碎机运行时，从上部溜槽入口和下部出口会有大量粉尘溢出，需要设机械除尘装置。

储煤场内煤堆要分煤种堆放，当相邻煤堆间无隔墙时，相邻煤堆底边间距不能小于2.0 m。

另外，对一些原料场的机械设备，也需要采取相应的防火措施，如对于布置在室外的原料场机械设备，布置在室内的煤粉碎机和整粒系统、运煤系统中的机械设备，其电动机外壳的防护等级宜采用IP54级，其他情况下的机械设备，其外壳的防护等级宜采用IP44级。煤粉碎机需要采用防爆型电动机。

（三）焦化工艺的防火要求

焦化工艺包括备煤系统、炼焦系统、煤气净化系统及化工产品精制系统。由于大量使用煤，产生焦炭、煤气等可燃物，因此焦化工艺属于防火的重点，应采取有效的防火措施。备煤系统的防火措施在综合原料场部分已有描述，本部分不再涉及。

1. 焦化设施的布置

各焦化设施之间要保证一定的安全距离，尤其是对涉及易燃易爆危化品的部位，如煤气净化装置、精苯车间等。煤气净化装置应布置在焦炉的机侧或一端，其建（构）筑物最外边缘距大型焦炉炉体边缘的距离不应小于40.0 m，距中、小型焦炉炉体边缘的距离不应小于30.0 m。当采用捣固炼焦工艺，煤气净化装置布置在焦炉的机侧时，其建（构）筑物最外边缘距焦炉熄焦车外侧轨道边缘的距离不应小于45.0 m。精苯车间不宜布置在厂区中心地带，与焦炉炉体的净距不应小于50.0 m。甲、乙类液体及危险品的铁路装卸线宜为直线；当为曲线时，其弯曲半径不应小于500.0 m，且纵向不应有坡度；当在尽头线上取送车时，其终端车位的末端至车挡前的安全距离不宜小于10.0 m。

2. 焦炉的设置要求

焦炉的煤塔漏嘴不宜采用煤气明火烘烤保温，当必须采用煤气明火烘烤保温时，需要采取相应的安全措施，如采用铸铁材质的煤塔漏嘴、控制煤气火焰的大小以及火焰与煤塔漏嘴的距离等安全措施后，基本可以保证在采用煤气明火烘烤保温时不会发生煤塔内装炉煤的燃烧。

集气管压力超过放散压力上限时，应能自动放散，并应设置自动点火装置；低于放散压力下限时，应能自动关闭。集气管的放散管口应高出集气管操作走台台面不小于5.0 m。

操作台下的烟道走廊与地下室和炉间台煤气区是直接相通的，一旦红焦和火种漏入地下室和炉间台煤气区，可能发生着火和爆炸。所以，机侧、焦侧的操作平台应采取防止红焦和火种下漏的措施。

为防止因高温烘烤而引起电气室和液压站内着火，拦焦机、电机车的液压站和电气室内受高温烘烤的墙壁与地板均应衬有不燃烧绝热材料。

3. 煤气净化及化工产品精制

工艺装置、泵类及槽罐等设备火灾危险性高，宜露天布置，或布置在敞开、半敞开的建（构）筑物内。甲、乙类火灾危险生产场所的设备和管道，其绝热材料应采用不燃或难燃材料，并应采取防止可燃物渗入绝热层的措施。进入甲类液体槽罐区内的机车宜采用安全型内燃机车，当采用普通蒸汽机车时，必须采取相应的安全措施，如在烟筒上装防火罩、进出油品装卸应关闭炉门和除灰室等。固定顶式甲、乙类液体贮槽，其槽顶排气口与呼吸阀或放散管之间应设置阻火器。固定顶式甲类液体贮槽应采取减少日晒升温的措施。初馏分贮槽应布置在油槽（库）区的边缘，其四周应设置防火堤，防火堤内的地面和堤脚均应做防水层。

4. 化验室的防火要求

煤气净化区、化工产品精制区的现场化验室应独立设置，当受条件限制，必须要与有爆炸危险的甲、乙类厂房毗邻时，需要采用耐火极限不低于3.00 h的不燃烧墙体与其他部位隔开，并且其门窗要设置在非防爆区。另外，存在易燃、易爆和有毒物质的化验室需要设置通风设施，且最好采用机械通风装置。

5. 其他防火要求

在熄焦车运行范围内，与熄焦车轨道邻近的建筑物不得采用可燃材料。干熄槽的运焦输送机宜采用耐热温度不低于200 ℃的输送带，湿法熄焦的运焦输送机宜采用耐热温度不低于120 ℃的输送带。对于地下室焦炉煤气管道，需要在末端设置泄爆装置，或设置煤气低压自动充氮保护设施。当煤气主管道末端设置泄爆装置时，需要采用管道将泄压气体直接引至室外。

（四）烧结和球团工艺

烧结和球团工艺的重点防火区域主要有烧结冷却系统、主抽风系统、球团焙烧冷却及风流系统、煤粉制备及喷煤系统、燃油储存输送及供油系统、燃气净化加压及燃烧系统。

烧结冷却系统包括烧结机室和冷却机室，点火器布置在烧结机室，需要 24 h 不间断地使用煤气，包括焦炉煤气、高炉煤气或混合煤气，是烧结厂发生火灾的高危场所。为预防火灾，烧结冷却系统的点火器需要设置煤气低压快速自动切断煤气的装置、低压报警装置和指示信号，并且快速自动切断煤气的装置需要靠近点火器。

烧结矿冷却后的平均温度对于冷却机卸料胶带能否正常工作至关重要，很多钢铁冶金企业发生过因烧结矿冷却不好而导致烧结运料皮带及通廊毁于火灾的案例，严重影响了设备作业率，所以，在冷却机设计时要求冷却后烧结矿的平均温度要低于 120 ℃。

主抽风系统的机头电除尘器应根据烟气和粉尘性质设置防爆和降温装置。机头电除尘器处理的烟气是来自烧结机大烟道的烧结含尘废气，由于烧结配料不同，烟气和粉尘的性质会有所不同。当机头电除尘器处理烧结配料中加入了可燃含铁杂料（如含油轧钢皮）或因烧结生产固体燃料以无烟煤为主而产生的烟气时，都有可能引起机头电除尘器的燃烧或爆炸。因此，为了保证机头电除尘器安全运行，要严格控制可燃物或气体进入机头电除尘器，同时机头电除尘器的外壳设计应设置防爆门（或防爆阀）。和主抽风系统的机头电除尘器一样，风流系统电除尘器也要根据烟气和粉尘性质设置防爆和降温装置。

当采用环冷机热废气作为煤粉制备的烘干介质时，宜在热风进入磨煤机前设置除尘装置。当由热风炉提供煤粉制备烘干介质时，热风炉需要设放散烟囱，并且宜采用耐火极限不低于 1.00 h 的不燃性墙体与磨煤机完全隔开。燃煤热风炉提供的热风含尘粒度大于 0.5 mm 时，需要设置降尘装置。

煤粉制备与输送系统的磨煤机出口管道、除尘器、煤粉仓应设置泄爆孔。除尘器的进口处必须设置快速截断阀。磨煤机进出口处必须设置温度监测装置，煤粉仓和除尘器必须设置温度、压力和一氧化碳浓度、氧浓度监控设施及报警装置。磨煤机出口处、煤粉仓及布袋除尘器中的煤粉温度要控制在较低数值，对于烟煤煤粉，温度不应高于 70 ℃；对于无烟煤煤粉，温度不应高于 80 ℃。除尘器、煤粉仓等设备应设置灭火装置，一般可采用氮气或二氧化碳灭火。

（五）炼铁工艺

炼铁工艺的重点防火对象主要有煤粉制备及喷吹系统、热风炉系统、高炉运输皮带、炉顶液压系统。

炼铁工艺磨煤机出口的煤粉温度应根据煤种确定，确保煤粉不结露，当煤的干燥无灰基挥发分小于 40% 时，磨煤机出口最高温度要小于 100 ℃；当挥发分大于或等于 40% 时，磨煤机出口最高温度不能超过 70 ℃。

制粉、喷吹设施应通风良好，采用敞开式钢结构且无人值守时，钢结构可不做防火保护。对封闭式的制粉、喷吹设施应防止粉尘积聚。

喷吹烟煤和混合煤时，制粉干燥介质应采用热风炉烟道废气或惰性气体，负压系统末端的设计氧含量不应大于 12%，保安气源宜采用氮气，并应有防止氮气泄漏的安全措施。制粉和喷吹系统的关键部位必须设置温度、压力和一氧化碳浓度、氧浓度监控设施，并应有安全防护措施。煤粉仓、仓式泵、贮煤罐和喷吹罐等容器的加压和流化介质，应采用惰性气体。

设计氧煤喷吹时，应保证风口处氧气压力比热风压力大 0.05 MPa。保安用的氮气压力不应小于 0.60 MPa，且应大于热风围管处热风压力 0.10 MPa。氧煤混喷管网设计时，必须设置氧氮置换管线。

高炉的重力除尘器应位于高炉铁口、渣口 10.0 m 以外，且不应正对铁口、渣口。渣罐车、铁水罐车及清灰车应单设运输专线，热罐车不得利用重力除尘器下方的作业线作为正常的停放线和走行线。

（六）炼钢工艺

炼钢工艺的重点防火对象主要有主厂房、主控楼、液压润滑站（库）、电缆夹层、电缆隧道、可燃气体的使用和储存场所。

铁水、钢水、液态炉渣、红热固体炉渣和铸坯等高温物质运输线上方的可燃介质管道和电线电缆，必须采取隔热防护措施。装有铁水、钢水、液态炉渣的容器，必须用铸造级桥式起重机吊运，并应防止该区域内的地面积水。在铁水、钢水、液态炉渣作业或运行区域内的地表及地下不应设置水管、氧气管道、燃气管道、燃油管道和电线电缆等，必须设置时应采取隔热防护措施。

转炉在兑铁水时易发生严重的喷溅事故，转炉主控室的观察窗和门不宜正对转炉炉口，无法避开时，观察窗应设置能移动的安全防护挡板。若主控室观察窗和门正对炉口，有造成人员伤亡和引发主控室火灾危险。

电炉在吹氧喷碳制造泡沫渣时，如控制不当，易从炉门跑渣，当电炉采用铁水热装工艺时，如前一炉氧化渣过多，兑铁水时也易从炉门喷渣，这些都可能引发主控室火灾事故。因此，电炉主控室的观察窗和门不得正对电炉炉门。

转炉、电炉、精炼炉与连铸的主控室前窗应采用双层钢化玻璃，电炉炉后出钢操作室的门不应正对出钢方向，窗户应采取防喷溅保护措施。

转炉氧枪和副枪以及炉外精炼装置顶枪的冷却水出水温度和进、出水流量差应有监测，并应设置事故报警信号。系统中应设置氧枪与转炉、副枪与转炉、顶枪与炉外精炼装置的事故连锁控制。氧枪的氧气阀站、由阀站到氧枪软管的氧气管线宜采用不锈钢管，若采用碳素钢管时，应在与软管连接前设置阻火铜管。

电炉的水冷炉壁和炉盖、炉外精炼装置的水冷钢包盖的冷却出水温度和进、出水流量差应有监测，并应设置事故报警信号及与电炉供电的连锁控制。

竖井式电弧炉的竖井停放位下方，不应布置氧气与燃料介质阀站、管线及电线电缆，必须布置时应采取可靠的防护措施。竖井式电弧炉在出钢时，竖井将开至停放位，会流下高温钢渣液滴，若其下方有可燃物质或地面有积水极易引发火灾。例如，某钢厂 150 t 竖炉位于竖井停放位下方的阀站就因此而发生过火灾。

转炉煤气回收系统应设置一氧化碳和氧气连续检测与自动控制装置，当煤气中的氧含量超过 2% 时，应能自动打开放散阀，并应能保证煤气经点火燃烧后排入大气。

钢包升降的循环真空脱气精炼装置应采取防止漏钢钢水浸入地下液压装置的措施。若钢水浸入地下液压装置，可能引发火灾。如 2005 年 4 月某钢铁集团第一炼钢厂的钢包车升降式真空循环脱气装置，因钢包漏钢钢水流入地下液压提升机构引发火灾，造成人员伤亡。

在厂内以无轨方式运输铁水与液渣时，宜设置专用道路。某钢厂曾发生渣罐运输车因在铁路道口前急停造成液渣外抛，引发司机室大火烧死司机的重大事故。

直接还原铁粉、镁粉、镁粒等具有自燃特性的材料贮仓，应设置氮气保护设施，增碳剂等易燃物料的粉料加工间必须设置防爆型粉尘收集装置。增碳剂等易燃物料的粉料加工间，必须做好粉尘收集净化工作，其目的在于防止因粉尘逸散酿成爆炸事故。

（七）轧制工艺

1. 热轧及热加工

热轧是将原料加热至足够高的温度然后进行轧制加工的工艺过程。热加工是将原料加热至足够高的温度进行非轧制的压力加工工艺过程，如锻造、挤压等。热轧及热加工的重点防火区主要有液压润滑系统、电缆夹层、电缆隧道、地下电气室、油质淬火间和轴承清洗间等可燃油质的使用场所、热轧机架等。

横跨轧机辊道的主操作室、经常受热坯烘烤的操作室和有氧化铁皮飞溅环境的操作室，均应设置不燃烧绝热设施。

可燃介质管道或电线电缆下方，严禁停留红钢坯等高温物体，当有高温物体经过时，必须采取隔热防护措施。这类管道及电缆下禁止温度高于 500 ℃ 的红钢停留，但在实际工程项目中，确有高温物体在可燃介质管道或电线电缆下方通过的情况，并且有时很难避免。为防止因红钢高温辐射等造成可燃介质管道破裂或电线电缆绝缘损坏而引发火灾，对可燃介质管道或电线电缆必须采取隔热防护措施。

高速线棒材轧机和飞剪机处应设置安全罩或挡板，靠近轧线的液压润滑软管和电缆必须具有金属防护层。设置安全罩或挡板的目的，在于防止热轧件及热切头窜出设备而引起地面和平台表面上的可燃介质管道及电缆线发生火灾。

轧线上的电热设备应有保证机电设备安全操作的闭锁装置。水冷却电热设备的排水管，应有高水温报警和断水时能自动断电的安全装置。

加热系统的加热设备应设置可靠的隔热层。加热炉应设置各安全回路的仪表装置和工艺安全报警系统。安全回路的仪表装置包括加热炉启停连锁装置、风机启停连锁装置、总管煤气切断阀、自动温控系统等。报警主要包括超温报警、断热电偶报警、热电偶温差超限报警。

2. 冷轧及冷加工

冷轧是在常温下对原料进行轧制加工的工艺过程。其主要设备有冷轧带钢轧机、冷轧钢筋轧机、冷轧钢管轧机。冷加工是在常温下对原料进行非轧制加工的工艺过程，如冷拔、冷弯（焊管）、冷挤压。冷轧的后续加工如涂镀工序也归入冷加工工艺中。冷轧及冷加工的重点防火区域主要有液压润滑系统、电缆夹层、电缆隧道、电气地下室、镀层与涂层的溶剂室或配制室以及涂层黏合剂配制间、保护气体站、油质淬火间和轴承清洗间等可燃油质的使用场所和轧机区。

涂料库、涂层室、涂料预混间等封闭房间，以及有可燃性有机溶剂挥发的场所应设置防爆型机械通风装置。退火炉地坑应设可燃气体浓度监测报警装置。可燃气体的监测装置应根据可燃气体的种类进行选择。涂胶机及其辅助设备应设消除静电积聚的装置。

冷轧钢带热处理所用保护气为纯氢气或含氢气体，属易燃易爆气体，保护气体站应为独立建筑，并设有围墙保护。

（八）其他工艺及设备防火

1. 金属加工与检验化验

金属加工和检验化验工艺系统重点防火区域主要有高炉、冲天炉、感应电炉等热作业场所，以及可燃气体与燃油的使用和储存场所，大型工件淬火油槽、地下循环油冷却库，木模间、聚苯乙烯造型间、石墨加工间、石墨电极加工间、化验室、可燃气体化验分析室、电缆隧道、电缆夹层等。

铸造车间在铁水、钢水等熔液浇注时，易发生高温熔液喷溅事故，感应电炉熔炼时易发生炉体烧穿造成设备损坏事故，在易发生泄漏的工位或场所应有容纳漏淌熔液的设施以及保护感应电源的应急措施。

大型工件的淬火油槽深达十几米，已有数起淬火过程中因起重机故障，工件不能快速进入油槽，导致火势顺工件燃烧至驾驶室的事故。淬火系统起重机驾驶室不能设在油槽（箱）上方。可燃介质淬火油槽的地下循环油冷却库油管路应设置紧急切断阀。

喷漆间、树脂间、油料和溶剂间、木模间、聚苯乙烯造型间、石墨型加工间、石墨电极加工间应设置通风及除尘装置。另外，这类场所均是易燃易爆区域，其电气设备需要采用防爆电气设备和照明设备。

理化分析中心、燃气化验室、可燃气体分析室内采用管道输送可燃气体时，为防止发生火灾，应设置紧急切断阀并设置火灾自动报警装置。可燃气体化验室内的插座、照明灯具、电源开关、电缆敷设和机械排风系统均需要按防爆要求进行设计。

2. 液压润滑系统

液压系统一般工作压力较高，供油系统管道破裂或其他原因泄漏，易造成高压喷射油雾，油雾的闪点较低，易于燃烧，因此需要液压系统有完善的安全、减压和闭锁措施。一般情况下，液压站、阀台、蓄能器和液压管路应设置安全阀、减压阀和截止阀，蓄能器与油路之间要设置紧急开闭装置。

液压站、润滑油站（库）和电缆隧道、电气地下室都是钢铁冶金企业的重点防火区域，火灾危险性较大，而油库区域易产生油气，因此两类场所不宜连通。但在钢铁冶金工业中，有时确实有将液压站、润滑油站（库）与电缆隧道、电气地下室连通的需要，在实际工程中液压站、润滑油站（库）与电缆隧道、电气地下室相互连通的例子也不少，确实需要连通时必须在连接部位设置防火墙及甲级防火门。

为满足工艺要求，液压润滑油库距离其所属设备或机组的距离不应太远。一般情况下，丙类液压油、润滑油的站（库），可设置在其所属设备或机组附近的地下室内。我国钢铁冶金企业自 20 世纪 60 年代以来引进的轧机，均设有地下润滑油库和液压油库，运行至今未发生过重大事故。

丙类桶装油品库应采用耐火等级不低于二级的单层建筑，净空高度不得小于 3.5 m，与库区围墙的间距不得小于 5.0 m。丙类桶装油品与甲、乙类桶装油品储存在同一个仓库内时，应采用防火墙隔开。

丙类桶装油品库建筑面积大于或等于 100 m² 的防火隔间，疏散门的数量不应少于 2 个，面积小于 100 m² 的防火隔间可设置 1 个疏散门，门的净宽度不应小于 2.0 m，并应设置高出室内地坪 150 mm 的斜坡式门槛，门槛应采用不燃烧材料。

3. 助燃气体和燃气、燃油设施

为减少可能的泄漏煤气聚集，确保厂房通风换气条件，煤气加压站应在地面上建造，站房下方禁止设置地下室或半地下室。

氧气化验室和使用氧气的在线仪表控制室应设置氧浓度检测装置，并应具备当氧含量体积组分大于或等于 23% 时进行富氧报警的功能。因富氧发生燃烧造成人员伤亡事故有多次报道，如 2002 年西北某企业的氧气站控制室，因未设置氧浓度报警，在氧气导压管泄漏后，值班人员没有及时发现，氧气不断富集，直至控制室的电器盘首先冒烟着火，紧接着可燃物全部着火，当场烧死值班人员 3 名。

制氢设施、发生炉煤气设施、煤气净化冷却设施的露天设备之间的间距及与其所属厂房的间距，可根据保证工艺流程畅通、靠近布置的原则确定。露天设备间的距离不宜小于 2.0 m，露天设备与其所属厂房的距离不宜小于 3.0 m。制氢设施、发生炉煤气系统、煤气净化冷却设施的露天设备包括工艺水冷却塔、制氢的变压吸附器、洗涤塔、除尘器、电扑焦油器、煤气脱硫塔、中间罐、反应槽、脱液器、压缩机等设备。这些设备是钢铁企业公辅设施系统的中间环节，与公辅系统流程的上、下游设备有紧密联系，其安全主要靠工艺流程的各种检测仪表、连锁功能、设备的自身安全设置、管理制度来保证。其间距和与所属厂房的间距不能简单地按照甲、乙类气体容器的防火间距作为一种防火安全措施。间距是根据工艺流程畅通、靠近布置来确定，且不影响检查、操作、维修的要求。

高炉煤气调压放散、焦炉煤气调压放散、转炉和封闭铁合金电炉煤气回收切换放散应设置燃烧放散装置及防回火设施，在燃烧放散器 30.0 m 以内不应有可燃气体的放空设施，煤气燃烧放散管管口高度应高于周围建筑物，且不应低于 50.0 m，放散时要有火焰监测装置和蒸汽或氮气灭火设施。

散发比空气重的可燃气体的制气、供气、调压阀间，应在房间底部设置可燃气体泄漏报警装置；散发比空气轻的可燃气体的制气、供气、调压阀间，应在房间上部设置可燃气体泄漏报警装置，房间应设置机械排风系统。

燃油库和液化石油气罐围堤内的地面排水，燃油泵房和液化石油气管沟的排水应设置水封井等密封隔断设施。设置水封井等隔断设施，主要是为了防止比空气重的可燃气体、可燃液体随污水管沟流向系统外，造成意外事故。

燃气电除尘装置应设置氧含量报警装置和煤气爆炸泄压装置。燃气加压机入口应设置低压报警装置和与低压报警联动的燃气切断装置。煤气干法布袋除尘喷吹介质、输灰气源应采用氮气、净煤气等气体，严禁使用压缩空气。

当燃烧装置采用强制送风的烧嘴时，需要在空气管道上设置泄爆阀。使用氢气的热处理炉应设置氧气分析仪以及显示和报警装置、氢气供应自动切断装置、氮气吹扫放散装置。使用燃气的炉、窑点火器宜设置火焰监测装置。炼钢连铸工序用于切割的氧气、乙炔、煤气或液化石油气的管道上宜设置紧急切断阀。

车间供油站设置在厂房内时，要布置在靠厂房外墙的位置，并且要和厂房其他部分采取严格的防火分隔，一般需要采用耐火极限不低于 3.00 h 的不燃性墙体和耐火极限不低于 1.50 h 的不燃性屋顶进行分隔。同时，为降低火灾风险，车间供油站的存油量也不能过多，对于甲、乙类油品，存油量不应大于车间一昼夜的需用量，且不宜大于 2 m³；对于闪点不低于 60 ℃的柴油，存油量不宜大于 10 m³，重油的存油量不应大于 30 m³。储存甲、乙类油品的车间供油站应为不低于二级耐火等级的单层建筑，并应设有直通室外的出口和防止油品流散的设施。

4. 电缆和电缆敷设

钢铁冶金企业内电缆敷设方式种类繁多，如直埋，明敷、暗敷（墙内、埋地），电缆沟内敷设，电缆隧道内敷设，沿电缆桥架敷设，架空敷设，在电缆夹层、电缆室内敷设等。电缆火灾在钢铁冶金企业占比较高，其敷设要注意满足相关的防火要求。

钢铁冶金企业内的主电缆隧道一般在数百米以上，隧道内电缆较多，电缆运行中会产生热量，检查、维护人员也经常出入，特别在事故状态时，可能会有较多人员进入处理事故。主电缆隧道内的空间要能满足人员进入检查、检修、维护和事故状态下施救的要求。对于两边有支架的电缆隧道，支架间的水平净距（通道宽）不宜小于 1.0 m，一边有支架的电缆隧道，支架端头与墙壁的水平净距（通道宽）不宜小于 0.9 m，隧道高度不宜小于 2.0 m。

电缆夹层、电缆隧道应保持通风良好，宜采取自然通风。当有较多电缆缆芯工作温度持续达到 70 ℃以上或其他因素导致环境温度显著升高时，需要设机械通风。为保证通风效果，对于长距离的隧道，宜分区段设置相互独立的通风。机械通风装置应在火灾发生时可靠地自动关闭。地面以上大型电缆夹层的外墙上宜设置通风装置。

可燃气体管道、可燃液体管道严禁穿越和敷设于电缆隧道或电缆沟。密集敷设电缆的电气地下室、电缆夹层等，不应布置油、气管道或其他可能引起火灾的管道和设备，也不宜布置热力管道。

对有重要负荷的 10 kV 及以上变（配）电所，两回及以上的主电源回路电缆，应分别设在电缆隧道两侧的电缆桥架上。工业企业中控制直流电源、消防电源等的两路电源供电重要回路，对于工艺系统的自动控制，消防系统的正常可靠运行至关重要，分设在两侧的电缆桥架上有利于至少保证一路供电能够在火灾状态下继续工作。

电缆明敷且无自动灭火设施保护时，电缆中间接头两侧 2.0 ~ 3.0 m 长的区段及沿该电缆并行敷设的其他电缆同一长度范围内，应采取防火涂料或防火包带等防火措施。

高温车间的特殊区域或部位，其电气管线的敷设应避开出铁口、出渣口和热风管等高温部位。穿越或临近高温辐射区的电缆应选用耐高温电缆并采取隔热措施，必要时需要采取防喷铁水、铁渣的措施。

炼铁车间的高炉本体、出铁场、热风炉的地下，炼钢车间的浇铸区地下，铁水罐车和渣罐车的走行线下方，焦化车间的焦炉炉顶栏杆等高温场所，耐火材料车间内的隧道窑之间、窑顶上方等场所或部位不宜敷设电缆。当必须敷设时，一是要选用耐高温电缆，二是要采取有效的隔热防护。

五、消防设施配置

（一）消防供配电

钢铁冶金企业中建筑高度大于 50 m 的乙、丙类厂房和丙类仓库，应按一级负荷供电。室外消防用水量大于 30 L/s 的厂房（仓库），室外消防用水量大于 35 L/s 的可燃材料堆场、可燃气体储罐（区）和甲、乙类液体储罐（区）应按二级负荷供电。除上述场所外的建筑物、储罐（区）和堆场等的消防用电，可按三级负荷供电。

消防控制室、消防水泵房、消防电梯、防烟风机、排烟风机等消防用电设备的供电，应在最末一级配电装置处实现自动切换，其供电线路应采用耐火电缆或经耐火保护的阻燃电缆。

（二）火灾自动报警系统

根据钢铁冶金企业的生产特点及火灾危险性，国家标准《钢铁冶金企业设计防火标准》（GB 50414—2018）规定了该类企业内应设置火灾报警系统的场所，主要包括几个方面：一是控制、电信之类的房间，如主控楼（室）、主电室、通信中心（含交换机室、总配线室等）、计算（信息）中心等；二是特殊贵重或火灾危险性大的机器、仪表、仪器设备室，实验室，贵重物品库房，重要科研楼的资料室；三是重要的电气设备室，如单台设备油量 100 kg 及以上或开关柜的数量大于 15 台的配电室，有可燃介质的电容器室，单台容量在 8 MV·A 及以上的油浸变压器（室）、油浸电抗器室；四是存在可燃液体泄漏的房间，如地下液压站、地下润滑油站（库）、油质淬火间、地下循环油冷却库、燃油泵房、桶装油库、油箱间、油加热器间、油泵房（间）等；另外，还有火灾危险性大的装置区、车间及仓库，如苯精制装置区、焦油加工装置区、不锈钢冷轧机区、成品喷涂间、酚醛树脂仓库、铝粉（镁铝合金粉）仓库、硅粉仓库等物品储存仓库。

另外，可能散发可燃气体、可燃蒸气的煤气净化系统的鼓冷、脱硫、粗苯、油库、苯精制、焦炉地下室、煤气烧嘴操作平台等工艺装置区和储运区等，在其爆炸危险环境 2 区内以及附加 2 区内，应设置可燃气体探测报警系统。

钢铁冶金企业的工艺厂区不超过两个时，其消防控制室可与主控制室、主操作室或调度室合用。否则，需要设置企业消防安全监控中心，该中心要具有消防安全系统实时监视、消防安全信息管理、火警受理与网络通信功能。

（三）消防给水和消火栓系统

钢铁冶金企业消防用水应统一规划，水源要有可靠保证。钢铁冶金企业厂区消防给水可与生活、生产给水管道系统合并。合并的给水管道系统，当生活、生产用水达到最大小时用水量时，应仍能保证全部消防用水量。

钢铁冶金企业的设计占地面积大于或等于 100 hm^2 时，要按同一时间不少于 2 次火灾计算消防用水量；设计占地面积小于 100 hm^2 时，可按同一时间 1 次火灾计算消防用水量。

钢铁冶金企业需要设置室内消火栓系统的场所主要有储存甲、乙类物品的建（构）筑物，储存丙类物品且建筑占地面积大于 300 m^2 的建（构）筑物，焦化厂的煤和焦炭的粉碎机室、破碎机室、出焦台的第 1 个焦转站，运输或处理煤调湿后的煤或干熄后焦炭的建筑物，矿山的井下主运输通道等。

钢铁冶金企业内存在一些遇水燃烧物质，如储存锌粉、碳化钙、低亚硫酸钠等，对于这类物品的仓库不能设置室内外消防给水系统。

甲类气体压缩机、介质温度超过自燃点的热油泵及热油换热设备、长度小于 30.0 m 的油泵房附近宜设箱式消火栓，其保护半径不宜大于 30.0 m。

封闭式煤粉喷吹装置的框架平台高于 15.0 m 时，需要沿梯子敷设半固定式消防给水竖管，并应按各层需要设置带阀门的管牙接口。平台面积不同，对给水竖管的管径要求宜不同，当平台面积不大于 50 m^2 时，管径不宜小于 80 mm；当平台面积大于 50 m^2 时，管径不宜小于 100 mm。另外，若框架平台长度超过了 25.0 m，还需要在另一侧梯子处增设消防给水竖管，并且要保证各消防给水竖管的间距不大于 50.0 m。

（四）自动灭火系统

钢铁冶金企业自动灭火系统的防护范围主要集中在变（配）电系统，电缆隧（廊）道、电缆夹层、电气地下室等电缆类火灾危险场所，液压站和润滑油库等可燃液体火灾危险场所，以及彩涂车间的涂料库、涂层室、涂料预混间等。国家标准《钢铁冶金企业设计防火标准》（GB 50414—2018）根据各个场所的可燃物分布情况及火灾危险性，详细规定了各个场所需要设置的自动灭火系统。考虑到钢铁冶金企业的特点，较多推荐采用细水雾灭火系统和水喷雾灭火系统。如对于电缆类火灾，主要推荐采用细水雾灭火系统和水喷雾灭火系统，采用可燃油品的液压站、润滑油站（库）、轧制油系统、集中供油系统、液压站和润滑油库、储油间等推荐采用细水雾、水喷雾、气体灭火系统等。具体设置本书不再详述。图5-20和图5-21分别为钢厂电气地下室和液压站设置的细水雾灭火系统照片。

图5-20　电气地下室电缆桥架细水雾灭火系统　　图5-21　地下液压站细水雾灭火系统

（五）消防站

根据相关法律法规规定，火灾危险性大的大型企业需要建立专职消防队以应对本企业火灾。对于钢铁冶金企业来说，当年产量大于1000万t时，需要设置消防站，建立专职消防队。消防站消防车的类型和数量应当与企业的火灾危险性相适应，满足扑救控制初起火灾的需要。

习题

1. 钢铁冶金工艺主要包含哪些工序？并简述高炉炼铁的工艺流程。
2. 钢铁冶金企业易发生火灾的危险部位有哪些？
3. 简述炼钢过程的火灾危险性。
4. 简述炼铁工艺的主要防火要求。

第六章 粮油加工、纺织生产等
企业防火

粮油加工、纺织生产等是城乡居民生活消费资料的主要来源，与人民日常生活息息相关，是我国工业生产的重要组成部分。我国粮油加工、纺织生产等大多属于劳动密集型产业，生产场所人员密集、可燃物多，"三合一"场所集中，在生产、储运过程中事故频发，人员伤亡及财产损失严重，为防范风险，加强粮油加工、纺织生产等企业及储运环节的消防安全管理显得尤为重要。

第一节 小麦加工企业防火

我国是历史悠久的农业大国，至今已经发展形成了完整的粮食加工产业链。我国的粮食加工主要包括：稻谷碾米，小麦制粉，玉米及杂粮的加工，植物蛋白质产品的生产和淀粉加工，以米面为主要原料的食品加工及副产品的综合利用。典型粮食加工生产企业包含立筒仓、粮食升运管道、生产车间和成品仓库等场所，由于粮食本身易燃烧，同时工业生产加工量大，机械化、自动化程度高，在加工过程中易发生粉尘爆炸，且着火后火势易沿粮食升运管道和通风管道迅速蔓延，扑救十分困难。本节以小麦制粉为例，介绍其加工工艺流程、生产中的火灾危险性及防火措施。

一、小麦加工的工艺流程

小麦制粉主要是小麦麦粒经清理和水分调节后将胚乳与麦胚、麦皮分开，再将胚乳磨细成粉并进行配制或处理，调配成各种专用粉。其生产过程一般分为清理、制粉与配粉三个阶段。现代化的制粉工艺流程复杂多样，选择合理的制粉流程是影响制粉工艺的关键因素。常见的制粉工艺流程如图6-1所示。

（一）清理

面粉厂接收的小麦籽粒，由于收获和储运过程中混入了各种杂质，必须先加清除，才能制粉。清理的目的是除去小麦中的杂质，提高产品纯度。小麦的清理一般使用筛选、风选、去石、精选、磁选、打麦、碾麦等方法去除小麦中的杂质，然后对小麦进行水分调节，使之具备良好的制粉性质。其工艺流程如图6-2所示。

（二）制粉

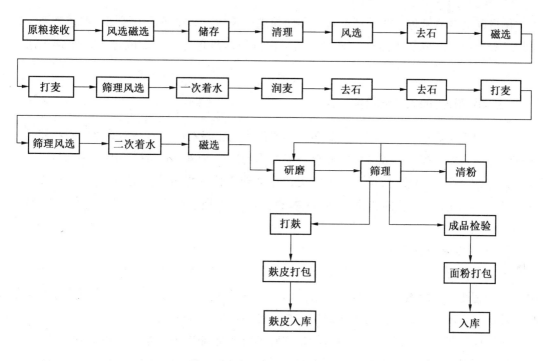

图 6-1　制粉工艺流程

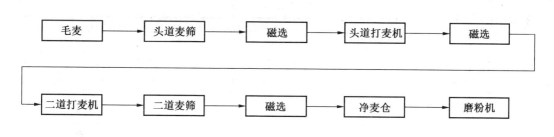

图 6-2　小麦制粉清理工段工艺流程

制粉过程包括磨粉和筛理两道工序。现代面粉厂一般为 5~6 层高的建筑物，内设磨粉机、平筛和清粉机，以及升运、平运和自流管等输送设备。整个系统包括皮磨、渣磨、心磨和相应的分级、清粉等子系统，形成连续的生产过程。将经过清理的小麦送入磨粉机将小麦研磨成粉，并通过各级设备把物料按颗粒大小进行分级。制粉环节主要应用辊式磨粉机，它是一对以不同速度相向旋转的圆柱形磨辊，物料会通过两辊之间，依靠磨辊的相对运动和磨齿的挤压、剪切作用而被碾磨成粉。

（三）配粉

配粉是通过一定的处理使面粉完全达到成品面粉质量要求的工艺过程。由于硬质小麦和软质小麦的食用和加工性能不同，厂家现多将二者分别加工成面粉，然后根据用户需要按比例搭配混合后销售。此外还可对各种面粉进行处理,如在面粉中添加一些矿物质,以增加营养价值,制成强化面粉;添加食品增白剂以改进色泽;添加改进剂以改善烘焙性质等。

二、小麦加工的火灾危险性

小麦制粉企业从原料进厂到成品出厂主要流程为:谷物进厂→谷物储存→谷物转运→谷物清理→制粉→配粉→成品面粉储存→成品面粉出厂→副产品储存→副产品出厂。小麦制粉大部分生产工艺的火灾危险性为丙类,在磨粉工段易形成爆炸性粉尘云,属乙类生产。其中存在的火灾危险性除了物料本身,主要体现在储存、清理、运输、制粉等环节。

(一) 物料的火灾危险性

小麦制粉过程中会存在大量的谷物、面粉及制粉加工副产品等物质,这些物质大部分由糖类、脂肪、纤维素组成,极其容易被引燃。并且在储存过程中,堆垛类易由于自然发酵引发发酵自燃,存在粮食粉尘的部位往往还会引起粉尘爆炸。

在粮食加工、储运过程中,粮食粉尘爆炸是导致企业损失的最主要的原因。面粉厂、淀粉厂、饲料厂、糖厂等生产厂房都曾发生过粉尘爆炸。粮食粉尘的爆炸特性见表6-1。

表6-1 粮食粉尘爆炸特性

物质名称	最低着火温度/℃	最低爆炸浓度/$(g \cdot m^{-3})$	最大爆炸压力/$(kg \cdot cm^{-3})$
谷物粉尘	430	55	6.68
面粉粉尘	380	50	6.68
小麦粉尘	380	70	7.38
大豆粉尘	520	35	7.03
咖啡粉尘	360	85	2.66
麦芽粉尘	400	55	6.75
米粉尘	440	45	6.68

(二) 储存的火灾危险性

小麦加工过程需要用到大量的粮食,加工企业通常包含立筒仓、粮食升运管道和成品仓库等。其中粮食筒仓是常见的储存场所。

粮食筒仓一般由筒仓工作塔、筒仓群和收发、计量、运输系统三部分组成。在筒仓工作塔内设有提升、计量、吸尘等设备,在运行时会释放大量的粮食粉尘。为防止粉尘逸出,机体一般采用密闭型,所以机体内存在大量的悬浮粮食粉尘与空气的混合物,当储满粮食后,爆炸的危险性降低;但当筒仓内粮食卸空或处于未储满状态时,筒内具备可燃粉尘悬浮与空气混合的条件,而粮食筒仓在装卸、提升过程中,机械设备的摩擦、撞击,电气设备选型不当或电气故障、短路、过热，维修焊接动火不慎以及雷击等，都可能成为粮食粉尘爆炸的点火源。

（三）清理过程的火灾危险性

在对麦粒进行原料清理过程中，筛选、打磨等步骤易产生谷物粉尘，当空气中粉尘浓度过高时，遇到点火源便会引发粉尘爆炸。此外，小麦中的石块、金属块等坚硬杂质，一旦与机械设备的内表面发生撞击和摩擦，容易产生火花引起火灾爆炸事故；一些韧性杂质如草秆、麻绳、布屑等易缠绕在机器上，使机器堵塞，导致负载增大，从而烧坏电机，引起火灾。

（四）制粉过程的火灾危险性

面粉厂的碾磨部位属于乙类生产，具有较大的粉尘爆炸风险。在制粉过程中，一旦设备发生泄漏，面粉易飞扬悬浮在空气中，形成爆炸性粉尘云。而皮带传动时的摩擦或物料在输送管道内摩擦易产生静电火花，钢磨辊本身摩擦或磨辊与进入磨粉机内的坚硬杂质摩擦也容易产生火花，一旦遇面粉粉尘极易引发粉尘爆炸事故。

（五）配粉过程的火灾危险性

面粉在输送和混合过程均会产生爆炸性粉尘云，如遇到静电火花等点火源，容易引起粉尘爆炸。

（六）输送过程的火灾危险性

小麦制粉的物料输送主要采用带式输送、斗式提升、气流输送等方式。带式输送和斗式输送在输送过程中，易因皮带摩擦产生高热，引发火灾事故；气流输送时若流速过快，物料与气流之间产生静电火花，也容易引发爆炸。

三、小麦加工的防火要求

在粮食加工、储运过程中，粮食粉尘爆炸是导致企业损失的最主要的原因，尤以制粉企业最为典型，因此在制粉企业安全管理中应当加强管理，注意采取防爆抑爆措施。

（一）总平面布局和平面布置

（1）制粉企业的厂址选择必须同当地的城镇规划结合起来，并结合地形、地质、气象等条件布置厂区建筑物及相关设施。同时应符合安全和卫生要求，尽量避开或远离易燃、易爆、有毒气体和有其他污染源的工厂企业。在靠近居民区时，应布置在居民区全年最小频率风向的上风侧。

（2）制粉企业的面粉碾磨车间其生产类别为乙类生产，厂房耐火等级不应低于二级；清理车间和昔碾车间为丙类生产。各主要生产车间厂房的防火间距，不应小于 12 m，一般为 15~20 m，乙类生产厂房与民用建筑之间的防火间距不应小于 25 m，距重要的公共建筑不宜小于 50 m。

（3）粮食筒仓与其他建筑之间以及粮食筒仓组与组之间的防火间距，不应小于表 6 - 2 的要求。

表6-2 粮食筒仓与其他建筑、粮食筒仓组之间的防火间距　　　　　　m

名称	粮食总储量 W	粮食立筒仓 W			粮食浅圆仓 W		其他建筑		
		W≤40000 t	40000 t<W≤50000 t	W>50000 t	W≤50000 t	W>50000 t	一、二级	三级	四级
粮食立筒仓 W	500 t<W≤10000 t	15	20	25	20	25	10	15	20
	10000 t<W≤40000 t						15	20	25
	40000 t<W≤50000 t	20					20	25	30
	W>50000 t	25					25	30	—
粮食浅圆仓 W	W≤50000 t	20	20	25	20	25	20	25	—
	W>50000 t	25					25	30	

注：当粮食立筒仓、粮食浅圆仓与工作塔、接收塔、发放站为一个完整工艺单元的组群时，组内各建筑之间的防火间距不受本表限制。粮食浅圆仓组内每个独立仓的储量不应大于10000 t。

（4）露天、半露天可燃材料堆场与建筑物的防火间距不应小于表6-3的规定。

表6-3 露天、半露天可燃材料堆场与建筑物的防火间距　　　　　　m

名　　称	一个堆场的总储量	建　筑　物		
		一、二级	三级	四级
粮食席穴囤 W	10 t≤W<5000 t	15	20	25
	5000 t≤W<20000 t	20	25	30
粮食土圆仓 W	500 t≤W<10000 t	10	15	20
	10000 t≤W<20000 t	15	20	25

（5）在立筒仓、加工厂主车间四周10 m范围内，不宜布置含有20区、21区、22区的建筑物，含有20区、21区、22区的厂房（仓库）四周应设置宽度不小于4 m的消防通道。粮食加工、储运粉尘爆炸危险场所分区见表6-4。

（二）建筑防火防爆设计

（1）有粉尘爆炸危险的生产厂房、粮食筒仓，其顶部盖板应设置必要的泄压设施，泄压面积应符合《建筑设计防火规范（2018年版）》（GB 50016—2014）的要求。有粉尘爆炸危险的其他粮食加工、储存部位应采取防爆措施。

（2）控制室、配电室应单独设置，且不宜设置在粮食粉尘爆炸危险场所上方。

（3）粮食仓库的耐火等级，筒仓不应低于二级，平房仓不应低于三级。

表6-4　粮食加工、储运粉尘爆炸危险场所分区

区域划分	粉尘环境
20 区	大米厂砻谷间、米糠间，立筒仓
21 区	粉碎间、碾磨间，打包间、清理间，配粉间，饲料加工车间，油厂原料库，立筒仓工作塔及筒上层、筒下层，敞开式输送廊道（距粉尘释放源 1 m 以内），地下输粮廊道，地上封闭式输粮廊道，散装粮储存用房式仓
22 区	敞开式输送廊道，立筒仓工作塔滴管层
非危险区域	包装粮储存用房式仓，成品库

（三）工艺设备防火

（1）筛选麦粒时，应保证麦流不断，以防筛面受力不均或过载，使电机烧毁。

（2）应检查除尘器吸尘效果，调好风门，降低设备和车间内的粉尘浓度，以防发生粉尘爆炸事故。

（3）必须经常检查运转设备轴承和惯性传动机构的温度，如发现超温，应立即检修。平时应保证轴承有足够的润滑油，并应经常清扫，清除积尘和油垢，以防摩擦过热而起火。

（4）升运机不得有裂缝，观察门窗应盖紧、不漏，以防灰尘外扬。

（5）磨粉机的供料流量要均匀正常，防止机器空转。防止磨辊自身摩擦。应保持其油路、气路畅通，以防止摩擦起火。磨粉机的布筒、集尘器四周应设置铁板等非燃烧材料隔离，以防起火时迅速蔓延。风运提升管应有良好的接地，防止静电积聚。

（6）转轮和皮带盘等金属部件必须有良好的接地，防止因传动皮带摩擦产生静电火花。

（7）磨粉车间内要设置报警信号，当遇到火灾时，能够立即关闭送料闸门防止火势蔓延。

（四）粉尘控制

（1）应设置符合作业要求的高效、安全、可靠的通风除尘系统及粉尘控制措施，减少粉尘积聚。

（2）要经常打扫机器、照明灯具上的粉尘，以免积尘被烤焦而引起火灾。积尘清扫作业应作为制粉企业安全生产的重要内容，清扫时应避免产生二次扬尘。

（3）通风管道应设阻火阀，一旦起火，应能够立即停止通风，迅速关闭阻火闸，以阻止火势蔓延。

（4）严禁一切火种源进入通风系统。检修过程中需要动火时，应将风管拆下施工，风管附近不得有高温物体烘烤。

（5）通风系统必须有良好的接地。

（6）处置小麦加工车间火灾时，可采用雾状水灭火，减少粉尘飞扬，防止发生二次

爆炸。

（五）作业安全

在 20 区、21 区、22 区内进行明火作业时应遵守以下规定：

（1）操作程序、实施方案和安全措施须经企业安全生产管理部门批准。

（2）应在所有生产线关闭 4 h 以后进行，并关闭所有闸阀门。

（3）对作业点四周 10 m 范围内进行喷水，清除地面、设备及管道周围墙体等处的积尘，保证无粉尘悬浮。对设备进行焊割作业时，应在动工前清理机内积尘并启动除尘系统不少于 10 min。

（4）作业时，应严格按规程操作，采取措施防止火花飞溅及工件过热。

（5）作业完毕，对作业点监测不小于 1 h。

四、粮食仓库防火要求

粮食仓库是用来储存粮食作物和油料作物的场所，也是粮食加工企业中火灾危险性比较大的部位。粮食在储存过程中，应遵循以下要求。

（一）正确选择库址，合理布置库区

（1）粮食仓库宜选在靠近城镇的边缘，且位于该地常年主导风向的上风或侧风向。不宜靠近易燃、易爆仓库和工厂附近。粮库应用围墙同其他区域隔开，围墙上设有一个以上出口。

（2）粮食仓库应根据使用性质的不同而将储粮区、化学药品储存区及办公生活区等分区设置，各区之间应按照相关规范设置防火间距、消防车道。

（3）库区内不可到处乱放易燃、可燃材料，库房外堆场内不留杂草、垃圾。

（4）库房上空不得架设电线，不得在库区内设置变压器。库区内应设置良好的防雷击设施。

（5）粮食仓库应单独建造，麻袋、木材、油布等应分类、分堆储存。库房与库房之间宜保持 10～14 m 的间距。

（6）露天、半露天堆场与建筑物之间应符合相关规范规定的防火间距。

（二）火源管理

（1）随时监测粮仓的温度、湿度，防止发生自燃。

（2）库区内不得动用明火和采用碘钨灯、日光灯，严禁一切火种。

（3）烘干粮食时，操作人员要严格按照烘干机的操作规程操作，发现异常现象要及时检修。

（4）库内应设消防水池，保证消防用水量，并配备合适的消防器材。

（三）消防设施

（1）散装粮食平房仓内不应设消防给水设施，其他粮食平房仓内不宜设消防给水设施，仓外应设室外消防给水设施。

（2）平房仓的消防用水量，应以仓库最大一个防火分区的室外消火栓用水量来确定。

（3）平房仓的灭火器配置应符合现行国家标准《建筑灭火器配置设计规范》（GB 50140—2005）。当灭火器放置仓内有可能被粮食覆盖而无法使用时，灭火器可放置于仓外门口处。

（4）散装平房仓可不设防排烟设施。

（5）粮食钢板筒仓仓内、仓上栈桥、仓下地道内不宜设消防灭火设施。

（6）封闭工作塔各层应设室内消火栓，消防给水宜采用临时高压给水系统，室内消防用水量可按 10 L/s 计算。

（7）粮食钢板筒仓工作塔各层、筒下层应按现行国家标准《建筑灭火器配置设计规范》（GB 50140—2005）的有关规定配置灭火器。

（8）寒冷地区的室内消防给水系统可采用干式系统，系统最高点应设自动排气装置，并应有快速启动消防设备的措施。

第二节　食用油加工企业防火

食用油加工主要是指食用植物油的加工。我国食用植物油的加工历史最早可以追溯到北魏时期。现代植物油脂的加工方法主要有压榨法、水代法和浸出法三种，本节主要以浸出法为例介绍食用油加工的工艺流程，如图 6-3 所示。

一、食用油加工的工艺流程

浸出法制油是利用油脂和有机溶剂相互溶解的性质，将油料破碎压成胚片或者膨化后，通过浸泡或喷淋将油料中的油脂萃取溶解出来，再通过加热汽提的方法，脱除油脂中溶剂，得到的毛油经过进一步的精炼处理，成为最终的食用油。基本工艺流程可概括为：油料→预处理、预榨→料胚→浸出→毛油→精炼→成品油。

其中预处理工艺流程如图 6-4 所示。

油料经过预处理后先进入预榨车间，通过榨油机先榨出一部分油脂，这一步适用于含油率高的油料加工，如油菜籽、葵花籽等。

经过预榨后的油料进入油脂浸出车间的浸出器，与溶剂混合，萃取得到油脂。

浸出毛油最后经过脱色、除臭等步骤精炼成为成品食用油。

二、食用油加工的火灾危险性

（一）物料的火灾危险性

浸出法制油采用的原料包括：富含油脂的植物种子和萃取溶剂。经常采用的植物种子有黄豆、葵花籽、菜籽、棉籽、花生等，火灾危险性多属于丙类，其共同特点是种子内部富含大量油脂，在储存过程中具有自燃特性。萃取溶剂一般为石油醚或 6 号抽提溶剂油，

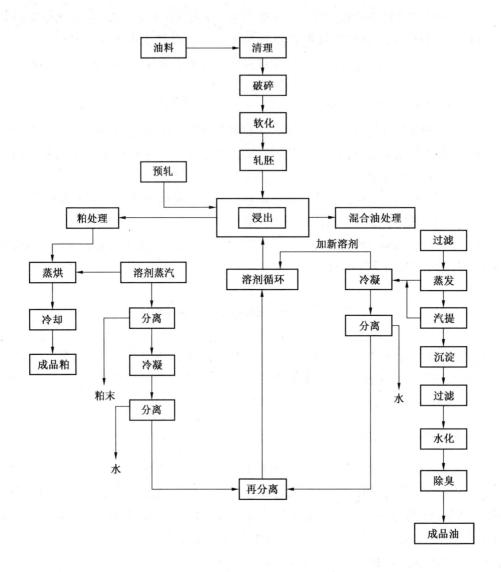

图 6-3 浸出法工艺流程

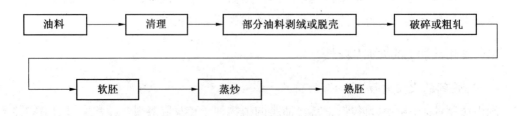

图 6-4 油料预处理工艺流程

6 号抽提溶剂油的主要成分为正己烷（C_6H_{14}）和环己烷（C_6H_{12}），火灾危险性均为甲类。

（二）预处理工段的火灾危险性

在预处理工段，主要是对油料进行清理、风选、筛选、磁选，达到清除杂物的目的；再经过蒸煮和碾压破坏种子的细胞结构，使得料胚与溶剂油的接触面积加大，为种子预榨出油工段和浸出工段创造有利条件。预处理车间内部的提升机、绞龙经常产生大量粉尘，容易形成爆炸性混合物；剥壳设备摩擦产生高温；碾压后的油料饼易因高温发生自燃。此外，浸出工段溶剂油蒸气还可能倒流至预处理工段，导致火灾。因此，预处理工段存在较大的火灾危险性。

（三）浸出工段的火灾危险性

浸出工段需要将料胚中的油脂溶解到有机溶剂中。在此过程中，浸出器、管道、蒸发器内存在大量溶剂油蒸气，一旦发生泄漏，与空气混合形成爆炸性混合物，遇火源即发生爆炸。因此，浸出工段属于火灾危险性为甲类的生产。

浸出车间的不安全因素包括：设备、工艺管线发生泄漏或者有机溶剂大量挥发，与空气混合形成爆炸性混合物；电气设备不防爆或者防爆电器失去防爆作用；混合油或者溶剂流速过快，产生静电积聚，形成火源；传动皮带摩擦发热；通风不良，蒸气在低洼处积存而达到爆炸极限；工人擅自离开工作岗位或者不熟悉设备、工艺流程，造成误操作，引起溶剂泄漏；违章用火、违章动火及在火灾危险爆炸区域内明火取暖、吸烟、气焊、气割；未设置防雷、防静电设施或设施达不到防雷、防静电要求等。因此，浸出工段是浸出法制油工艺中最具火灾危险性的工段。

（四）精炼工段的火灾危险性

油脂的精炼是利用物理及化学方法祛除油脂中的游离脂肪酸、磷脂、胶质、色素、异味、固体杂质和蜡的过程。相对于预处理和浸出工段，精炼工段的火灾危险性较小，在精炼过程中使用的氧化剂和腐蚀性化学物品存在一定的火灾危险性。

三、食用油加工的防火要求

（一）总平面布局和平面布置

食用油加工企业必须建在交通方便，水源充足，符合食品卫生安全要求的地区。厂房与设施应根据工艺流程合理布局，结构合理、坚固、完好；食用与非食用植物油的原料和成品仓库应分别设置，防止交叉污染。

（二）建筑防火设计

食用油加工企业的厂房建筑火灾危险性的类别和耐火等级应符合表 6－5 的规定。

浸出车间应独立设置，应在距离车间外墙壁 12 m 以外设置高度不小于 1.5 m 的非燃烧实体围墙，并应列为防火禁区。两个以上浸出车间，可以设置在同一个防火禁区内，但浸出车间的厂房总占地面积不应超过 1500 m²。浸出车间与相邻厂房之间的防火间距不应小于表 6－6 的规定。

表6-5　厂房建筑火灾危险性的类别和耐火等级

生产建筑名称		使用或生产的物资	火灾危险类别	最低耐火等级
浸出车间与独立溶剂库		溶剂（闪点<28℃，爆炸下限<10%）	甲	二级
预处理车间 压榨车间 精炼车间		植物油料和植物油（可燃固体、闪点>60℃的液体）	丙	三级
原料库与粕库		植物油料、饼粕（可燃固体）	丙	三级
锅炉房	蒸发量>4 t/h	利用固体或液体作燃料	丁	二级
	蒸发量≤4 t/h	利用固体或液体作燃料	丁	三级

表6-6　浸出车间与相邻厂房之间的防火间距　　　　　　　　　m

防火间距　耐火等级 耐火等级		一、二级	三级	四级
浸出车间	一、二级	12	14	16

注：防火间距应按相邻建筑物外墙的最近距离计算。如外墙有凸出的燃烧构件，则应从其凸出部分的外缘算起。

浸出车间与下述地点的防火间距不应小于表6-7的规定。

表6-7　浸出车间与其他场所之间的防火间距　　　　　　　　　m

场　所	防火间距	场　所	防火间距
重要的公共建筑与文物保护区	50	厂内铁路（中心线）	20
民用建筑	25	厂内公路（路边）	15
明火或散发火花地点	30	变配电站（室）	25
厂外铁路（中心线）	30		

注：本厂内的铁路如有机车进入区关闭灰箱或设隔离车等安全措施时，其防火间距可以不限。采用高架变配电站
　　（室）（离地高1.25 m），其防火间距可适当减少，但不应小于15 m。

浸出厂房建筑应有良好的自然通风，所有的门、窗等应向外开启。浸出车间地面应有一定的坡度，但不得设地沟、地坑。浸出车间内不得设办公室、休息室、更衣室、化验室、零部件贮藏室。浸出车间配电室若毗邻车间外墙设置，其地面应高于地面1.25 m。浸出车间安全出口不应少于2个，并设有疏散指示标志。浸出车间和独立溶剂库周围应设的消防车道，其宽度不应小于3.5 m。消防车道穿过建筑物的门洞时，其净高和净宽不应小于4 m。

（三）工艺设备防火防爆

生产系统应保证密封性可靠。溶剂输入和输出的泵及管道，应分开单独设置。浸出车间内应配置固定或移动式溶剂蒸气检测报警器。车间应备有防爆排风机，固定式排风管出口宜高出层面至少1.5 m。溶剂罐的呼吸阀终端和浸出系统废气排出口处应装阻火器。通向设备的蒸气管道应装有止回阀。

生产装置应保持良好的润滑。生产装置中的设备、容器、操作平台、管道、建筑物金属构件和栅栏等非带电裸露金属部分，均应接地，其电阻不宜大于100 Ω。管道法兰应跨接，跨接导线电阻不应大于0.03 Ω。

浸出车间应设置泄压设施，泄压设施宜采用轻质屋盖作泄压面积，易于泄压的门、窗、轻质墙体也可以作泄压面积。泄压面积的设置应避开人员集中的场所和主要交通道路，并宜靠近容易发生爆炸的部位。

浸出油工段根据其爆炸危险的区域等级划分见表6-8。

表6-8 浸出油工段爆炸危险区域等级划分

场 所	爆炸危险区域等级划分	场 所	爆炸危险区域等级划分
浸出车间及禁区内	2区	溶剂卸料区	2区
溶剂库区	2区		

危险环境电气设备的选型，应根据危险环境区域危险物的特性采用相应的防爆型式，活动灯具还需加保护罩。

应设置在突然停电时，可满足安全回收溶剂用水需要的高水塔或其他水源。在危险环境中不得使用非防爆工具。在主要设备或事故易发生部位应设置蒸汽灭火装置。

（四）防雷设计

浸出车间的建筑物和构筑物的防雷要求属第一类工业建筑物和构筑物。应采取防止直击雷、雷电感应和雷电波侵入而产生电火花的防雷措施。对排放溶剂蒸气的管道，其保护范围应高出管顶2 m以上。浸出车间、溶剂车间不宜利用山势架设避雷针。

（五）作业安全

在易燃易爆区域周围设置醒目的禁火、防火标志和告示。严禁带入和使用可移动铁制工作台、座椅，非防爆工具及能产生静电或火花的衣物、鞋或其他物品。

浸出车间、溶剂库、粕库、溶剂运输车船等带溶剂的设备、容器、管道需检修并动用明火时，必须严格执行动火审批制度。

应杜绝溶剂的跑、冒、滴、漏现象，并保持浸出车间的良好通风，门窗一般宜常敞开，寒冷地区可以适度打开，但不得全部关闭。当车间内空气的溶剂蒸气浓度较高时，要及时通风排除。

第三节　白酒生产企业防火

我国的酒文化历史源远流长，其中广为人知的就是白酒。白酒是世界六大蒸馏酒（白酒、威士忌、白兰地、朗姆酒、伏特加、金酒）之一，作为中国特有的一种蒸馏酒，它具有酒质无色（或微黄）透明，气味芳香纯正，入口绵甜爽净，酒精含量较高等特点。

一、白酒生产的工艺分类及流程

白酒是以曲类、酒母等为糖化发酵剂，利用一种或多种粮谷，经蒸煮、糖化发酵、蒸馏、储存、勾兑而成的蒸馏酒。白酒种类众多，按照糖化剂可以分为大曲酒、小曲酒、麸曲酒等；按照香型可以分为浓香型、清香型、酱香型等；按照生产工艺可以分为固态法、液态法和固液法。本节主要从生产工艺方面进行介绍。

（一）固态法白酒

固态法白酒，即纯粮固态发酵，采用高粱、大麦、小麦等粮食原料，通过在窖池中或地缸中发酵，然后上甑蒸馏，蒸出 70~85 度之间的原酒（基酒）。再通过长期储存、陈化老熟、勾调降度后成为成品酒。根据固态法白酒的工艺和香气、口感风格的不同，形成了目前市场上消费者见到的清香型、浓香型、酱香型、兼香型等合计 12 种香型。

（二）液态法白酒

液态法白酒是以谷物、薯类以及含淀粉、含糖的代用品为原料，经液态法发酵、蒸馏、储存、勾兑而成的蒸馏酒，如红薯酒、木薯酒。其优点在于原料利用率高，生产成本低。

（三）固液法白酒

固液法白酒是以固态法白酒（不低于 30%）与液态法白酒按适当比例进行勾兑而成的白酒。20 世纪 90 年代末，白酒勾兑技术被许可，所谓固液法生产，就是在粮食酿造的酒中，加入食用酒精勾兑。

目前市场上绝大多数名优白酒或知名品牌均为纯粮固态发酵，极少采用类同于酒精生产的液态法。采用固态法酿制白酒中有代表性的茅香型白酒、泸香型白酒、汾香型白酒，其生产工艺流程分别如图 6-5 至图 6-7 所示。

分析比较上述生产工艺流程，可以简化为图 6-8。

二、白酒生产的火灾危险性

（一）粮食仓筒的火灾危险性

酿造白酒需要大量粮食作为原料，所以白酒厂一般都根据白酒产量建有储量较大的粮库。粮库一般分为普通粮仓和粮食筒仓，白酒厂通常采取能减少占地面积，节约用地，能

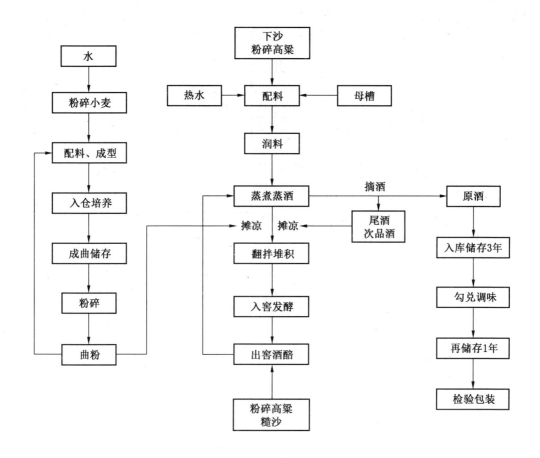

图 6-5　茅香型白酒生产工艺流程

大容量、高效率地进行粮食储藏和装卸的仓筒储存原料。同小麦加工企业的粮食筒仓一样，白酒厂的粮库存在粮食粉尘爆炸危险。

（二）白酒储存仓库的火灾危险性

新蒸馏出来的白酒由于含有少量的刺激性大、挥发性大的物质，如硫化氢、硫醇等硫化物，会造成酒体辛辣，口感不柔和。因此，需要在容器中经过一定时间的储存，去除杂味，使酒体柔和醇正，口味协调，此过程称为白酒的老熟。储存白酒的容器，最常见的是陶制容器。

陶制容器的特点是保持酒质，有一定的透气性，可促进酒的老熟。目前大多数厂家，尤其是名酒厂家仍习惯采用传统的陶制容器储酒。但陶瓷坛易破损，容积大，破碎后易流淌，发生火灾时火势难以控制，容易造成人员及财产损失。例如 2010 年 8 月 17 日，四川省宜宾市长宁县惠氏神泉酒业白酒库发生火灾，导致外泄流淌酒遇到非防爆型断路器引发火灾，过火面积 1837 m²，直接经济损失 285.8409 万元。

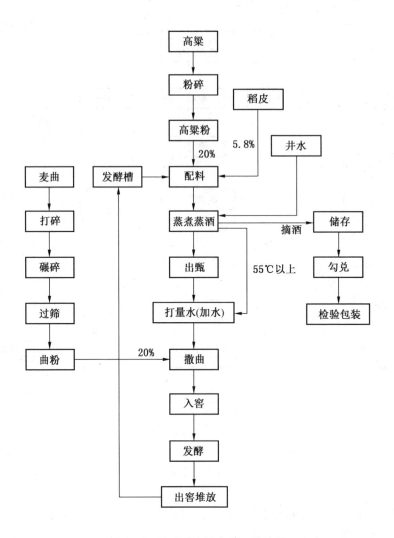

图 6-6　泸香型白酒生产工艺流程

三、白酒生产的防火要求

（一）粮食粉尘防爆措施

1. 控制点火源

（1）禁止一切明火进入筒仓作业区。

（2）斗式提升机、刮板输送机的线速度不宜过高。线速度过高，会导致轴承发热，同时会加剧粉尘的扬起，使粉尘浓度增高，增加粉尘爆炸的危险性。

（3）在初清筛、斗提机、刮板机、电子秤等设备前应安装磁选装置，去除粮流中的金属类杂质，避免在输送过程中因撞击而产生火花，引起粉尘爆炸。

（4）布袋除尘器的布袋和斗提机的皮带最好具有良好的导电性，以防止静电积累。

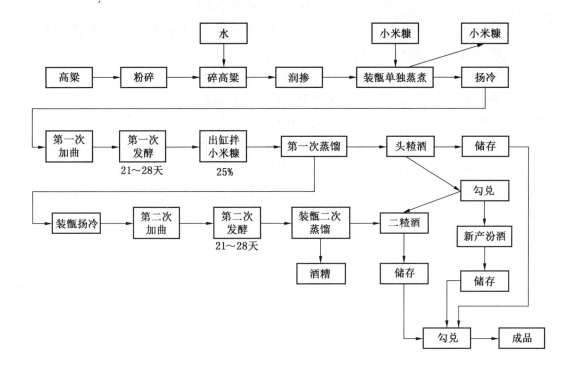

图6-7　汾香型白酒生产工艺流程

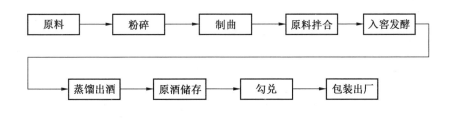

图6-8　白酒生产工艺简化流程

2. 防止爆炸性粉尘云的产生

（1）在筒仓容器内充入惰性气体如氮气，使氧的体积含量低于粉尘燃烧所需的最低含氧量。除常用的氮外，其他所有不可燃气体，只要不助燃也不与可燃物发生反应，也都可作为惰性气体。

（2）合理设计通风排气装置，降低粉尘浓度。在粮食筒仓中，斗式提升机是最易发生粉尘爆炸的设备，最好安装独立的除尘通风系统。

3. 爆炸减轻措施

（1）隔离。通常用于两个工序之间互相连通的材料管路内，分为主动隔离和被动隔离两种。主动隔离是对极早期尚未发展到具有破坏性威力爆炸火球进行检测，并将其隔离在工序的一个较小部分内。可按照生产过程本身特点使用压力探测器、火焰探测器或组合探测器。被动隔离不受生产工序限制。

（2）泄爆。在生产工序内安装薄弱泄压板，在压力超过一定限度时，泄压板就会破裂，将爆炸能量释放到大气中。泄压板通常安装于较大容器（如粮仓、干燥器等），并必须与隔离设施共同使用，以阻止爆炸通过相互连接管道向系统其他部分传播。

（3）抑爆。其基本原理就是在易发生粉尘爆炸部位安装压力测试器，当机内压力发生变化时（爆炸初期），通过压力传感器在非常短时间内触动灭火器阀门，向机内喷射粉状灭火剂。从而在无法避免粉尘沉积房间里，在设备没有保护措施情况下，协助避免发生大规模爆炸。

（二）白酒仓库的防火措施

1. 白酒库的设计要求

（1）白酒库允许建筑层数、最大允许占地面积、耐火等级应符合表6-9的规定。

表6-9　白酒库、白酒成品库的耐火等级、层数和面积

储存类别	耐火等级	允许层数/层	每座仓库的最大允许占地面积和每个防火分区的最大允许建筑面积/m²				
			单　层		多　层		地下、半地下
			每座仓库	防火分区	每座仓库	防火分区	防火分区
酒精度大于或等于60度的白酒库、食用酒精库	一、二级	1	750	250	—	—	—
酒精度大于或等于38度、小于60度的白酒库		3	2000	250	900	150	—

注：半敞开式的白酒库、食用酒精库的最大允许占地面积和每个防火分区的最大允许建筑面积可增加至本表规定的
　　1.5倍。

（2）全部采用陶坛等陶制容器存放白酒的白酒库允许建筑层数、最大允许占地面积、耐火等级应符合表6-10的规定。

（3）当采用陶坛、酒海、酒篓、酒箱、储酒池等容器储存白酒时，白酒库内的储酒应分组存放，每组总储量不宜大于250 m³，组与组之间应设置不燃烧隔堤。若防火分区之间采用防火门分隔时，门前应采取加设挡坎等挡液体措施。地震烈度大于6度以上的地区，陶坛等陶制容器应采取防震防撞措施。

2. 酒库设计要防止液体流散

酒库发生火灾时，陶制酒坛会在高温下炸裂，造成流淌火。故楼地面标高应低于楼梯

表6-10　陶坛等陶制容器白酒库的耐火等级、层数和面积

储存类别	耐火等级	允许层数/层	每座仓库的最大允许占地面积和每个防火分区的最大允许建筑面积/m²				
			单层		多层		地下、半地下
			每座仓库	防火分区	每座仓库	防火分区	防火分区
酒精度大于或等于60度的白酒库、食用酒精库	一、二级	3	4000	250	1800	150	—
酒精度大于或等于38度、小于60度的白酒库		5	4000	350	1800	200	—

平台及货运电梯前室标高，底层地面标高应低于室外地坪标高。为防止高温气流向上蔓延或燃烧的酒向下流淌，严禁在楼面和防火墙上预留孔洞，宜设固定管道或从楼梯间设临时管道来满足工艺要求。

3. 视工艺要求设置专用熬蜡间

当工艺要求用蜡封酒坛时，要设专用熬蜡间。熬蜡间须用防火墙与酒库隔开，从酒库进入熬蜡间应通过两道能自动关闭的甲级防火门，或从酒库的库外经通道进入熬蜡间，库门与熬蜡间门洞之间的水平距离不应小于4.5 m。

4. 合理配置灭火系统和灭火器

酒库起火不能使用直流水进行扑救，否则会导致火焰随酒精流淌扩散；同时普通泡沫会溶于酒精，因此需要使用抗溶泡沫。在火灾初起阶段，选用灭火剂应尽量考虑食品卫生标准，避免酒品受到污染。

第四节　纺织生产企业防火

纺织业是将天然纤维和化学纤维加工成各种纱、丝、线、带、绳织物及其染整制品的工业部门，是轻工业的重要工业部门之一。纺织品的原料主要有棉花、羊绒、羊毛、蚕茧丝、化学纤维、羽毛羽绒等。其产业链涉及原料生产、面料加工成品制造等。我国是全球最大的纺织品和服装出口地区，纺织企业数量巨大，企业间差距显著，在生产过程中可燃物多、机械设备复杂、引火源众多，是火灾事故多发行业。因此，加强纺织企业消防安全管理具有重要意义。

一、纺织生产的工艺流程

纺织生产涵盖各类纺织及印染、化学纤维制造、纺织服装制造等领域。按生产工艺过程可分为纺纱工业、织布工业、印染工业、针织工业、纺织品复制工业等。我国常见的纺

织工业生产分类如图 6 - 9 所示。

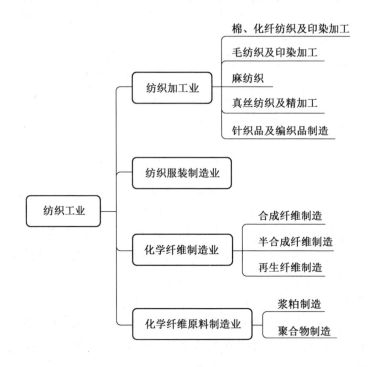

图 6 - 9　纺织工业生产分类

　　纺织品从原料加工为成品一般都需要经过原料清理、纺纱、织造、印染等工序。其中，原料清理是在纺纱前使用机械设备将动、植物纤维中含有的草屑、石块及油脂等杂质去除；纺纱工序是通过梳棉、并条、精梳、粗纺、精纺、捻线等工序将原料纺成各种纱线；织造是将纺成的纱线织成布匹，经过织布、整理（包括烧毛、定型）得到成品面料；印染是用染料按一定的方法使纤维、纺织品获得颜色或花纹的加工过程。

二、纺织生产的火灾危险性

（一）物料的火灾危险性

　　纺织生产的原料和成品均为棉、麻、毛和化纤等，除功能性阻燃纤维、高性能部分纤维外，一般都是易燃材料，棉、麻等原料还具有阴燃和自燃特性，很容易着火，形成火灾。同时，在清理、纺纱等工序中会飘散大量棉絮、麻絮等可燃粉尘，易造成粉尘爆炸。

（二）工艺设计的火灾危险性

　　绝大多数纺织工艺属于丙类火灾危险性，但部分工艺如印染等工段会用到汽油、苯或其他易燃有机溶剂，属于甲、乙类火灾危险的生产，火灾危险性大。同时为了除尘，工厂内设有空调、输棉、吹吸棉管道，空气流动性大，机台相互影响大，一旦发生火灾易扩大成灾。

（三）生产过程的火灾危险性

纺织生产过程，不仅易燃、可燃物多，有些还会自燃甚至爆燃。此外，纺织生产工序多，机械设备复杂，用电量大，还有明火作业。在生产过程中，往往由于设备摩擦撞击、加热干燥时间过长、温度过高，电气设备安装或使用不当，工人违反安全规程等因素产生火源引起火灾。

（四）建筑设计的火灾危险性

纺织行业部分企业是车间、仓库、办公为一体的"三合一"厂房，而且只有通道连接，车间通道狭窄，人员逃生、疏散时易出现拥挤、堵塞和互相踩踏。部分厂房内部结构复杂，小隔间多且隐蔽，无任何防火设施，一旦起火，会很快蔓延到其他部位，对人员安全和财产造成威胁。

三、纺织生产的防火要求

（一）总平面布局和平面布置

纺织工程的厂址应符合国家工业布局和地区规划的要求，并应根据所建工程及相邻工厂或设施的特点和火灾危险性，结合地形与风向等因素合理确定。纺织工程中的设施与厂外建筑物或其他设施的防火间距，应符合现行国家标准《建筑设计防火规范（2018年版）》（GB 50016—2014）的有关规定。工厂总平面应根据生产流程及各组成部分的功能要求、生产特点、火灾危险性，结合厂址地形、风向等条件，按功能分区布置。

棉、毛、麻纺织厂的原料堆场，化纤浆粕厂的原料堆场，各类纺织工程的废料堆场，煤场等可燃材料的露天堆场（含有棚的堆场）宜布置在明火或散发火花地点的全年最小频率风向的下风侧。

厂区内消防车道的设置应符合现行国家标准的有关规定，并应确保消防车能到达任何需要灭火的区域。兼有消防扑救功能的消防车道与建筑物之间的距离应满足消防扑救的要求。

露天、半露天可燃材料堆场与建筑物的防火间距应不小于表6-11的规定。

表6-11 露天、半露天可燃材料堆场与建筑物的防火间距   m

名　称	一个堆场的总储量 W	建　筑　物		
		一、二级	三级	四级
棉、麻、毛、化纤百货	10 t≤W<500 t	10	15	20
	500 t≤W<1000 t	15	20	25
	1000 t≤W<5000 t	20	25	30

（二）建筑防火防爆设计

1. 建筑防火设计

（1）纺织工业企业车间的火灾危险性分类应符合表 6 – 12 的规定。

表 6 – 12　纺织工业企业车间的火灾危险性分类

生　产　车　间	火灾危险性类别
腈纶工厂单体储存、聚合、回收，甲醛厂房，浆粕开棉间，黏胶纤维工厂二硫化碳储存、黄化、回收，印染工厂存放危险品的仓房，丝绸厂存放危险品库等	甲
麻纺织厂的滤尘室，腈纶工厂采用二甲基酰胺为溶剂的干法溶剂回收工段、二甲基乙酰胺法湿纺工艺原液，湿法氨纶厂的聚合工段，化纤厂罐区、组件清洗，部分化学品库等	乙
棉纺织厂前纺、后纺、整经、织布车间，印染工厂原布间、白布间、印花车间、整理车间、整装车间，毛纺织厂干车间，麻纺织厂干车间，丝绸厂原料、丝织、印染车间及成品库，非织造布工厂，针织工厂（除染整湿车间外）的车间，黏胶化纤厂除甲、戊类车间外的车间，锦纶工厂各车间，聚酯工厂各车间，涤纶、丙纶长丝工厂各车间，氨纶工厂除乙类车间外的其他车间，服装工厂各车间等	丙
印染工厂漂练、染色车间，毛纺织厂湿车间，亚麻纺织厂湿纺车间，丝绸厂煮茧、缫丝印染车间，针织工厂染整车间等	丁
棉纺织厂浆纱车间，棉浆粕厂蒸煮、漂打，黏胶纤维厂酸站、碱站等	戊

（2）厂房面积或相邻两个车间的面积（包括仓库）超过现行国家标准《建筑设计防火规范（2018 年版）》（GB 50016—2014）和纺织工业企业有关防火标准规定的防火分区最大允许面积时，应设防火墙。因生产需要不能设防火墙时，可采取防火分隔水幕、特级防火卷帘等其他措施。

（3）原材料和生产成品应存放在堆场或仓库内。原料、成品仓库或堆场与烟囱、明火作业场所的距离不得小于 30 m；烟囱高度超过 30 m，其间距应按烟囱高度计算。麻纺织工厂严禁设地下麻库。

（4）易燃、易爆、有毒物品应储存在危险品库内，危险品库应布置在厂区内人员稀少、偏僻的场所，危险品库的安全防护距离及房屋的设计应符合现行国家标准《建筑设计防火规范（2018 年版）》（GB 50016—2014）的有关规定。

（5）通风管道不宜穿过防火墙和非燃烧体楼板等防火分隔物，必须穿过时，应在穿过处设防火阀。穿过防火墙两侧各 2 m 范围内的风管保温材料应采用非燃烧材料，穿过处的空隙应采用非燃烧材料填塞。

2. 建筑防爆设计

（1）丙、丁、戊类厂房中具有甲、乙类火灾危险性的生产部位，应设置在单独房间内，且应靠外墙或在顶层布置。

（2）控制室、变配电室、电动机控制中心、化验室、物检室、办公室、休息室不得设置在爆炸性气体环境、爆炸性粉尘环境的危险区域内。

（3）对生产中使用或产生甲、乙类可燃物而出现爆炸性气体环境的场所，应采取有效的通风措施。

（4）对存在爆炸性粉尘环境的场所，应采取防止产生粉尘云的措施。

（5）存在爆炸性气体环境或爆炸性粉尘环境的厂房、露天装置和仓库，应根据现行国家标准划分爆炸危险区域。

（6）在有爆炸危险的厂房内，应采用防爆型设备通风，风道宜按楼层分别设置；不同火灾危险类别的生产厂房送排风设备不应设在同一机房内。无窗厂房的防火设计应符合现行国家标准《建筑设计防火规范（2018 年版）》（GB 50016—2014）和《纺织工程设计防火规范》（GB 50565—2010）的规定。

（三）工艺设备防火

（1）操作压力大于 0.1 MPa 的甲、乙类可燃物质和丙类可燃液体的设备，应设安全阀。安全阀出口的泄放管应接入储槽或其他容器。

（2）甲、乙类可燃物质和闪点小于 120 ℃ 的丙类可燃液体设备上的视镜，必须采用能承受设计温度、压力的材料。

（3）化纤厂采用湿法、干法纺丝工艺时，对浴液或溶剂中有甲、乙类可燃物质和闪点小于 120 ℃ 丙类可燃液体的蒸气逸出的设备，应采取有效的排气、通风措施。

（4）棉纺厂开清棉和废棉处理的输棉管道系统中应安装火星探除器。

（5）印染厂、毛纺厂、麻纺厂等放置液化石油气钢瓶的房间应远离明火设备。

（6）可燃气体和甲、乙类液体的管道严禁穿过防火墙。

（四）消防设施

（1）厂区总平面布置应保证消防通道畅通、消防水管网的合理布置和消防用水的水量、水压要求。厂区车间内外消火栓的设置给水设施和固定灭火装置等消防设施，均应符合现行国家标准《建筑设计防火规范（2018 年版）》（GB 50016—2014）和《纺织工程设计防火规范》（GB 50565—2010）的规定。在易燃易爆的罐区、车间、作业区和储存库，应设置专用的灭火设施及室内外消火栓。

（2）丙类厂房（仓库），高层厂房（仓库），建筑耐火等级为三级且建筑体积大于或等于 3000 m² 的丁类厂房（仓库）和建筑体积大于或等于 5000 m³ 的戊类厂房（仓库），应设置室内消火栓。棉纺厂的开包、清花车间及麻纺厂的分级、梳麻车间，服装加工厂、针织服装工厂的生产车间及纺织厂的除尘室，除设置消火栓外，还应在消火栓箱内设置消防软管卷盘。

（3）大于或等于 50000 纱锭棉纺厂的开包、清花车间及除尘器室；大于或等于 5000 纱锭麻纺厂的分级、梳麻车间；亚麻纺织厂的除尘器室；占地面积大于 1500 m² 或总建筑面积大于 3000 m² 的服装加工厂和针织服装生产厂房；甲、乙类生产厂房，高层丙类厂房；每座占地面积大于 1000 m² 的棉、毛、麻、丝、化纤、毛皮及其制品仓库；建筑面积大于 500 m² 的棉、毛、丝、化纤、毛皮及制品和麻纺制品的地下仓库；化纤厂的可燃、难燃物品高架仓库和高层仓库，应设置闭式自动喷水灭火系统，自动喷水灭火系统的设计应符合现行国家标准的有关规定。

（4）单罐储量大于或等于 500 m³ 的水溶性可燃液体储罐，单罐储量大于或等于 10000 m³ 的非水溶性可燃液体储罐，以及移动消防设施不足或地形复杂、消防车扑救困难的可燃液体储罐区应设置泡沫灭火系统。

（5）纺织工程含可燃液体的生产污水和被可燃液体严重污染的雨水管道系统应设置水封，且水封高度不得小于 250 mm。

（6）可燃液体储罐区的生产污水管道应有独立的排出口，并应在防火堤与水封井之间的管道上设置易启闭的隔断阀。防火堤内雨水沟排出管道出防火堤后应设置易启闭的隔断阀，将初期污染雨水与未受污染的清洁雨水分开，分别排入生产污水系统和雨水系统。含油污水应在防火堤外进行隔油处理后再排入生产污水系统。

（五）粉尘控制

（1）滤尘室宜布置在独立建筑物内或有直接对外开门窗的附房内，不得设在地下室或半地下室。滤尘室上面不宜布置生产或辅助用房，相邻房间不宜设置变配电室。

（2）滤尘室的建筑宜采用框架结构，严禁用木结构。滤尘室与相邻房间的隔离应为防火墙，滤尘室地面应采用不产生火花的地面。滤尘室应有足够的泄压面积，泄压比值应按现行国家标准《建筑设计防火规范（2018 年版）》（GB 50016—2014）的有关规定执行。

（3）生产车间的滤尘设备不得与送排风和空调装置布置在同一个公用空间内，滤尘室应专用。不同车间的滤尘设备应分别设置。滤尘设备的安装位置与四周墙壁之间宜保持 1 m 以上的距离（挂墙式纤维分离器除外）。一切无关的管线严禁穿过滤尘室。

（4）室外空气进风口不应布置在有火花落入或产生火花的地方，并应布置在排风口的上风向。

（5）设计应保证滤尘系统的密封性，系统的漏风量不应超过 5%。

（6）工艺设备与所属滤尘系统应设电气连锁装置，应设置车间与滤尘室的相互报警装置。

（7）系统应采用预除尘器等装置，并应防止火源进入滤尘系统。

（8）吸尘装置应加设金属网或采取防止金属杂物进入滤尘系统的措施。

（9）干式除尘器应布置在滤尘系统的负压段。

（六）作业安全

（1）企业要严格执行安全操作规程及完善机械电气设备的维护保养等基础管理工作，加强对电气装置、电气线路和机械设备等事故隐患的整改。采取措施消除纺织企业火灾的常发部位、工序中的火灾危险源，减少事故发生。

（2）认真落实原料、成品、油料仓库的防火措施。如定期对仓库原料进行检查，并及时翻垛通风。原料、成品堆垛间应按规定留好间距。严格进出仓库车辆及人员登记，机动车辆进入仓库时必须安装火星熄灭器，进出仓库人员一定要严格遵守防火的各项规定，禁止库内吸烟。仓库应按要求安装避雷装置，以防雷击。

（3）加强尘室设备设施的管理，降低车间粉尘浓度。采取措施防止铁钉、螺帽等杂质被吸入风道，撞击产生火花。及时清扫滤尘设施和滤尘室内飞絮、尘埃，防止发生粉尘爆炸。

第五节　制浆造纸企业防火

纸是中国劳动人民长期经验的积累和智慧的结晶。造纸术是我国古代四大发明之一，古时人们利用树皮、麻布等物品经过沤洗、煮浆、漂洗、舂捣、抄纸、干燥等几十道工序，制作出了纸。现代机械造纸则多使用木材、芦苇或回收纸等。由于科技的进步，我国制浆造纸行业飞速发展。造纸行业是国民经济和社会发展的重要基础原材料产业。

一、制浆造纸的工艺流程

纸是由含植物纤维的原材料经过制浆、调制、抄造、加工等工艺流程制成的，可用于写画、印刷书报、包装等。其种类众多，一般根据用途大致可分为文化用纸、工农业技术用纸、包装用纸和生活用纸四大类。

制浆造纸，就是用机械方法或化学方法将植物中有用的纤维素、半纤维素分离出来，清除木质素等无用成分，再经过各种加工处理制成纸浆，最后在造纸机上抄制成纸的过程。其工艺流程大致可分为制浆和造纸两道工序。制浆造纸的具体生产工艺流程如图6-10所示。

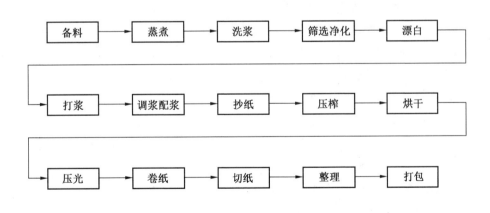

图6-10　制浆造纸生产工艺流程

（一）制浆

制浆就是将造纸原料分散为单根纤维的过程。其基本工艺流程如图6-11所示。

制浆前需要先进行备料。备料就是将原料切削成符合蒸煮要求的料片，再经过筛选和除尘，清除杂质，为蒸煮、制浆做好准备。

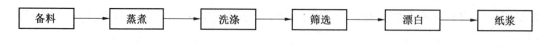

图 6-11　制浆基本工艺流程

制浆是利用机械、化学或化学机械方法使植物中的纤维素分离出来，再经洗浆、筛选净化、漂白制成纸浆，供抄纸之用。

洗涤与筛选是通过挤压、过滤等作用将废液从纸浆中分离。

漂白是通过加入漂白剂等除去纸浆中的残留木素或改变木素发色基团以提高纸浆白度。

（二）造纸

造纸就是将制得的纸浆分散开来后获得交织均匀的薄片。其过程包括打浆、施胶、加填、调浓、纸页成型、压榨、烘干、压光、整理、打包等工序。

打浆是对纸浆纤维进行必要的切短和细纤维化处理，以便取得纸或纸板所要求的机械和物理性能。

施胶是通过向纸浆中入耐水性胶料或在纸幅表面涂胶，使纸张具有抗水性。

加填是向纸浆中加入适当的无机填料，以便使纸张获得表面光滑、均匀、吸墨性好等特点，之后根据要求加入各种染料以取得所需颜色。

纸浆在送入纸机进行烘干前，还必须进行除砂筛选、除气等前处理，去掉混在纸浆中的金属或非金属杂质、纤维束和空气，减少纸张的尘埃度，提高纸张质量。

最后将纸浆送入流浆箱，均匀分布在造纸机网部脱水，形成湿纸页，然后通过压榨部进行机械压榨脱水，再在干燥部利用热能蒸发掉湿纸中的水分，最后经压光、卷取、切纸、选纸或复卷、打包等整理工序成为平板或卷筒的成品纸或纸板。

为了减少和防止对环境的污染，同时减少原材料消耗，大中型的造纸厂一般都建立有碱回收或酸回收车间。

二、制浆造纸的火灾危险性

（一）造纸原料的火灾危险性

1. 造纸原料的易燃性

造纸生产的原料主要包括木材、芦苇、麦草、竹子、麻皮和棉花等，这些原料均为可燃、易燃物，燃点低，组织疏松，燃烧速度快，且由于原料储存数量巨大，起火后往往迅速蔓延扩大，形成难以扑救的大型火灾。如 2016 年 4 月 2 日，湖南一纸厂露天芦苇堆垛突发火灾，先后 8 个消防中队共计 160 余人参与灭火，15 个小时后大火扑灭，无人员伤亡。

2. 造纸原料的自燃性

芦苇、稻草等堆垛，如果湿度过大，含水量较高，会由于微生物的呼吸作用发生发酵蓄热，当堆垛内部通风条件不佳，温度持续上升，就会引起堆垛自燃。且堆垛自燃往往是从堆垛中心起火，其燃烧过程比较隐蔽，不易被发现，导致火势扩大，造成大量财产损失。如 2003 年 4 月 23 日，田阳县造纸厂甘蔗渣堆垛因蔗渣内部蓄热自燃引发火灾，经过近 19 个小时火灾被扑灭，共烧毁蔗渣等造纸原料 8992 t，过火面积 7000 m^2，造成直接财产损失 89.92 万元。

3. 化工原料的燃烧爆炸性

造纸工业用的化工原料达 200 多种，分别用在制浆、造纸和废液回收等工序，主要有烧碱、硫化钠、增白剂、液氯、硫酸钠、松香、双氧水、硫酸铝等。这些原料往往具有自燃性、爆炸性、毒性和腐蚀性。如硫化铁、硫黄，大量用于制备亚硫酸盐蒸煮液，蒸煮木片、芦苇、蔗渣等，储运不当，能引起自燃。硫黄粉末与空气或氧化剂混合，还会引起燃烧爆炸。

（二）原料堆场点火源较多

原料堆场的点火源主要有外来火源（如原料场布局靠近生活区、铁路公路，外来烟囱飞火、运输车辆排出的火星或者烟花爆竹等易引起着火）、自燃起火（原料入库时含水率过高积热自燃引发火灾）、雷击起火、违章动火及机械设备故障等。

（三）生产过程中易出现点火源

（1）制浆造纸机械设备长时间运转，与原料中夹杂的小石块、金属物件等摩擦后，产生的热量或火星可能引发火灾。

（2）照明灯具功率大，照明时间长，也会由于灯泡烘烤引燃纸张。

（3）烘干时，温度高达 110～130 ℃，若管道上沉积有纸毛、纸屑，就容易烘烤致燃，发生火灾。

（4）电气设备故障和静电放电，能引起火灾。

（5）重点部位动火作业安全措施不当、在禁火场所携带烟火、用火不慎等引起火灾。

三、制浆造纸的防火要求

（一）总平面布局和平面布置

（1）造纸生产企业是污水排放大户，其厂址应位于城市（镇）、居住区或人群集聚地的全年最小频率风向的上风侧，并应满足与城镇居住区之间的安全防护距离的相关要求。厂址应避免位于风景区、森林及自然保护区、文物古迹和历史文物频现地区，远离飞机场起降区域，避免受江、河、湖、海、山洪（潮）水威胁。

（2）原料储存场宜布置在厂区边缘地带，远离明火及散发火花的地点，且位于厂区全年最小频率风向的上风侧。露天堆场布置场地应具有良好的排水条件，并应与厂区总体竖向布置相协调。

（3）化学品制备设施、桶装油库、乙炔间、氧气瓶间、煤粉制备间、汽车库及加油站等火灾危险性较大的公用设施，宜布置在厂区全年最小频率风向上风侧的边缘地带。建

（构）筑物的防火间距应符合现行国家标准的规定。

（4）露天/半露天可燃材料堆场与建筑物的防火间距应不小于表 6-13 的规定。

表 6-13　露天/半露天可燃材料堆场与建筑物的防火间距　　　　　　　m

名　　称	一个堆场的总储量	建　筑　物		
		一、二级	三级	四级
秸秆、芦苇、打包废纸等	10 t≤W<5000 t	15	20	25
	5000 t≤W<10000 t	20	25	30
	W≥10000 t	25	30	40
木材等	50 m³≤V<1000 m³	10	15	20
	1000 m³≤V<10000 m³	15	20	25
	V≥10000 m³	20	25	30

注：露天/半露天秸秆、芦苇、打包废纸等材料堆场，与甲类厂房（仓库）、民用建筑的防火间距应根据建筑物的耐火
　　等级分别按本表的规定增加 25% 且不应小于 25 m，与室外变、配电站的防火间距不应小于 50 m，与明火或散发火
　　花地点的防火间距应按本表四级耐火等级建筑物的相应规定增加 25%。

当一个木材堆场的总储量大于 25000 m³ 或一个秸秆、芦苇、打包废纸等材料堆场的总储量大于 20000 t 时，宜分设堆场。各堆场之间的防火间距应不小于相邻较大堆场与四级耐火等级建筑物的防火间距。

露天/半露天秸秆、芦苇、打包废纸等材料堆场与铁路、道路的防火间距应不小于表 6-14 的规定。

表 6-14　露天/半露天可燃材料堆场与铁路、道路的防火间距　　　　　　　m

厂内道路路边	厂外铁路线中心线	厂内铁路线中心线	厂外道路路边	厂内道路路边	
				主要	次要
秸秆、芦苇、打包废纸等材料堆场	30	20	15	10	5

（二）建筑防火设计

（1）主要生产车间火灾危险性分类见表 6-15。

（2）防火分区面积应符合现行国家标准《建筑设计防火规范（2018 年版）》（GB 50016—2014）的有关规定。

（3）当湿式造纸车间主跨为二层，高度大于 24 m 且不大于 30 m，辅跨高度不大于 24 m（含局部大于 24 m）时，可按多层设计。

（4）占地面积较大的纸加工（完成）车间，对外疏散有困难时，可在车间中央设置疏散通道，疏散通道净宽应不小于 6 m，疏散通道对外出口应不少于 2 个，并应设置在不

表6-15　制浆造纸厂主要生产车间火灾危险性分类

火灾危险性	生　产　车　间
甲	氯酸钠库；二氧化氯制备、过氧化氢制备
乙	液体氯瓶库；NaOH制备、H_2SO_4制备；双氧水制备车间；制氧站；碱回收车间：皂化物分离工段
丙	浆板库、纸成品仓库、备料车间：备料棚、备料（备木）工段、料仓 运料栈桥及转运站（运料地道）、浆板车间、造纸车间 整理车间（完成车间）：碎解工段（废纸、木浆板）
丁	碱回收车间：燃烧工段
戊	化学制浆车间、备浆车间（浆料制备工段）、废纸制浆车间、芒硝库 碱回收车间：蒸发、苛化、石灰回收工段 涂料制备车间、碳酸钙研磨车间、机械制浆车间

同方向，疏散通道两侧隔墙应采用耐火时间不小于3 h的防火墙，疏散通道的防排烟应符合现行国家标准《建筑设计防火规范（2018年版）》（GB 50016—2014）的有关规定，面向疏散通道设置的疏散门应设置不小于6 m²的防烟前室。

（5）除卫生纸外的自动半成品卷筒纸仓库，当设置有效灭火设施保护时，每座仓库的建筑面积、每个防火分区的最大允许建筑面积可按工艺要求确定。

（6）两列纸机布置的湿式造纸车间，在两列纸机之间布置疏散楼梯时，当楼梯间封闭且楼梯间底层出口至室外出口之间设置无障碍、宽度不小于1.5 m、距离不大于60 m的疏散通道时，可作为安全疏散楼梯。

（7）原料及成品仓库的耐火等级、层数和建筑面积应符合现行国家标准《建筑设计防火规范（2018年版）》（GB 50016—2014）的有关规定。

（三）消防设施

（1）厂区总平面布置应保证消防通道通畅、消防水管网合理布置和消防用水的水量。车间内外消火栓的设置、给水设施和固定灭火装置等设计，应符合现行国家标准《建筑设计防火规范（2018年版）》（GB 50016—2014）的有关规定。

（2）在易燃易爆的罐区、车间、作业区和储存库，应设置专用灭火设施及室内外消火栓。

（3）封闭的油泵房内应设置机械排风。

（4）造纸机的密闭气罩内宜设喷淋灭火装置，当多台造纸机布置在同一联合厂房中或因气候原因全部生产设备需布置在同一联合厂房中以及制浆生产中木片堆场单垛超过200000 m³时，设计中应加强监控、火灾报警、喷淋及经过认证的特种消防设施等措施。

（5）火灾报警系统应符合下列规定：①制浆造纸厂应在浆板仓库、成品仓库、车间上料区和完成工段区域设置火灾自动报警系统，并应符合现行国家标准《建筑设计防火规范（2018年版）》（GB 50016—2014）的有关规定。②自备热电站应设置火灾自动报警系统，应符合现行国家标准《火力发电厂与变电站设计防火标准》（GB 50229—2019）的有关规定。③火灾自动报警系统的设计，建筑面积小于 1000 m² 的丙类库房宜设置区域报警系统；建筑面积大于 1000 m² 的丙类库房宜设置集中报警系统。大型制浆造纸厂宜设置消防控制中心，将各个火灾报警控制器的信号送到消防控制中心，集中显示火灾报警部位信号和联动控制状态信号。

（四）火源管理与作业安全

（1）严禁携带烟火进入厂区，消防重点部位禁止明火作业。如维修设备需要进行焊割作业时，必须经过严格审批，停止生产，落实防火措施，方可进行作业。

（2）电气设备和线路的安装，必须符合电气安装规程的规定。电动机照明设备和开关必须符合防尘防爆的要求。

（3）汽车、拖拉机等机动车进入原料场时，易产生火花部位要加装防护装置，排气管必须安装性能良好的防火帽。

（4）原料场、仓库等避雷设施必须齐全有效。避雷设施每年应在雷雨季节前后进行全面检测。

（5）对原料堆垛应严格执行各种原料堆放标准，加强管理，防止自燃。对草垛要定期检测温度，如达 40~50 ℃时应重点监视；达 60~70 ℃时，必须拆垛散热，以防自燃。

（6）备料时，应仔细检查并清除杂物。在切料机进口处应安装电磁报警装置，防止铁质杂物混入切草机。

（7）车间内废纸、损纸、纸毛、纸屑等可燃物应即时清理，防止由于机器热量烘烤或其他火源引发火灾。

（8）危险化学品的储存、使用应符合相关规定。制备漂白剂时，通氯气应由专人操作，氯气管道需密闭。

📖 **习题**

1. 小麦制粉过程主要存在哪些火灾危险性？

2. 食油加工企业应采取哪些防火措施？

3. 纸类生产的火灾危险性和防火措施有哪些？

4. 纺织行业的防火措施是什么？

5. 白酒储罐发生火灾并破裂后会向地势低的方向流淌，在厂区设计时可以采取哪些有效措施避免火势扩大？

6. 造纸生产过程中的火灾特点有哪些？

第七章　洁净厂房防火

洁净厂房也叫无尘车间、洁净室，是指将一定空间范围之内空气中的微粒子、有害空气、细菌等污染物排除，并将室内温度、洁净度、室内压力、气流速度与气流分布、噪声振动及照明、静电控制在特定需求范围内，从而给予特别设计的房间。

由于不同工业企业的洁净厂房内生产的产品及生产工艺各不相同，所以各行业都按各自的特点制定了行业标准和规定，例如《医药工业洁净厂房设计规范》（GB 50457—2019）、《电子工业洁净厂房设计规范》（GB 50472—2008）。

第一节　洁净厂房的分类

洁净厂房是以具有洁净室和洁净区作为重要标志的生产厂房，《洁净厂房设计规范》（GB 50073—2013）对洁净室和洁净区进行了定义。洁净室是指空气悬浮粒子浓度受控的房间，洁净室的建造和使用应减少室内诱入、产生及滞留粒子，室内其他有关参数如温度、湿度、压力等按要求进行控制。洁净区是指空气悬浮粒子浓度受控的限定空间，洁净区的建造和使用应减少空间内诱入、产生及滞留粒子，空间内其他有关参数如温度、湿度、压力等按要求进行控制。洁净区可以是开放式的，也可以是封闭式的。

洁净室的分类方法很多，但运用最多的是按照洁净室的气流流型和洁净室的使用性质进行分类。

一、按洁净室的气流流型划分

（一）单向流洁净室

单向流洁净室如图 7 - 1 所示，气流从室内送风一侧平行、直线、平稳地流向相对应的回风侧，利用洁净空气的压力将室内污染源散发出的污染物在室内扩散之前压出房间，送入的洁净空气对污染源起隔离作用。单向流洁净室又分为垂直单向流洁净室和水平单向流洁净室。

（二）非单向流洁净室

非单向流洁净室如图 7 - 2 所示，气流以不均匀的速度呈不平行流动，伴有回流或涡流。适用这种洁净室的场合洁净度要求一般，这类洁净室依靠送风气流不断稀释室内空气，把室内污染物排出，达到平衡。要保证稀释作用很好地实现，最重要的一点是室内气流扩散得越快越均匀。

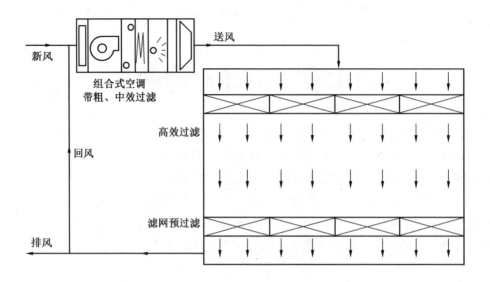

图 7-1 单向流洁净室

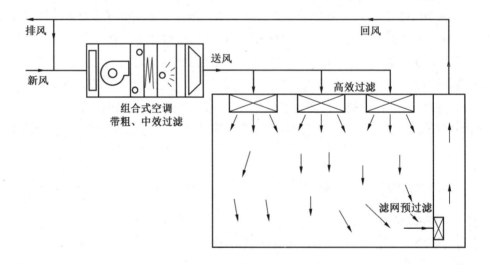

图 7-2 非单向流洁净室

二、按洁净室的使用性质划分

(一) 工业洁净室

例如电子工业、机械工业、化工工业等使用的洁净室。

(二) 生物洁净室

例如生物制药、食品、实验动物饲养等洁净室,洁净手术室等。

(三)生物安全实验室

例如研究高危害性、传染性、病菌病毒等微生物的洁净室。

第二节 洁净厂房的火灾危险性

洁净厂房生产过程中会用到易燃物品,火灾危险源多;建筑空间较大,防火分隔困难;室内通道迂回曲折,人员疏散困难;空间结构密闭,火灾扑救困难;风管布置复杂,火灾蔓延迅速。

一、火灾危险源多

洁净厂房在生产过程都会使用到一些甲、乙类的易燃液体,火灾危险源多。比如电子车间内通常会使用汽油、甲苯、丙酮等有机溶剂作为电路板的清洗剂,在医药产品的工艺灭菌工序中和部分制剂的提取过程中,也都会使用类似的易燃液体。还有一些生产过程中产生的中间产品带有易燃易爆危险性,无法从建筑构造或建筑布局中加以防范,使得厂房的火灾危险性大大增加。

二、火灾蔓延迅速

洁净厂房内设备较多,工艺管线复杂,送风、排风和除尘风管布置较为复杂,风管通常布置在洁净室上方的技术夹层内,发生火灾时火势容易顺着风道迅速蔓延。例如电子生产洁净厂房,层高通常比普通厂房高,且大多设置有上下技术夹层或技术夹道,夹层内布置相关的电气设备、风机、风管、电缆以及气体和液体的输送管道,它们跨楼层相通,一旦发生火灾,火势就会顺着管道迅速蔓延。

三、防火分隔困难

随着现代科技的飞速发展,洁净厂房在工艺设置上对洁净区的面积要求也在不断增大,有些洁净区与原料设备区融为一体,洁净区又与送回风井道一体化设计,洁净厂房建筑空间高度大,水平及垂直防火分区分隔设置比较困难,一旦发生火灾,火势极易蔓延。

四、灭火救援有难度

为保证洁净室的净化度要求,洁净厂房在生产区往往不设外窗或设置较少的固定窗,以保持生产空间结构密闭。一旦发生火灾,热量难以散发,烟气难以排出,使得人员疏散、灭火救援和火场排烟越发困难。部分洁净厂房的保温材料在火灾时会释放出有毒气体,增加人员疏散和火灾扑救难度。

五、人员难以疏散

因为洁净厂房内的走廊和通道布置要满足生产工艺要求，从而导致室内平面布置迂回曲折，人员疏散较为困难。大部分的医药、电子、食品类洁净厂房均属于劳动密集型厂房，特别是包装车间、装配车间等，大多都是车间小、人员多，一旦发生火灾，人员难以疏散，极易造成群死群伤事故。

第三节 洁净厂房的防火要求

洁净厂房虽然在建筑结构和生产工艺上与一般工业厂房有区别，但在建筑材料与建筑构造的防火性能、火灾发展与扩散等方面基本一致，《建筑设计防火规范（2018 年版）》（GB 50016—2014）的相关条款同样适用于洁净厂房。但因为洁净厂房生产工艺的特殊性，洁净厂房在防火设计上也有一些特殊要求。

一、火灾危险性分类

洁净厂房生产工作间的火灾危险性应符合《建筑设计防火规范（2018 年版）》（GB 50016—2014）的有关规定，《洁净厂房设计规范》（GB 50073—2013）把洁净厂房生产工作间的火灾危险分为甲、乙、丙、丁、戊五类，其火灾危险性分类举例见表 7-1。洁净厂房内，当同一座厂房或厂房的任一防火分区内有不同火灾危险性生产时，该厂房或防火分区内的生产火灾危险性分类应按火灾危险性较大的部分确定。

表 7-1　洁净厂房生产工作间的火灾危险性分类举例

生产类别	举　　　例
甲	微型轴承装配的精研间、装配前的检查间 精密陀螺仪装配的清洗间 磁带涂布烘干工段 化工厂的丁酮、丙酮、环乙酮等易燃溶剂的物理提纯工作间、光致抗蚀剂的配制工作间 集成电路工厂使用闪点小于 28 ℃的易燃液体的化学清洗间、外延间 常压化学气相沉积间和化学试剂储存间
乙	胶片厂的洗印车间
丙	计算机机房记录数据的磁盘储存间 显像管厂装配工段烧枪间 磁带装配工段 集成电路工厂的氧化、扩散间和光刻间
丁	液晶显示器件工厂的溅射间、彩膜检验间 光纤预制棒的 MCVD、OVD 沉淀间*，火抛光、芯棒烧缩及拉伸间、拉纤间 彩色荧光粉厂的蓝粉、绿粉、红粉制造间

表 7-1（续）

生产类别	举　例
戊	半导体器件、集成电路工厂的切片间、磨片间、抛光间 光纤、光缆工厂的光纤筛选、校验区

＊MCVD 即改良的化学气相沉积，OVD 即外部气相沉积。

二、建筑材料及其燃烧性能

洁净厂房的耐火等级不应低于二级。

（1）洁净室的顶棚和壁板及夹芯材料应为不燃性材料，且不得采用有机复合材料。顶棚和壁板的耐火极限不应低于 0.40 h，疏散通道顶棚的耐火极限不应低于 1.00 h。

（2）在一个防火区内的综合性厂房，其洁净生产与一般生产区域之间应设置不燃性隔墙封闭到顶。隔墙及其相应顶板的耐火极限不应低于 1.00 h，隔墙上的门、窗耐火极限不应低于 0.60 h。穿过防火隔墙或顶板的管线空隙，应采用防火或耐火材料紧密填塞。

（3）技术竖井井壁应为不燃烧体，耐火极限不应低于 1.00 h，井壁上检查门的耐火极限不应低于 0.60 h。竖井内在各层或间隔一层楼板处，应采用相当于楼板耐火极限的不燃烧体做水平防火分隔。穿过防火分隔墙的管线空隙，应采用防火或耐火材料紧密填塞。

（4）洁净厂房装修材料的燃烧性能应符合《建筑内部装修设计防火规范》（GB 50222—2017）的规定，装修材料的烟密度等级不应大于 50，材料的烟密度等级试验应符合《建筑材料燃烧或分解的烟密度试验方法》（GB/T 8627—2007）的有关规定。

三、防火分区

建筑设计时，应按不同的生产功能、使用功能划分不同的防火分区。甲、乙类生产的洁净厂房，宜采用单层厂房。防火分区最大允许建筑面积，单层厂房宜为 3000 m²，多层厂房宜为 2000 m²。丙、丁、戊类生产的洁净厂房，防火分区最大允许建筑面积应符合《建筑设计防火规范（2018 年版）》（GB 50016—2014）的规定。每一防火分区的建筑面积、安全出口、疏散距离均应满足规范要求。

四、安全疏散设施

洁净厂房的特点是生产人员岗位固定，熟悉工作场所，熟悉疏散路线，有利于人员安全疏散。一般来说，洁净厂房设计时应注意合理组织疏散路线、合理设置安全出口，使平面复杂的洁净厂房满足安全疏散要求。

（一）安全出口

为保证安全疏散的可靠性，洁净厂房每一生产层、每一防火分区或每一洁净区的安全出口的数量均不应少于 2 个。安全出口应分散均匀布置，从生产地点至安全出口不应经过曲折的人员净化路线。

洁净厂房符合下列要求时，可设置 1 个安全出口：

（1）甲、乙类生产厂房每层的洁净生产区总建筑面积不超过 100 m²，且同一时间内生产人员总数不超过 5 人。

（2）丙类生产厂房，每层的建筑面积不超过 250 m²，且同一时间内生产人数不超过 20 人。

（3）丁、戊类生产厂房，每层的建筑面积不超过 400 m²，且同一时间的作业人数不超过 30 人。

洁净区与非洁净区和洁净区与室外相通的安全疏散门应向疏散方向开启，并应加闭门器。安全疏散门不得采用吊门、转门、侧拉门、卷帘门以及电控自动门。

（二）疏散距离

洁净厂房的疏散距离应满足《建筑设计防火规范（2018 年版）》（GB 50016—2014）的要求。耐火等级为一、二级的洁净厂房内任一点到最近安全出口的距离应符合表 7-2 的要求。

表 7-2　洁净厂房内任一点到最近安全出口的距离　　　　　　　　　　　m

生产类别	单层	多层	高层	地下室
甲	30	25	—	—
乙	75	50	30	—
丙	80	60	40	30
丁	不限	不限	50	45
戊	不限	不限	75	60

（三）疏散楼梯

洁净厂房各疏散楼梯均应出屋面，楼梯间的首层应设置直接对外的出口。当疏散楼梯在首层无法设置直接对外的出口时，应设置直通室外的安全通道（房间开向安全通道的门应为乙级防火门），安全通道内应设置正压送风设施。

（四）疏散通道

部分洁净厂房的平面布置因洁净度要求，每一工序都在单独的较小的空间内进行，平面布置错综复杂。转折的生产流线和多重进出房门影响了人员安全疏散时间，疏散通道的设置是保证洁净厂房安全疏散的重要措施。

在医药工业制剂厂房中，疏散通道的确定应尽量结合工艺要求，将工艺中已采取防火分隔措施的主通道作为安全疏散通道。

对于洁净区域相对较大的制剂生产厂房，人、物流通道往往由两部分组成，即洁净区外部的人、物流通道及洁净区内部的人、物流通道。洁净区各个生产用房往往由内部通道相连，以满足不同的生产工序需要，这些内部通道同时也作为洁净区人员的安全疏散路线，通过安全疏散门与外部非洁净通道相连，人员通过外部通道到达室外安全出口或疏散楼梯间。建筑平面设计时应合理构筑人员安全疏散体系，尽可能避免袋形走道，洁净区外部通道尽可能形成环形通道，达到多向疏散的目的，同时也便于消防扑救。

（五）专用消防口

专用消防口是消防救援人员为灭火而进入建筑物的专用入口，平时封闭，火灾时由消防救援人员从室外打开。洁净厂房通常是个相对封闭的空间，一旦发生火灾，会给消防扑救带来困难。洁净厂房同层洁净室（区）外墙应设可供消防救援人员通往厂房洁净室（区）的门、窗洞口，间距大于 80 m 时，在该段外墙的适当部位应设置专用消防口。专用消防口的宽度不应小于 750 mm，高度不应小于 1800 mm，并应有明显标志。楼层专用消防口应设置阳台，并从二层开始向上层架设钢梯。

洁净厂房外墙上的吊门、电控自动门以及装有栅栏的窗，均不应作为火灾发生时供消防救援人员进入厂房的入口。

五、消防设施配置

由于洁净厂房的建筑造价及工艺设备都比较昂贵，如果发生火灾，带来的直接和间接经济损失都将十分惨重，因此建立有效的消防保障体系是洁净室建造和运行必须解决的问题。目前，广泛应用于洁净厂房的消防设施有室内外消火栓系统、自动喷水灭火系统和灭火器。另外，还应根据具体条件和要求，有针对性地选用其他必要的消防设施，如气体灭火系统等。

（一）消防给水和室内消火栓

洁净厂房必须设置消防给水设施，消防给水设施设置应根据生产的火灾危险性、建筑物耐火等级以及建筑物的体积等因素确定，符合《建筑设计防火规范（2018 年版）》（GB 50016—2014）、《消防给水及消火栓系统技术规范》（GB 50974—2014）的有关规定。洁净厂房室内消火栓的设置还应符合下列规定：

（1）洁净室（区）的生产层及上、下技术夹层，应设置室内消火栓。

（2）室内消火栓的用水量不应小于 10 L/s，同时使用水枪数不应少于 2 支，水枪充实水柱不应小于 10 m，每支水枪的出水量不应小于 5 L/s。

（二）自动灭火设备

1. 自动喷水灭火系统

目前，自动喷水灭火系统已成为洁净厂房消防系统的首选配置。洁净厂房内设有贵重设备、仪器的房间设置自动喷水灭火系统时，宜采用预作用自动喷水灭火系统。自动喷水灭火系统的设置应符合《自动喷水灭火系统设计规范》（GB 50084—2017）的要求。其喷水强度一般不宜小于 8 L/(min·m^2)，作用面积不宜小于 160 m^2。

2. 其他灭火设施

洁净厂房内设有贵重设备、仪器的房间设置固定灭火设施时，除设置水灭火系统之外，目前较为广泛使用的还有二氧化碳、IG541、三氟甲烷和七氟丙烷等洁净气体灭火系统。

二氧化碳使用不当会使人窒息，不能用于有人的场所，而且其冷却作用较大，对精密仪器会产生一定影响。IG541气体灭火机理为物理灭火，灭火较慢，它的储存压力较高，保护区域较大，但钢瓶用量多，钢瓶间储存空间较大，而且对系统管网要求高，计算复杂。七氟丙烷气体灭火机理为化学灭火，灭火较快，一般输送距离不宜大于35 m，但被保护对象体积较大时，需配置2套系统，会增加投资造价。综上所述，在洁净厂房存放贵重设备和仪器、物料的洁净室设置气体灭火系统时，不应采用会导致人员窒息和对保护对象产生二次损害的灭火剂，应进行方案比较，选择最合适的系统设计。

（三）火灾自动报警系统

洁净厂房应设置火灾自动报警系统及消防联动控制，洁净厂房的生产层、技术夹层、机房、站房等均应设置火灾报警探测器，生产区及走廊应设置手动火灾报警按钮。易燃易爆气体、液体的储存、使用场所、入口室及分配室应设可燃气体探测器。有毒气体、液体的储存和使用场所应设气体探测器。报警信号应联动启动或手动启动相应的事故排风机，并将报警信号送至消防控制室，消防控制室不应设在洁净区内。消防控制设备的控制及显示功能应符合《火灾自动报警系统设计规范》（GB 50116—2013）的有关规定。

火灾自动报警系统的设计在满足现行规范要求的同时，还应根据洁净厂房的特殊要求合理选择，充分优化。下面以医药类洁净厂房和电子类洁净厂房为例进行说明。

1. 医药类洁净厂房火灾自动报警系统的设计

医药类洁净厂房生产区应设置火灾探测器，生产区与走道还应设置手动火灾报警按钮。高活性药物生产洁净室由于生产过程中使用或产生致敏性药物、生物活性药物或一般致病菌，容易造成污染，因此设置在该类洁净室内的火灾自动报警系统应具备密闭性、耐用性、高灵敏度和表面光洁的特点。点式探测器可选用感温探测器或火焰探测器，如设置感烟火灾探测器，建议选用线型光束感烟火灾探测器。对于安装在吊顶或夹层内比较隐蔽的电缆或电气设备发热可能导致的火灾的探测，可选用缆式线型感温探测器或吸气式感烟火灾探测器。探测器可直接接触或邻近被探测目标安装，以便及早发现火灾隐患。

2. 电子类洁净厂房火灾自动报警系统的设计

电子类洁净厂房应根据生产工艺布置和公用动力系统的装备情况设置火灾自动报警系统。洁净生产区、技术夹层、机房、站房等均应设火灾探测器，其中洁净生产区、技术夹层应设智能型探测器。在洁净室（区）空气处理设备的新风或循环风的出口处宜设火灾探测器。当厂房内防火分区面积超过现行规定要求时，在洁净室内净化空调系统混入新风前的回风气流中应设置高灵敏度早期报警火灾探测器。当洁净室（区）顶部安装探测器不能满足《火灾自动报警系统设计规范》（GB 50116—2013）要求时，在洁净室内净化空调系统混入新风前的回风气流中应设置管路吸气式感烟火灾探测器。

3. 洁净厂房内特种气体、液体泄漏探测系统

洁净厂房中易燃易爆气体、液体的储存和使用场所及入口室或分配室应设可燃气体探测器。有毒气体、液体的储存和使用场所应设气体探测器。报警信号应联动启动或手动启动相应的事故排风机，并应将报警信号传送至消防控制室。

（四）通风、排烟

（1）洁净室内产生粉尘和有害气体的工艺设备，应设局部排风装置。下列情况下，局部排风系统应单独设置：①排风介质混合后能产生或加剧腐蚀性、毒性、燃烧爆炸危险性和发生交叉污染；②排风介质中含有毒性的气体；③排风介质中含有易燃易爆气体。

（2）洁净室的排风系统应符合下列规定：①防止室外气流倒灌；②含有易燃易爆物质的局部排风系统应按物理化学性质采取相应的防火防爆措施；③排风介质中有害物浓度及排放速率超过国家或地区有害物质排放浓度及排放速率规定时，应进行无害化处理；④对含有水蒸气和凝结性物质的排风系统，应设坡度及排放口。

（3）下列情况之一的通风、净化空调系统的风管应设防火阀：①风管穿越防火分区隔墙处，穿越变形缝的防火隔墙两侧；②风管穿越通风、空调机房的隔墙和楼板处；③垂直风管与每层水平风管交接的水平管段上。

（4）风管、附件及辅助材料的耐火性能应符合下列规定：①净化空调系统、排风系统的风管应采用不燃材料；②排除有腐蚀性气体的风管应采用耐腐蚀的难燃材料；③排烟系统的风管应采用不燃材料，其耐火极限应大于 0.50 h；④附件、保温材料、消声材料和黏结剂等均采用不燃材料或难燃材料。

（5）根据生产工艺要求应设置事故排风系统。事故排风系统应设自动和手动控制开关，手动控制开关应分别设在洁净室内外便于操作处。

（6）洁净厂房的疏散走廊应设机械排烟设施，并应符合《建筑设计防火规范（2018年版）》（GB 50016—2014）和《建筑防烟排烟系统技术标准》（GB 51251—2017）的有关规定。

（五）灭火器配置

洁净厂房内各场所应配置灭火器，并应符合《建筑灭火器配置设计规范》（GB 50140—2005）的有关规定。灭火器的配置，关键在于正确选择和使用灭火剂。灭火剂选择时，应考虑配置场所的火灾类型，灭火剂的灭火能力，对保护对象的污损程度，使用的环境温度以及灭火剂之间、灭火剂与可燃物的相容性。

（六）应急照明和疏散指示标志

洁净厂房内应设置人员疏散用的应急照明。在安全出口、疏散口和疏散通道转角处应按规定设置疏散指示标志，在专用消防扑救口处应设置红色应急照明灯。应急照明和疏散指示标志的设置应符合《消防应急照明和疏散指示系统技术标准》（GB 51309—2018）的有关规定。

六、气体管道的安全措施

洁净厂房洁净室（区）内工业管道不应穿越无关的房间，干管应敷设在上、下技术夹层或技术夹道内，易燃易爆、有毒物质管道应明敷，当易燃易爆、有毒物质管道敷设在技术夹层或技术夹道内时，必须采取可靠的浓度检测报警通风措施。工业管道应按不同介质设明显的标识。

各种气瓶库应集中设置在洁净厂房外。当日用气量不超过 1 瓶时，气瓶可设置在洁净室内，但必须采取不积尘和易于清洁的措施。

（一）可燃气体报警装置和事故排风装置的设置

可燃气体易燃易爆，危险性大，容易引发燃烧、爆炸事故，而且发生事故时波及面广，危害性大，造成的损失严重，下列部位应设置可燃气体报警装置和事故排风装置，报警装置应与相应的事故排风机连锁设置：

（1）生产类别为甲类的气体、液体的入口室或分配室。

（2）管廊，上、下技术夹层或技术夹道内有可燃气体的易积聚处。

（3）洁净室内使用可燃气体处。

（二）管道安全技术措施

可燃气体管道应设置下列安全技术措施：

（1）接至用气设备的支管宜设置阻火器。

（2）引至室外的放散管应设阻火器口并设防雷保护设施。

（3）应设置导除静电的接地设施。

氧气管道应设置下列安全技术措施：

（1）管道及其阀门、附件应经严格脱脂处理。

（2）应设导除静电的接地设施。

习题

1. 洁净厂房的火灾危险性有哪些特点？

2. 洁净厂房在安全疏散方面有哪些设计要求？

3. 洁净厂房在消防设施配置方面有哪些设计要求。

4. 洁净厂房内的管道应采取哪些安全措施？

第八章 加油加气站防火

随着我国能源市场的发展和汽车消费的快速增长，燃料供应越来越贴近消费者的生活，加油加气站在人们日常生活中的作用越来越重要。加油加气站经营的燃料具有较高的火灾和爆炸危险性，加油加气站属于易发生火灾危险场所。由于经营服务的需要，绝大部分加油加气站建在人口稠密地区，而且数量多、分布广。因此，加油加气站已成为影响城市安全的主要危险源之一，必须采取有效的防火技术措施，确保其安全可靠。

目前我国城镇、工厂以加油站数量居多，这是由我国能源结构中，石油燃料仍占主体地位决定的。近年来，随着新能源新技术的不断发展，采用LNG、CNG、锂电池、燃料电池等作为新能源的汽车发展迅猛。加油站、加气站、充电桩及互相间的结合，尤其是后两者的火灾防控将会是未来的热点问题。

第一节 加油加气站的分级分类

汽车加油加气站是加油站、加气站、加油加气合建站的统称。汽车加油加气站是为汽车油箱加注汽油、柴油等车用燃料，以及为燃气汽车储气瓶加注车用液化石油气、车用压缩天然气或车用液化天然气的专门场所。汽车加油加气站一般由油气储存区、加油加气区及管理区三部分组成。有的加油站还设有便利店、洗车房等辅助设施。

一、加油加气站的分类

按提供燃料的不同，汽车加油加气站可以划分为加油站、加气站、加油加气合建站。

（一）加油站

加油站是指具有储油设施，使用加油机为机动车加注汽油、柴油等车用燃油并可提供其他便利性服务的场所。

（二）加气站

加气站是指具有储气设施，使用加气机为机动车加注车用LPG、CNG或LNG等车用燃气并可提供其他便利性服务的场所。目前我国加气站主要加注上述三种燃料，此外，还有二甲醚（DME）加气站、氢气加气站及复合加注站（组合提供各种燃料的加油加气合建站）等。

（三）加油加气合建站

加油加气合建站是指具有储油（气）设施，既能为机动车加注车用燃油，又能加注车用燃气，也可提供其他便利性服务的场所。加油加气合建站俗称"二合一"。

电动汽车是国家政策大力推广的新能源汽车，利用加油站、加气站网点建电动汽车充电设施（包括电池更换设施）是一种便捷的方式。《汽车加油加气加氢站技术标准》(GB 50156—2021）规定加油站、加气站可与电动汽车充电设施联合建站，俗称"三合一"。

二、加油加气站的等级分类

汽车加油加气站根据其储油罐、储气罐的容积划分为不同的等级。

（一）汽车加油站的等级分类

汽车加油站按汽油、柴油储存罐的容积规模划分为三个等级。汽车加油站的等级划分见表8-1。

（二）汽车加气站的等级分类

1. 液化石油气（LPG）加气站的等级分类

LPG加气站按储气罐的容积规模划分为三个等级。LPG加气站的等级划分见表8-2。

表8-1　加油站的等级划分

m^3

级别	油罐容积	
	总容积	单罐容积
一级	$150 < V \leqslant 210$	$\leqslant 50$
二级	$90 < V \leqslant 150$	$\leqslant 50$
三级	$V \leqslant 90$	汽油罐$\leqslant 30$，柴油罐$\leqslant 50$

注：V为油罐总容积，柴油罐容积可折半计入油罐总容积。

表8-2　液化石油气（LPG）加气站的等级划分

m^3

级别	LPG容积	
	总容积	单罐容积
一级	$45 < V \leqslant 60$	$\leqslant 30$
二级	$30 < V \leqslant 45$	$\leqslant 30$
三级	$V \leqslant 30$	$\leqslant 30$

2. 压缩天然气（CNG）加气站的等级分类

压缩天然气（CNG）加气站储气设施的总容积，应根据设计加气汽车数量、每辆汽车加气时间、母站服务的子站个数、规模和服务半径等因素综合确定。在城市建成区内，储气设施的总容积母站不应超过120 m^3；常规加气站不超过30 m^3。

CNG加气子站设置有固定储气设施时，停放的车载储气瓶组拖车不应多于一辆，站内固定储气设施采用储气井时，其总容积不应超过18 m^3。若CNG加气子站内无固定储气设施，站内可停放不超过两辆车载储气瓶组拖车。

CNG常规加气站可采用LNG储罐作为补充气源，LNG储罐容积、CNG储气设施的总容积和加气站的等级划分应符合表8-3的有关要求。

3. LNG加气站、L-CNG加气站、LNG和L-CNG加气合建站的等级分类

LNG加气站、L-CNG加气站、LNG和L-CNG加气合建站的等级划分见表8-3。

表 8-3 LNG 加气站、L-CNG 加气站、LNG 和 L-CNG 加气合建站的等级划分 m³

级别	LNG 加气站		L-CNG、LNG 和 L-CNG 加气合建站		
	LNG 储罐总容积	LNG 储罐单罐容积	LNG 储罐总容积	LNG 储罐单罐容积	CNG 储罐单罐容积
一级	$120 < V \leqslant 180$	$V \leqslant 60$	$120 < V \leqslant 180$	$V \leqslant 60$	$V \leqslant 12$
一级*	—	—	$60 < V \leqslant 120$	$V \leqslant 60$	$V \leqslant 24$
二级	$60 < V \leqslant 120$	$V \leqslant 60$	$60 < V \leqslant 120$	$V \leqslant 60$	$V \leqslant 9$
二级*	—	—	$V \leqslant 60$	$V \leqslant 60$	$V \leqslant 18$
三级	$V \leqslant 60$	$V \leqslant 60$	$V \leqslant 60$	$V \leqslant 60$	$V \leqslant 9$
三级*	—	—	$V \leqslant 60$	$V \leqslant 60$	$V \leqslant 18$

注：1. L-CNG 加气站：能将 LNG 转化为 CNG，为 CNG 汽车储气瓶充装车用 CNG，并可提供其他便利性服务的场所。

2. 带 " * " 的加气站专指 CNG 常规加气站以 LNG 储罐作补充气源的建站形式。

4. LNG 加气站与 CNG 常规加气站或 CNG 加气子站的合建站的等级分类

LNG 加气站与 CNG 常规加气站或 CNG 加气子站的合建站的等级划分见表 8-4。

表 8-4 LNG 加气站与 CNG 常规加气站或 CNG 加气子站的合建站的等级划分 m³

级别	LNG 储罐总容积	LNG 储罐单罐容积	CNG 储气设施总容积 V
一级	$60 < V \leqslant 120$	$V \leqslant 60$	$V \leqslant 24$
二级	$30 < V \leqslant 60$	$V \leqslant 60$	$V \leqslant 18$ (24)
三级	$V \leqslant 30$	$V \leqslant 30$	$V \leqslant 18$ (24)

注：表中括号内数字为 CNG 储气设施所采用储气井的总容积。

（三）汽车加油加气合建站

（1）按汽油、柴油储存罐和液化石油气储气罐的容积划分见表 8-5。

表 8-5 加油和液化石油气（LPG）加气合建站的等级划分 m³

合建站等级	LPG 储罐总容积	LPG 储罐总容积与油品储罐总容积合计
一级	$30 < V \leqslant 45$	$120 < V \leqslant 180$
二级	$20 < V \leqslant 30$	$60 < V \leqslant 120$
三级	$V \leqslant 20$	$V \leqslant 60$

注：1. V 为油罐总容积和液化石油气罐总容积，柴油罐容积可折半计入油罐总容积。

2. 当油罐总容积大于 90 m³ 时，油罐单罐容积不应大于 50 m³；当油罐总容积小于或等于 90 m³ 时，汽油罐单罐容积不应大于 30 m³，柴油罐单罐容积不应大于 50 m³。

3. 液化石油气罐单罐的容积不应大于 30 m³。

（2）按汽油、柴油储存罐和天然气（CNG）储气罐的容积划分见表 8-6。

表 8-6　加油和天然气（CNG）加气合建站的等级划分　　　　　　　　m³

级别	油品储罐总容积	常规 CNG 加气站储气设施总容积	加气子站储气设施
一级	$90 < V \leqslant 120$	$V \leqslant 24$	固定储气设施总容积 ≤ 12 m³ 可停放 1 辆车载储气瓶组拖车
二级	$60 < V \leqslant 90$		可停放 1 辆车载储气瓶组拖车
三级	$V \leqslant 60$	$V \leqslant 12$	可停放 1 辆车载储气瓶组拖车

注：1. 柴油罐容积可折半计入油罐总容积。

　　2. 当油罐总容积大于 90 m³ 时，油罐单罐容积不应大于 50 m³；当油罐总容积小于或等于 90 m³ 时，汽油罐单罐容积不应大于 30 m³，柴油罐单罐容积不应大于 50 m³。

第二节　加油加气站的火灾危险性

汽车加油加气站属于易燃易爆场所，具有较大的火灾危险性。

一、加油站的火灾危险性

加油站收发的油品为汽油和柴油。按事故发生原因不同，加油站火灾事故可分为作业事故和非作业事故两大类。

（一）作业事故

作业事故主要发生在卸油、量油、加油和清罐环节。

1. 卸油时发生火灾

据统计，60%～70% 的加油站火灾事故均发生在卸油作业中。常见事故如下：

（1）油罐满溢。卸油时对液位监测不及时造成油品跑、冒，油品溢出罐外后，周围空气中油蒸气的浓度迅速上升，达到或在爆炸极限范围内时，使用工具刮舀、开启电灯照明观察、开窗通风等，均可能产生火花引起爆炸燃烧。

（2）油品滴漏。由于卸油胶管破裂、密封垫破损、快速接头紧固栓松动等原因，使油品滴漏至地面，遇火花立即燃烧。

（3）静电起火。由于油管无静电接地、采用喷溅式卸油、卸油中油罐车无静电接地等原因，造成静电积聚放电，点燃油蒸气。

（4）卸油中遇明火。在非密封卸油过程中，大量油蒸气从卸油口溢出，当周围出现烟火或火花时，就会产生燃烧、爆炸。

2. 量油时发生火灾

油罐车送油到站后未待静电消除就开盖量油，将引起静电起火。如果油罐未安装量油孔或量油孔铝质（铜质）镶槽脱落，在储油罐量油时，量油尺与钢质管口摩擦产生火花，就会点燃罐内油蒸气，引起燃烧、爆炸。

3. 加油时发生火灾

目前，国内大部分加油站未采用密封加油技术，加油时，大量油蒸气外泄，或因操作不当而使油品外溢，都可能在加油口附近形成一个爆炸危险区域，如遇烟火或使用手机等通信工具、铁钉鞋摩擦、金属碰撞、电器打火、发动机排气管喷火等即可导致火灾。

4. 清罐时发生火灾

在加油站油罐清洗作业时，油罐内的油蒸气和沉淀物无法彻底清除，残余油蒸气遇到静电、摩擦和电火花等都可能导致火灾。

（二）非作业事故

加油站非作业事故可分为与油品相关的火灾和非油品火灾。

1. 与油品相关的火灾

（1）油蒸气沉淀。由于油蒸气密度比空气密度大，会沉淀于管沟、电缆沟、下水道、操作井等低洼处，积聚于室内角落处，一旦遇到火源就会发生爆炸燃烧。油蒸气四处蔓延把加油站和作业区内外连通起来，将站外火源引至站内，造成严重的燃烧、爆炸。

（2）油罐、管道渗漏。由于腐蚀、制造缺陷、法兰未紧固等原因，在非作业状态下，油品渗漏，遇明火燃烧。

（3）雷击。雷电直接击中油罐或加油设施，或者作用于油罐和加油设施，或者作用于油罐、加油机等处产生间接放电，导致油品燃烧或油气混合气爆炸。

2. 非油品火灾

（1）电气火灾。电气老化、绝缘破损、线路短路、私拉乱接电线、超负荷用电、过载、接线不规范、发热、电器使用管理不当等原因引起火灾。

（2）明火管理不当，生产、生活用火失控引燃站房。

（3）站外火灾蔓延殃及站内。

二、加气站的火灾危险性

（一）发生泄漏导致火灾

加气站站内工艺过程处于高压状态，容易造成设备泄漏，气体外泄可能发生的部位很多，管道焊缝、阀门、法兰盘、气瓶、压缩机、干燥器、回收罐、过滤罐等都有可能发生泄漏；当液化石油气、压缩天然气管道被拉脱或加气车辆意外失控而撞毁加气机时会造成燃气大量泄漏。泄漏气体一旦遇到引火源，就会发生火灾和爆炸。

此外，压缩天然气加气站储气设施的工作压力为 25.0 MPa，加气机额定工作压力为 20.0 MPa，压缩天然气钢瓶的运行压力为 16.0 ~ 20.0 MPa，这是目前国内可燃气体的最高压力储存容器。系统高压运行容易发生超压，当系统压力超过其能够承受的许用压力时，超过设备及配件的强度极限可能引发爆炸或局部炸裂。液化石油气储罐的设计压力不应小于 1.77 MPa，阀门及附件系统的设计压力不应小于 2.5 MPa，若设备不能满足技术要求，稍有疏忽，便可发生爆炸或火灾事故。

（二）可燃物中存在杂质

在天然气中游离水未脱净的情况下，积水中的硫化氢容易引起钢瓶腐蚀。硫化氢的水溶液在高压状态下对钢瓶或容器的腐蚀比在 4.0 MPa 以下的管网中进行得更快、更容易。从以往事故被炸裂钢瓶的检查情况看，瓶内积存伴有刺鼻气味的黑水，有的达到了 2.5 ~ 5 kg，其中积水里的硫化氢含量超过了 8.083 mg/L。

（三）点火源管控不严

汽车加气站多数建在车辆来往频繁的交通干道两侧，周围环境较复杂，受外部点火源的威胁较大，如邻近建筑烟囱的飞火、邻近建筑的火灾、频繁出入的车辆、人为带入的烟火、打火机火焰、手机电磁火花、穿钉鞋摩擦、撞击火花、穿脱化纤服装产生的静电火花、燃放鞭炮的散落火星、雷击等，均可成为加气站火灾的点火源。操作中也存在多种引火源，加气站设备控制系统是对站内各种设备实施手动或自动控制的系统，潜藏着电气火花；售气系统工作时，天然气在管道中高速流动，易产生静电火源；使用工具不当，或因不慎造成的摩擦、撞击火花等都易引起火灾。

（四）人为因素难以避免

由于作业人员的安全意识差，未按照操作规定设施作业，如灌装接头安装不到位、灌装开关关闭不严等造成气体泄漏等事故。此外，车辆撞击设备、施工过程防护不到位导致设备破损等其他事故也会引发火灾。

第三节　加油加气站的防火要求

一、站址选择

加油加气站的站址选择应符合城乡规划、环境保护和防火安全的要求，并应选在交通便利的地方。一级加油站、一级加气站、一级加油加气合建站、CNG 加气母站，不宜建在城市建成区，不应建在城市中心区。城市建成区内的加油加气站宜靠近城市道路，但不宜选在城市干道的交叉路口附近。

二、防火间距

加油加气站与站外建（构）筑物的防火间距在《汽车加油加气加氢站技术标准》（GB 50156—2021）中有详细规定。汽油设备与站外建（构）筑物的安全间距、LPG 储罐与站外建（构）筑物的安全间距，详见表 8 - 7 和表 8 - 8。

表8-7　汽油设备与站外建（构）筑物的安全间距　　　　　　　　　　　　　m

站外建（构）筑物		站 内 汽 油 设 备											
		埋地油罐									加油机、通气管管口		
		一级站			二级站			三级站					
		无油气回收系统	有卸油油气回收系统	有卸油和加油油气回收系统	无油气回收系统	有卸油油气回收系统	有卸油和加油油气回收系统	无油气回收系统	有卸油油气回收系统	有卸油和加油油气回收系统	无油气回收系统	有卸油油气回收系统	有卸油和加油油气回收系统
重要公共建筑物		50	40	35	50	40	35	50	40	35	50	40	35
明火地点或散发火花地点		30	24	21	25	20	17.5	18	14.5	12.5	18	14.5	12.5
民用建筑物保护类别	一类保护物	25	20	17.5	20	16	14	16	13	11	16	13	11
	二类保护物	20	16	14	16	13	11	12	9.5	8.5	12	9.5	8.5
	三类保护物	16	13	11	12	9.5	8.5	10	8	7	10	8	7
甲乙类物品生产厂房、库房和甲乙类液体储罐		25	20	17.5	22	17.5	15.5	18	14.5	12.5	18	14.5	12.5
丙丁戊类物品生产厂房、库房和丙类液体储罐以及容积不大于50 m³的埋地甲乙类液体储罐		18	14.5	12.5	16	13	11	15	12	10.5	15	12	10.5
室外变、配电站		25	20	17.5	22	18	15.5	18	14.5	12.5	18	14.5	12.5
铁路		22	17.5	15.5	22	17.5	15.5	22	17.5	15.5	22	17.5	15.5

表8-8　LPG储罐与站外建（构）筑物的安全间距　　　　　　　　　　　　　m

站外建（构）筑物		地上 LPG 储罐			埋地 LPG 储罐		
		一级站	二级站	三级站	一级站	二级站	三级站
重要公共建筑物		100	100	100	100	100	100
明火地点或散发火花地点		45	38	33	30	25	18
民用建筑物保护类别	一类保护物						
	二类保护物	35	28	22	20	16	14
	三类保护物	25	22	11	12	9.5	8.5
甲乙类物品生产厂房、库房和甲乙类液体储罐		25	20	17.5	22	17.5	15.5
丙丁戊类物品生产厂房、库房和丙类液体储罐以及容积不大于50 m³的埋地甲乙类液体储罐		18	14.5	12.5	16	13	11
室外变、配电站		25	20	17.5	22	18	15.5
铁路		22	17.5	15.5	22	17.5	15.5

三、平面布局

（1）车辆入口和出口应分开设置。

（2）站区内停车位和道路应符合下列规定：①站内车道或停车位宽度应按车辆类型确定。CNG 加气母站内，单车道或单车停车位宽度不应小于 4.5 m，双车道或双车停车位宽度不应小于 9 m；其他类型加油加气站的车道或停车位，单车道或单车停车位宽度不应小于 4 m，双车道或双车停车位宽度不应小于 6 m。②站内的道路转弯半径应按行驶车型确定，且不宜小于 9 m。③站内停车位应为平坡，道路坡度不应大于 8%，且宜坡向站外。④加油加气作业区内的停车位和道路路面不应采用沥青路面。

（3）在加油加气合建站内，宜将柴油罐布置在 LPG 储罐或 CNG 储气瓶（组）、LNG 储罐与汽油罐之间。

（4）加油加气作业区内，不得有明火地点或散发火花地点。

（5）柴油尾气处理液加注设施的布置应符合下列规定：①不符合防爆要求的设备，应布置在爆炸危险区域之外，且与爆炸危险区域边界线的距离不应小于 3 m；②符合防爆要求的设备，在进行平面布置时可按加油机对待。

（6）电动汽车充电设施应布置在辅助服务区内。

（7）加油加气站的变、配电间或室外变压器应布置在爆炸危险区域之外，且与爆炸危险区域边界线的距离不应小于 3 m。变、配电间的起算点应为门、窗、洞口。

（8）站房可布置在加油加气作业区内，但应符合《汽车加油加气加氢站技术标准》（GB 50156—2021）的规定。

（9）加油加气站内设置的经营性餐饮、汽车服务等非站房所属建筑物或设施，不应布置在加油加气作业区内，其与站内可燃液体或可燃气体设备的防火间距，应符合《汽车加油加气加氢站技术标准》（GB 50156—2021）有关三类保护物的规定。经营性餐饮、汽车服务等设施内设置明火设备时，应视为明火地点或散发火花地点。其中，对加油站内设置的燃煤设备不得按设置有油气回收系统折减距离。

（10）加油加气站内的爆炸危险区域，不应超出站区围墙和可用地界线。

（11）加油加气站的工艺设备与站外建（构）筑物之间，宜设置高度不低于 2.2 m 的不燃烧体实体围墙。当加油加气站的工艺设备与站外建（构）筑物之间的距离大于表 8 - 7 和表 8 - 8 中防火间距的 1.5 倍且大于 25 m 时，可设置非实体围墙。面向车辆入口和出口道路的一侧可设非实体围墙或不设围墙。

（12）加油加气站内设施之间的防火距离，不应小于表 8 - 7 和表 8 - 8 中的规定。

（13）加油加气作业区与辅助服务区之间应有界线标识。

四、建筑防火

（一）加油加气站建筑防火通用要求

（1）加油加气站内的站房及其他附属建筑物的耐火等级不应低于二级。当罩棚顶棚的承重构件为钢结构时，其耐火极限可为 0.25 h，罩棚顶棚其他部分应采用不燃烧体建造。

（2）加气站、加油加气合建站内建筑物的门、窗应向外开。有爆炸危险的建筑物，应采取泄压措施。加油加气站内，爆炸危险区域内房间的地坪应采用不发火花地面并采取通风措施。

（3）加油加气站站房可由办公室、值班室、营业室、控制室、变配电间、卫生间和便利店等组成，站房内可设非明火餐厨设备。站房可与设置在辅助服务区内的餐厅、汽车服务用房、锅炉房、厨房、员工宿舍等合建，但站房与上述设施之间应设置无门、窗、洞口且耐火极限不低于 3.00 h 的实体墙。液化石油气加气站内不应种植树木和易造成可燃气体积聚的其他植物。

（4）加油岛、加气岛及汽车加油、加气场地宜设罩棚，罩棚应采用非燃烧材料制作，其有效高度不应小于 4.5 m。罩棚边缘与加油机或加气机的平面距离不宜小于 2 m。

（5）锅炉宜选用额定供热量不大于 140 kW 的小型锅炉。当采用燃煤锅炉时，宜选用具有除尘功能的自然通风型锅炉。锅炉烟囱出口应高出屋顶 2 m 及以上，且应采取防止火星外逸的有效措施。当采用燃气热水器采暖时，热水器应设有排烟系统和熄火保护等安全装置。

（6）站内地面雨水可散流排出站外。当雨水有明沟排到站外时，在排出围墙之前，应设置水封装置。清洗油罐的污水应集中收集处理，不应直接进入排水管道。液化石油气罐的排污（排水）应采用活动式回收桶集中收集处理，严禁直接接入排水管道。

（7）加油加气站的电力线路宜采用电缆并直埋敷设。电缆穿越行车道部分，应穿钢管保护。当采用电缆沟敷设电缆时，加油加气作业区内的电缆沟必须充沙填实。电缆不得与油品、液化石油气和天然气管道、热力管道敷设在同一沟内。

（8）钢制油罐、液化石油气储罐、液化天然气储罐和压缩天然气储气瓶组必须进行防雷接地，接地点不应少于 2 处。当加油加气站的站房和罩棚需要防直击雷时，应采用避雷带（网）保护。地上或管沟敷设的油品、液化石油气和天然气管道的始、末端和分支处应设防静电和防感应雷的联合接地装置。加油加气站的汽油罐车、液化石油气罐车和液化天然气罐车卸车场地，应设罐车卸车或卸气时用的防静电接地装置，并应设置能检测跨接线及监视接地状态的静电接地仪。

（二）汽车加油站的建筑防火要求

（1）除撬装式加油装置所配置的防火防爆油罐外，加油站的汽油罐和柴油罐应埋地设置，严禁设在室内或地下室内。

（2）汽车加油站的储油罐应采用卧式油罐，油罐应采用钢制人孔盖，人孔应设操作井。设在行车道下面的人孔井应采用加油站车行道下专用的密闭井盖和井座。

（3）汽油罐与柴油罐的通气管应分开设置，通气管管口高出地面不应小于 4 m，沿建

（构）筑物的墙（柱）向上敷设的通气管，其管口应高出建筑物的顶面 1.5 m 以上。通气管管口应设阻火器，当加油站设油气回收系统时，汽油罐的通气管管口除应装设阻火器外，还应装设呼吸阀。

（4）加油机不得设在室内，位于加油岛端部的加油机附近应设防撞柱（栏），其高度不应小于 0.5 m。

（5）油罐车卸油必须采用密闭方式。加油站内的工艺管道除必须露出地面的以外，均应埋地敷设。当采用管沟敷设时，管沟必须用中性沙子或细土填满、填实。工艺管道不应穿过或跨越站房等与其无直接关系的建（构）筑物，与管沟、电缆沟和排水沟交叉时，应采取相应的防护措施。

（6）撬装式加油装置可用于政府有关部门许可的企业自用、临时或特定场所，其设计与安装应符合《采用撬装式加油装置的汽车加油站技术规范》（SH/T 3134—2002）和其他有关规范的规定。

（三）液化石油气加气站的建筑防火要求

（1）液化石油气罐严禁设在室内或地下室内。在加油加气合建站和城市建成区内的加气站，液化石油气罐应埋地设置，且不宜布置在车行道下。当液化石油气加气站采用地下储罐池时，罐池底和侧壁应采取防渗漏措施。地上储罐的支座应采用钢筋混凝土支座，其耐火极限不应低于 5.00 h。加气机不得设在室内。

（2）液化石油气储罐的进液管、液相回流管和气相回流管上应设止回阀。出液管和卸车用的气相平衡管上宜设过流阀。止回阀和过流阀宜设在储罐内。储罐必须设置全启封闭式弹簧安全阀。安全阀与储罐之间的管道上应装设切断阀。地上储罐放散管管口应高出储罐操作平台 2 m 及以上，且应高出地面 5 m 及以上。地下储罐的放散管管口应高出地面 2.5 m 及以上。放散管管口应设有防雨罩。在储罐外的排污管上应设两道切断阀，阀间宜设排污箱。

（3）液化石油气储罐必须设置就地指示的液位计、压力表和温度计以及液位上、下限报警装置，储罐宜设置液位上限限位控制和压力上限报警装置。

（4）液化石油气压缩机进口管道应设过滤器。出口管道应设止回阀和安全阀。进口管道和储罐的气相之间应设旁通阀。连接槽车的液相管道和气相管道上应设拉断阀。加气机的液相管道上宜设事故切断阀或过流阀。事故切断阀、过流阀及加气机附近应设防撞柱（栏）。

（5）加气站和加油加气合建站应设置紧急切断系统。液化石油气罐的出液管道和连接槽车的液相管道上应设紧急切断阀。紧急切断阀宜为气动阀。紧急切断系统至少应能在距卸车点 5 m 以内、在控制室或值班室内和在加气机附近工作人员容易接近的位置启动。

（四）压缩天然气加气站的建筑防火要求

（1）压缩天然气加气站的储气瓶（储气井）间宜采用开敞式或半开敞式钢筋混凝土结构或钢结构。屋面应采用非燃烧轻质材料制作。压缩天然气加气站的压缩机房宜采用单层开敞式或半开敞式建筑，净高不宜低于 4 m；屋面应为不燃材料的轻型结构。

（2）压缩机出口与第一个截断阀之间应设安全阀，压缩机进、出口应设高、低压报警和高压越限停机装置。压缩机组的冷却系统应设温度报警及停车装置。压缩机组的润滑油系统应设低压报警及停机装置。压缩机的卸载排气不得对外放散。压缩机排出的冷凝液应集中处理。

（3）加气站内压缩天然气的储气设施宜选用储气瓶或储气井。储气瓶组或储气井与站内汽车通道相邻一侧，应设安全防撞栏或采取其他防撞措施。

（4）加气机不得设在室内。加气机的进气管道上宜设置防撞事故自动切断阀。加气机的加气软管上应设拉断阀。加气机附近应设防撞柱（栏）。

（5）天然气进站管道上应设紧急截断阀。手动紧急截断阀的位置应便于发生事故时能及时切断气源。储气瓶组（储气井）进气总管上应设安全阀及紧急放散管、压力表及超压报警器。每个储气瓶（井）出口应设截止阀。储气瓶组（储气井）与加气枪之间应设储气瓶组（储气井）截断阀、主截断阀、紧急截断阀和加气截断阀。

（6）加气站内的天然气管道和储气瓶组应设置泄压保护装置，泄压保护装置应采取防堵塞和防冻措施。不同压力级别系统的放散管宜分别设置。放散管管口应高出设备平台 2 m 及以上，且应高出所在地面 5 m 及以上。

（五）LNG 和 L－CNG 加气站的建筑防火要求

（1）在城市中心区内，各类 LNG 加气站应采用埋地 LNG 储罐、地下 LNG 储罐或半地下 LNG 储罐。

（2）非 LNG 撬装设备的地上 LNG 储罐等设备的设置，应符合下列规定：①LNG 储罐之间的净距不应小于相邻较大罐直径的 1/2，且不应小于 2 m。②LNG 储罐组四周应设防护堤，堤内的有效容量不应小于其中 1 个最大 LNG 储罐的容量。防护堤内地面应至少低于周边地面 0.1 m，防护堤顶面应至少高于堤内地面 0.8 m，且应至少高出堤外地面 0.4 m。防护堤内堤脚线至 LNG 储罐的外壁净距不应小于 2 m。防护堤应采用不燃烧实体材料建造，应能承受所容纳液体的静压及温度变化的影响，且不应渗漏。防护堤的雨水排放口应有封堵措施。③防护堤内不应设置其他可燃液体储罐、CNG 储气瓶（组）或储气井。非明火汽化器和 LNG 泵可设置在防护堤内。

（3）箱式 LNG 撬装设备应符合下列规定：①LNG 撬装设备的主箱体内侧应设拦蓄池，拦蓄池内的有效容量不应小于 LNG 储罐的容量，且拦蓄池侧板的高度不应小于 1.2 m，LNG 储罐外壁至拦蓄池侧板的净距不应小于 0.3 m。②拦蓄池的底板和侧板应采用耐低温不锈钢材料，并应保证拦蓄池有足够的强度和刚度。③LNG 撬装设备主箱体应包覆撬体上的设备。主箱体侧板高出拦蓄池侧板以上的部位和箱顶应设置百叶窗，百叶窗应能有效防止雨水淋入箱体内部。④LNG 撬装设备的主箱体应采取通风措施，并符合有关规范的规定。箱体材料应为金属材料，不得采用可燃材料。

（4）地下或半地下 LNG 储罐宜采用卧式储罐，并应安装在罐池中。罐池应为不燃烧实体防护结构，能承受所容纳液体的静压及温度变化的影响，且不应渗漏。储罐的外壁到罐池内壁的距离不应小于 1 m，同池内储罐的间距不应小于 1.5 m。罐池深度大于或等于 2 m 时，池壁顶高出罐池外地面不应小于 1 m，当池壁顶高出罐池外地面 1.5 m 及以上时，池壁可设置用不燃材料制作的实体门。半地下 LNG 储罐的池壁顶应至少高出罐顶 0.2 m。储罐应采取抗浮措施。储罐基础的耐火极限不应低于 3.00 h。

（5）加气机不得设置在室内。加气机附近应设置防撞（柱）栏，其高度不应小于 0.5 m。

（6）当 LNG 管道需要采用封闭管沟敷设时，管沟应采用中性沙子填实。

习题

1. 加油站、加气站、加油加气站的等级如何划分？

2. 加油加气站有哪些火灾危险性？

3. 加油加气站的站址选择应符合哪些要求？

4. 加油加气站的建筑防火有哪些要求？

5. 哪类加油加气站应设计消防给水？如何设计？

第九章　城镇燃气防火

城镇燃气（City Gas），是指由气源点，通过城镇或居住区的燃气输配和供应系统，供给城镇或居民区内，用于生产、生活等用途的，且符合《城镇燃气设计规范（2020年版）》（GB 50028—2006）燃气质量要求的气体燃料。随着我国城市现代化建设的发展和城镇化水平的提高，城镇燃气需求量直线增长，燃气越来越成为城镇人民生活中不可或缺的一项资源。然而，城镇燃气在提升我们生活质量的同时，也带来了很多安全隐患。近年来，多起LPG、CNG和LNG燃气事故造成严重的财产损失和人员伤亡，已威胁到人民生产生活安全和社会稳定。因此，做好城镇燃气的防火工作，对人民生产生活具有重要的现实意义。

第一节　液化石油气供应站防火

液化石油气（Liquefied Petroleum Gas，LPG），主要从天然气、炼油厂石油气和油田伴生气中获取，其主要成分是丙烷、丙烯、丁烷和丁烯。此外，液化石油气中还含有少量的水、乙烷、乙烯、二烯烃、硫化氢、有机硫化物等杂质。液化石油气气态相对密度是空气的1.5~2.5倍，液态相对密度是水的0.50~0.59倍。液化石油气供应站是具有储存、储配、灌装、气化、混气、配送等功能，以储配、气化（混气）或经营液化石油气为目的的专门场所，是液化石油气厂站的总称。

一、液化石油气供应站概述

（一）储存方式

液化石油气的储存方式分为全压力式储存、全冷冻式储存、半冷冻式储存三种。全压力式储存指液化石油气在常温和较高压力下的储存；全冷冻式储存指液化石油气在低温和常压下的储存，温度为−50℃左右；半冷冻式储存指液化石油气在较低温度和较低压力下的储存。

液化石油气全压力式储罐在实际中应用范围最广，包括球罐、卧罐和钢瓶。球罐为球形高压储气罐，其承载力高，节省钢材，但制造比较困难，只用于大型储配站，单罐容积最小为50 m³，最大为5000 m³。卧罐为水平放置的圆筒形高压储气罐，主要由筒体、支座、封头、接管、人孔、安全阀、液位计、温度计及压力表等部件组成，接管一般包括液相进液管、液相出液管、液相回流管、气相管和排污管。卧罐单罐容积不超过120 m³，一般用于中小型储配站，最小不低于 2 m³。液化石油气钢瓶是供用户使用的盛装液化石油气的容器，由瓶体、瓶嘴、瓶阀、底座及护罩等组成，主要型号包括 YSP – 10、YSP – 15、YSP – 50 等几种。

（二）分类形式

液化石油气供应站是具有储存、装卸、灌装、气化、混气、配送等功能，以储配、气化（混气）或经营液化石油气为目的的专门场所，是液化石油气厂站的总称。包括储存站、灌装站、储配站、气化站、混气站、瓶组气化站和瓶装供应站，分别通过管道、铁路、公路和水路将液化石油气输送给用户使用。各种类型间的关系如图 9 – 1 所示。

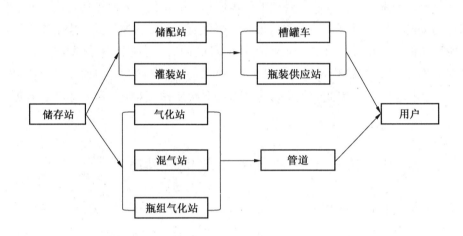

图 9 – 1　各类液化石油气供应站间的关系

（三）工艺简介

1. 液化石油气储存站、灌装站及储配站

这类型的液化石油气供应站主要涉及储存、装卸、灌装及储配的相关设备及工艺流程。

1）储存

液化石油气储存站是储存液化石油气，并将其输送给灌装站、气化站和混气站的液化石油气储存站场。其工艺主要涉及储罐，常见的储罐有球形储罐和卧式储罐两种，当采用全冷冻方式进行储存时，需使用拱顶双层壁的圆筒形储罐。

球形储罐的底部设有液相进出物料管线、排污阀、紧急注水等装置，在进出物料管线均安装有紧急切断阀。顶部设有气相管线、安全阀、液位计等。气相管与安全阀相连，在大型石油化工企业设有火炬的情况下，气相管线连接火炬线，当储罐压力升高时，超压气体从安全阀直接经火炬线引至地面火炬或高架火炬安全焚烧。

卧式储罐比球形储罐的储存能力小很多，进出物料管线也相似，即顶部气相进出，底部液相进出，此外卧式储罐还设有管托架、法兰接管、人孔等附件。值得注意的是，当储罐压力上升超过安全压力时，安全阀可进行自动泄压；若此时压力持续升高，卧式储罐的椭圆形封头处可能崩开，需及时观测和处理。

2）装卸

常用的装卸方法有：压缩机装卸法、加热装卸法、烃泵装卸法、压缩气体装卸法和静压差装卸法等。

（1）压缩机装卸法原理是利用压缩机抽吸和加压输出气体的性能，将需要灌装的储罐（或罐车）中的气相液化石油气通入压缩机入口，经压缩升压后输送到准备卸液的罐车（或储罐）中，从而降低灌装罐（或罐车）的压力，提高卸液罐车（或储罐）中的压力，使二者之间形成装卸所需的压差（0.2～0.3 MPa），液态液化石油气便在压力差的作用下流进灌装的储罐（或罐车），从而达到装卸液化石油气的目的。其工艺流程如图9-2所示。

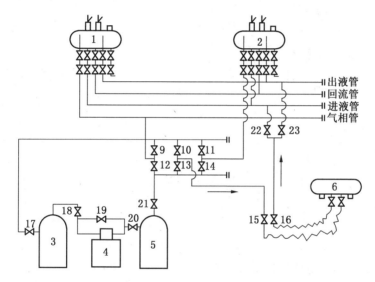

1—储罐甲；2—储罐乙；3—气液分离图；4—压缩机；5—油气分离器；6—罐车

图9-2　压缩机装卸法工艺流程

（2）加热装卸法原理是利用液化石油气受热后饱和蒸气压力显著提高的特性，以蒸汽或热水作为加热源，在不改变容器容积的条件下，使液化石油气的压力增高，在罐车与储罐之间形成一定的压力差，作为装卸液化石油气的动力。

（3）烃泵装卸法原理是利用烃泵输送液体的性能，将需卸液的罐车或储罐中液态液化石油气通过烃泵加压输送到储罐（或罐车）中。烃泵装卸法工艺流程如图9-3所示。卸车时，关闭阀门13和8，打开阀门11和13，使罐车的液相管与烃泵的入口管接通，烃泵的出口管与储罐的液相管相通，按烃泵的操作程序启动烃泵，罐车的液化石油气在泵的作用下经液相管进入储罐，从而完成卸车作业。

（4）压缩气体装卸法是将与液化石油气混合后不会引起爆炸的不溶、不凝的瓶装高压气体，送入准备倒空的罐车（或储罐）中，使其与灌装储罐（或罐车）之间产生一定

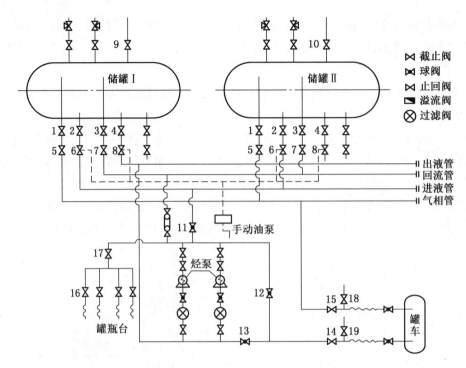

1～4、16、17—灌瓶台阀门；5～8—储罐操作阀；9、10—储罐顶部阀；11—泵站液相阀；

12—罐车充装阀；13～15—泵站阀门；18、19—排空阀

图9-3　烃泵装卸法工艺流程

的压差，从而将液化石油气从倒空容器流入灌装容器之中。压缩气体装卸法工艺流程如图9-4所示。

（5）静压差装卸法原理是利用两个液化石油气容器之间的位置高低之差产生的静压差，使液化石油气从高位置容器流往低位置容器，达到装卸目的。其工艺流程如图9-5所示。

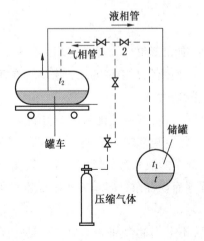

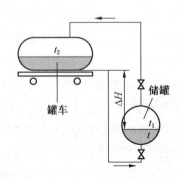

图9-4　压缩气体装卸法工艺流程　　　　图9-5　静压差装卸法工艺流程

3）灌装

灌装站是进行液化石油气灌装作业的站场，灌装原理与装卸原理相似，为将储罐中的液化石油气灌注到钢瓶中去，一般采用烃泵抽吸储罐中的液态液化石油气，有时也利用压缩机给储罐中液化石油气加压，使液化石油气压力高于钢瓶内压力，将液化石油气灌注到钢瓶中。

4）储配

储配站是液化石油气储存站和灌装站的统称，具有以下功能：自液化石油气生产场所或储存站接收液化石油气，然后将液化石油气卸入储配站的固定储罐进行储存，随后将储配站固定储罐中的液化石油气灌注到钢瓶、汽车槽车或其他移动式储罐中，同时要接收空瓶和输送充装后的液化石油气瓶以及进行残液处理等。当液化石油气供应站储罐设计总容量超过 3000 m³ 时，宜将储罐分别设置在储存站和灌装站；当储罐总容量小于 3000 m³ 时，可将储罐全部设置在储配站。

2. 液化石油气气化站与混气站

气化站与混气站的核心工艺都是将液态液化石油气气化后直接或掺入一定比例的空气经管道向用户供气。液化石油气的气化分为两种：自然气化和强制气化。因液化石油气气化时需吸收大量热量，除居民使用的瓶装液化石油气采用自然气化，其余为强制气化。

1）气化站

气化站的工艺流程为：液化石油气储罐→气化器→气液分离器→调压器组（根据压力不同，分为中－低压、高－中压调压器组）→管道→用户。其中气化和防止液化石油气再液化是其两大核心工艺点。

供城镇居民使用气化站的气化方式分为加压强制气化、减压强制气化和等压强制气化。我国液化石油气气化站普遍采用等压强制气化，其工艺原理是利用储罐中液化石油气自身的压力进入气化器，液化石油气在气化器中升温气化，然后进入调压阀调压外输。

在一定压力下同一组分液化石油气气体温度降低至露点以下将会液化。我国北方相对南方而言，冬季寒冷、干燥、气温很低，加热强制气化的液化石油气气体易发生再次液化，而无法作为燃料气继续使用。因此针对不同工艺流程段及不同压力输送管道要采取相应的措施：气化器与调压器之间的管道不宜过长，以减小散热；调压器前要设气液分离器，以分离冷凝液。中压管段中压露点较低，管道一般较长，在冬季宜选用丙烷含量较高的液化石油气，还需对管道采取保温措施。

2）混气站

液化气混空气也叫"代天然气"（又称 LPG－AIR），其热力学性质与天然气非常相近，更适合长距离配送，是我国北方暂时没有天然气源地区的理想气源。此外，在天然气管网压力不足时，将事先储存的液化石油气经气化减压后与一定比例的空气混合，并及时补充到管网中，使供气管网保持足够的运行压力，可以确保正常供气。

混气站内分生产区和生产辅助区，生产区内一般可分为液化石油气装卸区、液化石油气储存区、气化混气区、LPG – AIR 储存或缓冲区。混合供应方式主要分引射式、流量比例式和面积开口比例式等方式，混气比例设定在爆炸上限 1.5 倍以上的任意比例，一般为 LPG：AIR = 40：60、45：55 或 50：50。

3. 液化石油气瓶组气化站与气瓶供应站

瓶组气化站是指配置 2 个或以上液化石油气钢瓶，采用自然或强制气化方式将液态液化石油气转换为气态液化石油气，经稳压后通过管道向用户供气的专门场所。

液化石油气瓶供应站是经营和储存瓶装液化气的专门场所。

二、液化石油气供应站的火灾危险性及火灾特点

安全附件失效、焊缝处泄漏、阀门法兰处泄漏，过量充装及违反安全操作都易导致液化石油气泄漏发生火灾爆炸事故。液化石油气供应站均属甲类场所，其火灾危险性如下。

（一）液化石油气具有较高的燃爆性

从其理化性质看，液化石油气属于一级可燃气体，甲类火灾危险性，点火能量小，火焰温度高（可达 2120 ℃），热辐射能力强，各组分物质的爆炸下限均低于 10%，存在物理性爆炸和化学性爆炸两种可能性，同时极易引燃、引爆周围的易燃、易爆物质，使火势迅速蔓延扩大。

（二）事故波及范围广，社会影响大

储存站、储配站及灌装站大都位于城市边缘，气化站、混气站通过管道直接联通用户，而气瓶供应站则一般位于居民小区附近，人员密集，一旦发生事故易造成群死群伤，波及范围广，社会影响大。

（三）安全管理操作要求高

在供应站运行过程中，充装卸料操作流程、火源控制、防爆防静电等方面要求高。容器管道阀门易发生"跑、冒、滴、漏"现象，液化石油气泄漏后常在低洼处聚集，一遇火源极易发生爆炸。此外，安全阀、压力表及料位计等安全附件损坏导致的过量充装事故也易引发液化石油气安全事故。

三、液化石油气供应站的防火要求

（一）爆炸危险区域划分

液化石油气场所的爆炸危险区域等级和范围是根据释放源级别和通风等条件来划分的。液化石油气生产场所内灌瓶间的气瓶灌装嘴、汽车槽车和铁路槽车装卸口、码头装卸臂接口的释放源属第一级释放源，其所在区域划为 1 区；其余爆炸危险场所的释放源属第二级释放源，其所在区域划为 2 区。另外，根据通风等条件可对区域等级进行调整，当通风条件良好时，可降低爆炸危险区域等级；当通风不良时，宜提高爆炸危险区域等级；有凹坑、障碍物和死角处，宜局部提高爆炸危险区域等级。

（二）储存站、储配站和灌装站防火

1. 选址

二级及以上的液化石油气储存站、储配站和灌装站需设置在城镇边缘或相对独立的安全地带，并远离住宅区、影剧院、学校、体育馆等人员聚集的场所；选择地势开阔、平坦、不易积存液化石油气的地段，避开地质灾害多发区；还需具备供电、给水排水、交通和通信等条件，选择所在地区全年最小频率风向的上风侧。

2. 站内总平面布置

（1）液化石油气储存站、储配站和灌装站站内总平面应分区布置，分为生产区（包括储罐区和灌装区）和辅助区。生产区宜布置在站区全年最小频率风向的上风侧或上侧风侧。

（2）边界应设置围墙。生产区设置高度不低于 2 m 的不燃烧体实体围墙，辅助区可设置不燃烧体非实体围墙。

（3）液化石油气储存站、储配站和灌装站的生产区和辅助区需至少各设置 1 个对外出入口。当液化石油气储罐总容积大于 1000 m³ 时，生产区需至少设置 2 个对外出入口，且其间距不应小于 50 m。对外出入口的设置需便于通行和紧急事故时人员疏散，宽度均不应小于 4 m。

（4）生产区内严禁设置地下和半地下建筑，但采取了防止液化石油气聚集措施的储罐区可设地下排水管沟，严寒和寒冷地区需设地下消火栓。

（5）生产区需设置环形消防车道。当储罐总容积小于 500 m³ 时，可设置尽头式消防车道和回车场，且回车场的面积不应小于 12 m×12 m。消防车道宽度不应小于 4 m。灌瓶间和瓶库与站内建（构）筑物的防火间距需按甲类储存物品仓库规定执行，不应低于表 9－1 的要求。

表 9－1　液化石油气灌瓶间和瓶库与站内建（构）筑物的防火间距　　　　m

场所与储罐容积	≤10 t	>10～≤30 t	>30 t
明火、散发火花地点	25	30	40
铁路槽车装卸线（中心线）	12	25	30
值班室、仪表间、压缩机室	15	15	18
办公室、生活建筑	20	25	30
汽车库、机修间	25	30	40

（三）气化站和混气站防火

1. 选址

液化石油气气化站和混气站的站址，应设置在地势开阔、平坦、不易积存液化石油气的地段，且所在地全年最小频率风向上风侧的地区，同时还需避开地震带、地基沉陷和废弃矿井等地段。

2. 站内总平面布置

（1）液化石油气气化站和混气站总平面应按功能分区进行布置，即分为生产区（储罐区、气化站、混气区）和辅助区。生产区宜布置在站区全年最小频率风向的上风侧或上侧风侧。

（2）液化石油气气化站和混气站的生产区应设置高度不低于 2 m 的不燃烧体实体围墙。辅助区可设置不燃烧体非实体围墙。储罐总容积不高于 50 m³ 的气化站和混气站，其生产区和辅助区之间可不设置分区隔墙。

（3）气化站和混气站的液化石油气储罐与站内建（构）筑物的防火间距应符合《城镇燃气设计规范（2020 年版）》（GB 50028—2006）的要求。

（4）液化石油气气化站和混气站内消防车道应设置环形消防车道，宽度不应小于 4 m。当储罐总容积小于 500 m³ 时，可设置尽头式消防车道和面积不小于 12 m × 12 m 的回车场。液化石油气气化站和混气站的生产区和辅助区应至少各设置 1 个对外出入口。当液化石油气储罐总容积超过 1000 m³ 时，生产区应设置 2 个对外出入口，其间距不应小于 50 m，对外出入口宽度不应小于 4 m。

（四）液化石油气储罐防火

1. 储罐与站外建（构）筑物之间防火间距

液化石油气供应站的全压力式储罐与外建（构）筑物、堆场的防火间距，全冷冻式储罐与外建（构）筑物、堆场的防火间距，半冷冻式储罐与外建（构）筑物的防火间距，应综合考虑储罐单罐容积、总容积、地理位置、气象条件、破坏程度以及火灾扑救等方面的因素确定。

2. 储罐与站内设施之间防火间距

全压力式液化石油气储罐不应少于 2 台，地上储罐之间的净距不应小于相邻较大罐的直径；地上储罐的总容积超过 3000 m³ 时，应分组布置，组与组之间相邻储罐的净距不应小于 20 m，组内储罐宜采用单排布置；储罐四周应设置高度为 1 m 的不燃烧实体围墙，应满足球形储罐与防护墙的净距不宜小于其半径，卧式储罐不宜小于其直径，操作侧不宜小于 3 m。

3. 泄压排放

液化石油气储罐安全阀必须选用全启式安全阀，并应装设放散管，地上储罐放散管管口应高出地面 5 m 以上，储罐与安全阀之间必须安装阀门。储罐必须设置就地指示的液位计和压力表，容积大于 100 m³ 的储罐应设置远距离传输显示的液位计、压力表、液位上下限报警装置和压力上限报警装置。液相进口管必须设置止回阀，液相出口管和气相管必须设置紧急切断阀，排污管应设置两道阀门，并采取防冻措施。容积大于 100 m³ 的液化石油气储罐应设置高低液位报警装置，容积不小于 50 m³ 的液化石油气储罐液相出口管应设置紧急切断阀。

（五）瓶组气化站防火

瓶组气化站不得设置在地下和半地下室内。当采用自然气化方式供气，且瓶组气化站配置气瓶的总容积小于 1 m³ 时，瓶组间可将其设置在与建筑物（住宅、重要公共建筑和高层民用建筑除外）外墙毗连的单层专用房间内，建筑耐火等级不应低于二级。当瓶组气化站配置气瓶的总容积超过 1 m³ 时，应将其设置在高度不低于 2.2 m 的独立瓶组间内，瓶组间与明火、散发火花地点和建（构）筑物的防火间距应满足表 9-2 的规定。瓶组气化站的气化间宜与瓶组间合建一幢建筑，两者间的隔墙不得开门窗洞口，且隔墙耐火极限不应低于 3.0 h。

表 9-2　瓶组间与明火、散发火花地点和建（构）筑物的防火间距　　　　　m

场所与储罐容积		≤2 t	>2 t~≤4 t	一级站/t		二级站/t	
				>10~≤20	>6~≤10	>3~≤6	>1~≤3
明火、散发火花地点		25	30	35	30	25	20
民用建筑		8	10	15	10	8	6
重要公共建筑、一类高层民用建筑		15	20	25	20	15	12
道路（路边）	主要	10		10		8	
	次要	5		5		5	

（六）瓶装供应站防火

瓶装液化石油气供应站根据气瓶总容积分为一级、二级和三级。一级、二级瓶装液化石油气供应站的瓶库采用敞开或半敞开式建筑，一级瓶装供应站出入口一侧的围墙可设置高度不低于 2 m 的不燃烧非实体围墙，二级瓶装液化石油气供应站的四周宜设置非实体围墙，围墙应采用不燃烧材料。一级、二级瓶装供应站的瓶库与站外建（构）筑物的防火间距不应小于表 9-2 的规定。

（七）液化石油气供应站消防设施

1. 火灾自动报警系统

液化石油气供应站内消防水泵和液化石油气气化站、混气站的供配电系统需按二级负荷的规定进行设计。液化石油气储罐区和灌装区等爆炸危险场所应设置可燃气体浓度检测报警装置，报警器应设置在值班室或仪表间等有值班人员的场所，瓶组气化站和瓶装供应站可采用手提式可燃气体浓度检测报警器，报警浓度应低于可燃气体爆炸下限的 20%。低温燃气储罐区、气化区等可能发生低温燃气泄漏的区域应设置低温检测报警连锁装置。对可能受到土壤冻结影响的低温燃气储罐基础和设备基础还需设置温度检测装置。

2. 消防给水系统

液化石油气储配站应按要求设置消防给水系统，包括消防水池（或其他水源）、给水管网、消防水泵房、地上消火栓和储罐固定喷水冷却装置。

单罐容积超过 20 m³ 或总容积超过 50 m³ 的液化石油气储罐应设置固定喷水冷却装置，

火灾时用来冷却，也可作为夏季降温使用，必须保证喷水时将储罐全部覆盖；地下液化石油气储罐可不设置固定喷水冷却装置。球形储罐宜采用喷雾头，供水压力需大于0.2 MPa，供水强度需大于 0.15 L/(s·m²)，着火储罐的保护面积按其全表面积计算，一定范围的相邻储罐按表面积的一半计算。卧式储罐宜采用喷淋管，消防用水量应按固定喷水冷却装置和水枪用水量之和计算，消防用水量超过 25 L/s 时，消防水泵应设备用泵；当消防用水量大于 35 L/s 时，消防水泵电源要满足二级负荷供电要求。消防水池的容量应按火灾连续时间 6 h 计算确定。液化石油气储罐规定喷水冷却装置采用喷雾头，卧式储罐固定喷水冷却装置采用喷淋管。

3. 灭火器材

为了迅速扑灭初起火灾，液化石油气储罐区、灌瓶间、瓶组库、压缩机室、烃泵房、汽车装卸台等火灾爆炸危险场所应配备 8 kg 手提式干粉型灭火器，同时可设置部分 35 kg 推车式干粉灭火器。液化石油气站内干粉灭火器的配置数量应满足表 9-3 的要求。

表 9-3　液化石油气站内干粉灭火器配置数量

场　　所	配　置　数　量
储罐区、地下储罐组	按储罐台数，每台设置 8 kg 的 2 具，每个设置点不宜超过 5 具
储罐室	按储罐台数，每台设置 8 kg 的 2 具
灌瓶间及附属瓶库、瓶组库、压缩机室、烃泵房、汽车槽车库、气化间、混气间、调压计量间和瓶装供应站的瓶库等爆炸危险性建筑	按建筑面积，每 50 m² 设置 8 kg 的 1 具，且每个房间不应少于 2 具，每个设置点不宜超过 5 具
铁路槽车装卸栈桥	按槽车车位数，每车位设置 8 kg 的 2 具，每个设置点不宜超过 5 具
汽车槽车装卸台柱（装卸口）	8 kg 的不应少于 2 具
其他建筑（变配电室、仪表间等）	按建筑面积，每 50 m² 设置 8 kg 的 1 具，且每个房间不应少于 2 具

注：表中 8 kg 指手提式干粉型灭火器的药剂充装量。

第二节　压缩天然气供应站防火

天然气是指天然蕴藏于地层中自然形成的烃类和非烃类气体的混合物，根据开采技术分为常规天然气和非常规天然气。常规天然气按矿藏特点可分为油田气、气田气和生物生成气，非常规天然气可分为天然气水合物、煤层气和页岩气。天然气的主要成分是甲烷，还含有乙烷和丙烷等其他烷烃以及少量的非烃类组分，如硫化氢、一氧化碳、二氧化碳和稀有气体等。甲烷的相对密度（水）为 0.45，自燃点为 540 ℃，标准状态下高燃烧热值为 39842 kJ/m³，爆炸极限为 5% ~15%（体积百分数）。

一、压缩天然气供应站概述

压缩天然气（Compressed Natural Gas，CNG）是指储存压力不低于 10 MPa 且不超过 25 MPa（表压）的天然气，天然气在 25 MPa 压力下的体积约为标准状态下同质量天然气体积的 1/250，一般充装到高压容器中储存和运输。压缩天然气供应系统指在环境温度为 -40～50 ℃时，经加压站净化、脱水、压缩至不大于 25 MPa 的条件下，充装入气瓶储运车的高压储气瓶组，再由气瓶转运车送至城镇压缩天然气汽车加气站，作为汽车发动机的燃料，或送至压缩天然气供应站，供居民生活、商业、工业企业生产的燃料系统。压缩天然气供应系统如图 9-6 所示。

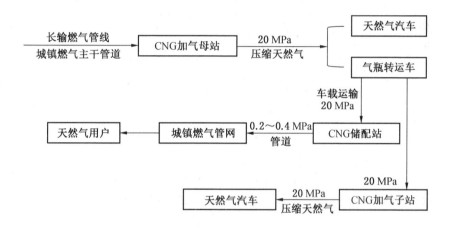

图 9-6 压缩天然气供应系统

（一）加气母站

压缩天然气加气母站是指通过气瓶转运车向汽车加气子站或压缩天然气储配站供应压缩天然气的加气站。加气母站一般由天然气管道、调压、计量、压缩、脱水、储存、加气等主要生产工艺系统及控制系统构成，其总平面应分区布置，分为生产区和辅助生产区。压缩天然气加气母站多选择建设在长输管线、城镇燃气干线附近或与城市门站合建，具备适宜的交通、供电、给水排水、通信及工程地质条件。

（二）压缩天然气运输

压缩天然气运输方式分为管道运输、汽车槽车和槽船运输，管道运输分为长输管道系统和城镇燃气输配系统。

1. **压缩天然气长输管道**

压缩天然气长输管道系统一般包括首站、输气干线、干线截断阀室、中间气体分输站、中间气体接收站、压气站、清管站、地下储气库和末站等。

2. **城镇燃气输配**

1）燃气管网和调压设施

燃气管网由燃气管道和设备组成，燃气管道按敷设方式分为地下燃气管道和架空燃气管道，按燃气设计压力分为7级，见表9-4。高压和次高压燃气管道应采用钢管，中压和低压燃气管道可采用聚乙烯管、机械接口球墨铸铁管、钢管或钢骨架聚乙烯塑料复合管。高压燃气从门站由高压管道输气，经调压装置调至次高压、中压和低压，由低压管道供应燃气用户。调压装置通常由调压器、过滤器、阀门、旁通管、安全装置及测量仪表组成，将调压装置放置于专用的建筑物的称为调压站；放置于专用箱体，悬挂式和地下式箱称为调压箱，落地式箱称为调压柜。

表9-4　城镇燃气设计压力（表压）分级

名　　称		压力 p/MPa	名　　称		压力 p/MPa
高压燃气管道	A	$2.5 < p \leqslant 4.0$	中压燃气管道	A	$0.2 < p \leqslant 0.4$
	B	$1.6 < p \leqslant 2.5$		B	$0.01 < p \leqslant 0.2$
次高压燃气管道	A	$0.8 < p \leqslant 1.6$	低压燃气管道		$p < 0.01$
	B	$0.4 < p \leqslant 0.8$			

2）储气设施

储气设施用于解决燃气生产量与用气量不平衡的矛盾，还可保证停电、设备故障等意外事故时有一定的供气量，储存方式有管道储存、液化储存、储气罐储存和地下储气库储存。高压储气罐按结构形式分为球形和圆柱形；低压储气罐按密封方式分为干式和湿式，干式分为润滑脂密封、稀油密封和橡胶布帘密封三种形式，湿式又分为螺旋升降式和直立升降式。管道储存应用于高压储气，分为大口径管道储存和管束储存。大口径管道储存一般设在长距离输气管线的末段；管束储存是用直径1.0～1.5 m，长度数百米的若干根至数十根钢管按一定的间距排列，压入天然气进行储存。天然气液化储存一般采用低温常压方法，将天然气冷冻至其沸点温度（-162 ℃）以下，在其饱和蒸气压接近于常压时进行储存。一是采用圆柱形双层金属罐壁的地面金属罐储存，二是地下冻土储罐，三是预应力混凝土储罐。

二、压缩天然气供应站的火灾危险性

压缩天然气供应站内天然气本身性质、储存的钢瓶泄漏和外界火源均易引发火灾爆炸事故。压缩天然气供应站均属甲类场所，其火灾危险性如下。

（一）储存的天然气具有易燃易爆性

天然气的主要成分甲烷属一级可燃气体，甲类火灾危险性，爆炸极限为5%～15%（体积百分数），最小点火能量仅为0.28 mJ，燃烧速度极快，燃烧热值高（高发热值大于31.4 mJ/m³），对空气的比重为0.55，扩散系数为0.196，与空气混合易形成爆炸性混合物，遇明火、静电极易燃烧爆炸，并且流散能力极强，一旦发生燃烧爆炸事故，火势蔓延迅速，扑救困难。

（二）易泄漏引发事故

站内工艺系统处于高压状态，工艺设备容易造成泄漏，气体外泄可能发生的地点很多，如法兰盘、管道焊缝、阀门、气瓶、回收罐、干燥器、压缩机、过滤罐等都有可能发生泄漏；当压缩天然气管道被拉脱或加气车辆意外失控而撞毁加气机时，会造成天然气大量泄漏。泄漏气体一旦遇点火源，就会发生火灾或爆炸，造成经济损失和人员伤亡事故。

（三）存在多种引火源

压缩天然气加气站受外部点火源的威胁较大，如建筑火灾，邻近烟囱飞火，衣物静电火花，手机电磁火花，人员车辆带入烟火，物体摩擦撞击火花，烟花爆竹散落火花，雷击、电气火花等，均可成为加气站火灾的点火源。

（四）高压运行危险性大

压缩天然气加气站系统高压为 20 ~ 25 MPa，若钢瓶质量或承压设备不能满足技术要求，就可能发生火灾或爆炸事故。系统高压运行容易发生超压，系统压力超过其允许承受的设计压力，超过设备及配件的强度极限即可能引起局部爆裂或引发爆炸。

（五）天然气质量差带来危险

在天然气中的游离水未脱净的情况下，积水中的硫化氢容易引起钢瓶腐蚀。从理论上讲，硫化氢的水溶液在高压状态下对钢瓶或容器的腐蚀，比在 4 MPa 以下的管网中进行得更快、更容易，在给钢瓶充气时极易发生爆炸并起火成灾。

三、压缩天然气供应站的防火要求

1. 压缩天然气加气站防火

压缩天然气加气站指由高、中压输气管道或气田的集气处理站等引入天然气，经净化、计量、压缩并向气瓶车或气瓶组充装压缩天然气的站场。压缩天然气加气站根据功能分为生产区和辅助生产区，压缩天然气加气站总平面应分区布置。当压缩天然气加气站与储配站合建时，应综合考虑站内气瓶车与天然气储罐的防火间距、集中放散装置的放散管与气瓶车固定车位的防火间距、气瓶车固定车位与站内外建（构）筑物的防火间距。此外，压缩天然气加气站的生产厂房及其附属建筑物的耐火等级不应低于二级。

2. 压缩天然气储配站防火

压缩天然气储配站的功能是接收压缩天然气气瓶转运车从加气母站运输来的压缩天然气，经卸气、加热、调压、储存、计量、加臭后送入城镇燃气输配管道供用户使用。压缩天然气储配站工艺流程如图 9 – 7 所示。

压缩天然气储配站防火设计应综合考虑站内天然气储罐、气瓶车固定车位与站内建（构）筑物的防火间距，天然气储罐与罐区之间的防火间距。当天然气储罐区设置检修用集中放散装置时，还应考虑集中放散装置的放散管与站内外建（构）筑物的防火间距。

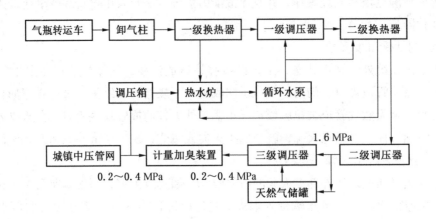

图 9-7 压缩天然气储配站工艺流程

压缩天然气储配站的生产厂房及其附属建筑物的耐火等级不应低于二级。

3. 瓶组供应站防火

压缩天然气瓶组供应站指采用压缩天然气气瓶作为储气设施，具有将压缩天然气卸气、调压、计量和加臭并送入城镇燃气输配管道功能的设施，瓶组的最大储气总容积不应大于 1000 m³。压缩天然气瓶组供应站的生产厂房及其附属建筑物的耐火等级不应低于二级。压缩天然气瓶组应在站内固定地点设置，瓶组及天然气放散管管口、调压装置至明火散发火花的地点和建（构）筑物的防火间距应符合表 9-5 的规定。

表 9-5 瓶组及天然气放散管管口、调压装置至明火散发火花的地点和
建（构）筑物的防火间距   m

设施与场所类型		瓶组	天然气放散管管口	调压装备
明火、散发火花地点		25	25	25
民用建筑、燃气热水炉间		18	18	12
一类高层民用建筑、重要公共建筑		30	30	24
道路（路边）	主要	10	10	10
	次要	5	5	5

第三节 液化天然气供应站防火

液化天然气（Liquefied Natural Gas，LNG）是将天然气经过预处理，脱除重质烃、硫化物、水和二氧化碳等杂质后，在常压下深冷到 -162 ℃ 液化得到的产品。液化后的液态

天然气体积仅为气态天然气体积的 1/625，具有低温、杂质少、气液体积比大等特点。工业生产用的液化天然气液态密度为 430～480 kJ/m³，沸点为 -162～-157℃，临界温度为 -82.57℃，临界压力为 4.58 MPa，气态爆炸极限为 5%～15%（体积分数）。

一、液化天然气供应站概述

液化天然气储存是液化天然气工业链中的重要一环，液化天然气液化站、接收站、气化站、加气站甚至液化天然气运输都需要设置液化天然气储存设备。由于液化天然气储存温度较低，同时气化后的天然气具有易燃易爆性，因此要求液化天然气储存设备耐低温，并采取严格的防火防爆措施。目前，液化天然气储存设备主要为各种类型的储罐（槽），广泛使用的液化天然气储罐可按容量、隔热方式、形状及材料进行分类。

（一）液化天然气的储存

1. 按容量分类

按容量分为小型储罐、中型储罐、大型储罐、大型储槽和特大型储槽。小型储罐的容量为 5～50 m³，常用于撬装或小型气化站、液化天然气运输槽车、液化天然气加气站。中型储罐的容量为 50～100 m³，常用于小型气化站、大型工业燃气用户气化站。大型储罐的容量为 100～5000 m³，常用于小型液化天然气生产装置、城镇气源气化站。大型储槽的容量为 10000～40000 m³，常用于基本负荷型和调峰型液化装置。特大型储槽的容量为 40000～200000 m³，常用于液化天然气接收站。

2. 按储罐压力分类

根据储罐压力分为高压储罐和常压储罐。高压储罐的储存压力一般在 0.4 MPa 以上，常压储罐的储存压力通常在几百帕以下，多用于大型、特大型储槽。

（二）液化天然气的运输

液化天然气的运输主要有两种方式：船运和车运。船运是世界上液化天然气运输的主要方式，占世界液化天然气运输量的 80% 以上，运输工具是液化天然气运输船。液化天然气运输船具有较大的火灾危险性，其内部常见消防设施有消火栓系统、细水雾灭火系统、水喷淋系统、气体灭火系统及灭火器材等。液化天然气陆上运输主要指槽车运输，即采用槽车将液化天然气从液化站或接收站通过公路、铁路运输到液化天然气供应站或气化站。液化天然气槽车有集装箱式罐车和半挂式运输槽车两种形式，主要包括半挂车、牵引车、槽车罐和罐式集装箱。半挂式运输槽车罐的规格主要有 30 m³、45 m³、50 m³ 等；集装箱罐的规格有 35 m³、40 m³、50 m³ 等。

（三）液化天然气接收站

液化天然气接收站是指对船运液化天然气进行接收、储存、气化和外输（含槽车装车）等作业的场站。液化天然气接收站主要包括专用码头、卸船装置、蒸发气体回收装置、气化装置、气体计量和压力控制装置、液化天然气输送管道、储槽、控制及安全保护系统、维修保养系统等。液化天然气接收站的消防设施应根据站场的分区进行布置，即按照码头、液化天然气储罐区、工艺区、共用工程区、海水取水与火炬区及行政办公区设置相应的消防系统。

（四）液化天然气气化站

液化天然气气化站是指具有将槽车或槽船运输的液化天然气进行卸气、储存、气化、调压、计量和加臭，并送入城镇燃气输配管道功能的站场。主要作为输气管线达不到或采用长输管线不经济的中小型城镇的气源，也可作为城镇的调峰应急气源。液化天然气气化站距接收站或天然气液化工程的经济运输距离需在 1000 km 之内，可以采用公路或铁路运输。与天然气长输管道输送和高压储罐储存相比，液化天然气气化站采用槽车运输具有运输灵活、储存效率高、建设周期短、投资低等优点。根据气化规模将液化天然气气化站分为大型液化天然气气化站和小型液化天然气气化站。液化天然气气化站工艺设备主要有液化天然气储罐、气化器、调压计量装置和低温泵等。

城镇液化天然气站的建设规模应根据城市总体规划、城镇总体规划及燃气专项规划，结合气源供气条件和用户需求等因素综合确定。城镇液化天然气站的建设规模分类见表 9 - 6。

表 9 - 6　城镇液化天然气站的建设规模分类

类型	液 化 厂			气 化 站	
	日液化能力/(10^4 Nm^3·d^{-1})		储罐总容积/m^3	日气化能力/(Nm^3·d^{-1})	储罐总容积/m^3
	单套生产能力	总生产能力			
I	30 ~ 50	100	10000 ~ 20000	50000	3000 ~ 5000
II	15 ~ 30	60	5000 ~ 10000	30000	2000 ~ 3000
III	10 ~ 15	30	3000 ~ 5000	10000	1000 ~ 2000
IV	≤10	10	1500 ~ 3000	2000	300 ~ 600

1. 大型液化天然气气化站

液化天然气由低温槽车运至气化站，在卸车台利用增压器对槽车储罐加压，将液化天然气送入气化站储罐储存。气化时通过储罐增压器将液化天然气增压，或利用低温泵加压，将液化天然气输送至气化器气化为气态天然气，经调压、计量、加臭后进入供气管网。

2. 小型液化天然气气化站

（1）瓶组气化站。主要指液化天然气瓶组气化站和撬装气化站，其中液化天然气瓶组气化站采用瓶组作为供气及储存设施，广泛应用于居民小区、小型工商业用户等。瓶组气化站供应规模不宜过大，小区户数一般为 2000 ~ 2500 户，高峰小时供气量可达 500 Nm^3/h。液化天然气瓶组气化站主要工艺设备有液化天然气钢瓶、空温式气化器、过滤器、加热器、流量计、调压器、加臭装置等。

（2）撬装气化站。是将小型液化天然气气化站的工艺设备、阀门、零部件以及现场一次仪表集成安装在撬体上，根据储罐大小、现场地形，撬装站可分为卸车撬、增压撬、储罐撬、气化撬。由于液化天然气撬装气化站工艺简单、运输安装方便、占地面积小，适用于城镇独立居民小区、中小型工业用户和大中型商业用户供气。

二、液化天然气供应站的火灾危险性

液化天然气主要是从油气田和石油炼制过程中得到轻组分，是饱和烃与不饱和烃的混合物。由于本身火灾和爆炸危险性较大，供应过程中稍有不慎就会发生泄漏，一旦遇到火源，极易引发起火爆炸，造成人员伤亡和财产损失。

液化天然气是以甲烷为主的液态烃类混合物，储存温度约为 $-162\ ℃$。泄漏后，由于地面温度和空气对其的加热，会生成白色蒸气云，此时气体比空气重，不会立刻上升。气态天然气的容积约为液态的 600 倍。当气体温度被空气加热至 $-110\ ℃$ 左右时，就变得比空气轻，会在空中快速扩散和上升。泄漏初期，气化率很高，会吸收地面及空气中的热量急剧气化成蒸气；泄漏一定时间后，地面被冻结，气化率大幅降低，可能会发生部分液体来不及气化就被防护堤轻蓄。

（一）工艺设备发生泄漏的火灾危险性

液化天然气站内工艺设备如压缩机、过滤器、管道、阀门、法兰盘接头、柔性连接器等在发生意外时，都有可能成为泄漏点，一旦液化天然气发生泄漏，将快速蒸发成为气体，使大气中的水蒸气冷凝形成蒸气云，迅速向四周扩散，与空气形成爆炸性混合气体，遇明火或高温，将发生燃烧或爆炸。

（二）液化天然气储存装置的火灾危险性

目前国内外常用的液化天然气储配站可分为地上金属储罐、金属/混凝土储罐和地下储罐三类，储存装置有真空罐、子母罐和常压储存三种。液化天然气总储量在 1000 m^3 以下，一般采用多台真空罐集中储存；总储量在 1000～3000 m^3 多采用子母罐或常压储存。各种储存设施都是金属耐压罐，由于易受腐蚀或储罐存在先天性缺陷，加之安全管理措施不落实，维修保养不到位，极易造成储罐或零部件损伤，发生泄漏引起火灾爆炸事故。此外，若储罐保温设施受到破坏，会造成低温保冷储存的液化天然气因受热而气化，储罐内的蒸气压力剧增，正常情况下，安全放散阀自动开启，通过集中放散管释放压力。但若安全放散阀出现故障，储罐发生爆炸、火灾的可能性会大大增加。

（三）设备控制系统的火灾危险性

设备控制系统主要是对站内各种设备实施自动或手动控制，在设备运行过程中，可能会产生或出现静电积累现象，站内电气设备或电气线路达不到防爆要求等现象。因此，站内存在潜在的点火源，一旦有天然气泄漏，就可能发生火灾或爆炸事故。

三、液化天然气供应站的防火要求

（一）液化天然气接收站防火

1. 站址选择

液化天然气接收站选址应综合考虑交通、工程地质、城市经济发展水平及人员疏散等多方面因素。还应考虑接收站选址对周围大型危险设施、重要军事设施、重点文物保护单位等设施的影响，一般宜选在交通方便、易于人员疏散的地点。

2. 总平面布置

液化天然气接收站总平面布置应根据其火灾危险性、生产工艺特点，结合地质、地形、风向等相关条件，按功能分区相对集中进行布置，生活区、生产区和行政管理区应分区布置。对可能散发可燃气体的装车区、储罐区、工艺装置，宜布置在人员集中场所及明火或散发火花地点的全年最小频率风向的上风侧。接收站火炬、放空筒宜布置在地势较高处，并考虑风向影响，宜选择布置在全年最大频率风向的下风侧。此外，还应考虑站内消防车道、液化天然气码头与工作船码头、液化天然气储罐区与周围建（构）筑物之间的防火间距。

（二）液化天然气气化站防火

1. 站址选择

液化天然气气化站的站址选择，一方面要从城镇的总体规划和合理布局出发，另一方面也应从有利于生产、方便运输、保护环境的角度出发。站址应选在城镇和居民区的全年最小频率风向的上风侧，若必须在城镇建站时，尽量远离人口稠密区，以满足安全和环保的要求。天然气压缩、净化、制冷、液化、储存、气化、装卸区等可能散发可燃气体的场所和设施宜布置在人员集中场所及明火或散发火花地点的全年最小频率风向的上风侧，且与其他建筑物（构）筑物之间的防火间距应满足表9-7的要求。

表9-7　液化天然气气化站的储罐、放散总管与站外建（构）筑物的防火间距　　　m

站外建（构）筑物	储罐总容积/m³							天然气放散总管
	≤10	>10 ≤30	>30 ≤50	>50 ≤200	>200 ≤500	>500 ≤1000	>1000 ≤2000	
工业企业最外侧墙、建（构）筑物外墙	22	25	27	30	35	40	50	20
明火、放散火花地点和室外变配电站	30	35	45	50	55	60	70	30
民用建筑、甲乙类液体储罐、甲乙类生产厂房、甲乙类物品仓库，稻草等易燃材料堆场	27	32	40	45	50	55	60	25

表 9 - 7（续）　　　　　　　　　　　　　　　　　　　m

站外建（构）筑物		储罐总容积/m³							天然气放散总管
		≤10	>10 ≤30	>30 ≤50	>50 ≤200	>200 ≤500	>500 ≤1000	>1000 ≤2000	
公路、道路（路边）	高速，Ⅰ、Ⅱ级城市快速	20			25				15
	其他	15			20				10

2. 总平面布置

液化天然气气化站总平面应分区布置，一般分为生产区（包括储罐区、卸车区、气化区）和辅助生产区。储罐区设置储罐、增压器、围堰、溢流池，卸车区设置增压器、地衡，气化区设置气化器、调压器、计量、加臭装置，辅助生产区设置消防水池、生产用房等。液化天然气储罐区宜布置在站场地势较低处，当受条件限制或有特殊工艺要求时，也可布置在地势较高处，但需要采取有效防止液体流散的措施。此外，站内 35 kV 变配电室、锅炉房及其他有明火或散发火花的地点，需要布置在站场边缘。

（三）液化天然气供应站消防设施

1. 火灾自动报警系统

液化天然气加气站、液化天然气储配站和液化天然气瓶组供气站应设置可燃气体检测报警装置，可燃气体检测报警装置应能在测到气体和蒸气小于爆炸下限的 20%（体积分数）时，发出声光报警。可燃气体浓度检测报警器的设置、选用和安装，应符合《石油化工可燃气体和有毒气体检测报警设计标准》（GB/T 50493—2019）的规定。此外，工厂还应安装火焰探测器，火焰探测器应能自动启动紧急停车系统，该系统能够切断液化天然气、可燃液体、可燃气体及可燃冷却剂泄漏气源，能够停止设备运行，以防事故扩大。由于液化天然气具有易燃易爆特性，液化天然气气化站安全报警系统还应设置储罐超压及真空报警、储罐高低温液位报警、低温报警装置及连锁切断装置等。

液化天然气加气站站内消防水泵用电应为二级负荷，即应采用两回路供电，遇突发情况可自备燃气或燃油发电机作为备用电源。液化天然气储配站的供配电系统、站内消防水泵用电以及液化天然气气化站的供配电系统均应按二级负荷的要求进行设计，宜由两回路供电。液化天然气接收站内的应急照明、关键仪表负荷、配电柜的控制电源、其他消防负荷及部分重要的工艺负荷均应满足一级负荷的供电要求。

2. 灭火系统

根据保护部位的不同，液化天然气储配站、瓶组供应站、液化天然气接收站、液化天然气气化站等场所应设置必要的消火栓系统、消防冷却水系统和泡沫灭火系统。

1）消火栓系统

液化天然气储配站设置室内外消火栓系统，站内室外消火栓宜选用地上式消火栓，寒冷地区的室外消火栓应有防冻措施。当寒冷地区设置室外消火栓有困难时，可设置消防水鹤等为消防车加水的设施。天然气储罐区的消火栓应设置在防火堤或防护墙外，距罐壁15 m 范围内的消火栓，不应计算在该罐可使用的数量内。天然气工艺装置区的消火栓应设置在工艺装置周围，其间距不宜大于 60 m；当工艺装置区宽度大于 120 m 时，宜在该装置区内的道路边设置消火栓。

2）消防冷却水系统

总容积超过 50 m³ 或单罐容积超过 20 m³ 的液化天然气储罐或储罐区应设置固定喷淋装置，喷淋装置的供水强度不应小于 0.15 L/($s \cdot m^2$)。着火储罐的保护面积按其全表面积计算，距着火储罐直径 1.5 倍范围内的储罐按其表面的一半计算。油气田液化天然气供气站储存容量不小于 265 m³ 的液化天然气储罐组应设固定冷却水系统，采用混凝土外罐的双层壳罐，当管道进出口在罐顶时，应在罐顶泵平台处设置固定水喷雾系统，供水强度不应小于 0.34 L/($s \cdot m^2$)。

液化天然气加气站、液化天然气储配站等场所的消防冷却用水量应按在同一时间内发生一次火灾的次数考虑。液化天然气接收站和气化站的消防水系统应同时向包括消防水炮和固定消防设施供水，应按厂区一次最大预期火灾的设计用水量和压力，并加上 63 L/s 余量进行设计；对于移动式水枪的延续供水水枪，不少于 2 h。固定式消防水系统的用水量考虑 200 m³/h 余量后确定，移动式消防冷却水系统应能满足消防冷却水总用水量的要求。消防水池的容量应按火灾连续时间 6 h 计算确定，但总容积小于 220 m³ 且单罐容积不大于 50 m³ 的储罐或储罐区，消防水池的容量应按火灾连续时间 3 h 计算确定。当火灾情况下能保证连续向消防水池补水时，其容量可减去火灾连续时间内的补水量。

3）泡沫灭火系统

液化天然气站应配有移动式高倍数泡沫灭火系统，液化天然气储罐总容量不小于3000 m³ 的站，集液池应配固定式全淹没高倍数泡沫灭火系统，并应与低温探测报警装置连锁。

3. 灭火器材

压缩天然气和液化天然气站内具有火灾和爆炸危险的建（构）筑物、天然气储罐和工艺装置应设置小型灭火器。扑救天然气储罐区和工艺装置内的可燃气体、可燃液体的泄漏火灾，宜选择干粉灭火剂扑救，需要重点保护的液化天然气储罐通向大气的安全阀出口管应设置固定干粉灭火系统。液化天然气气化站灭火器配置规定见表 9-8。

表 9-8　液化天然气气化站灭火器配置规定

场　所	配　置　数　量
储罐区	按储罐台数，每台设置 8 kg 和 35 kg 的各 1 具
工艺装置区	按区域面积，每 50 m² 设置 8 kg 的 1 具，且每个区域不应少于 2 具

表9-8（续）

场　　所	配　置　数　量
气瓶组	设置8 kg的不少于2具
气瓶罐装台	设置8 kg的不少于2具
汽车槽车装卸台柱（装卸口）	按槽车车位数，每个车位设置8 kg的2具

注：8 kg和35 kg分别指手提式和推车式干粉灭火器的药剂充装量。

习题

1. 简述液化石油气供应站工艺。
2. 液化石油气供应站有哪些防火要求？
3. 压缩天然气供应站的火灾危险性有哪些？
4. 简述液化天然气供应站的火灾特点和防火要求。

第十章　数据中心防火

数据中心又称信息机房，主要是为电子信息设备提供运行环境的场所，包括主机房、辅助区、支持区和行政管理区等。随着电子信息技术的高速发展，大量重要材料和数据均以电子信息的形式保存，作为承载通信中心枢纽的大型数据中心等场所的消防安全也显得格外重要，一旦发生火灾事故，会给人们的生产和生活造成极大的不便，由此造成的社会影响和财产损失难以估量。

第一节　数据中心的火灾危险性

根据数据中心的使用性质、管理要求，重要数据丢失、网络中断在经济或社会上造成的损失以及影响程度划分，数据中心可分为 A、B、C 三级。A 级为电子信息系统运行中断将造成重大的经济损失和公共场所秩序严重混乱的数据中心。例如，国家级信息中心、计算中心，国家气象台，重要的军事指挥部门，大中城市的机场、电视台、广播电台、银行总行、应急指挥中心等的电子信息系统机房和重要的控制室。B 级为电子信息系统中断将造成较大的经济损失或公共场所秩序混乱的数据中心。例如，高等院校、科研院所、三级医院，大中城市的信息中心、气象台、疾病预防和控制中心、国际会议中心、电力调度中心，省部级以上政府办公楼等的电子信息系统机房和重要的控制室。其余类型的数据中心为 C 级。

数据中心的房间内设备多、价值昂贵、耗电量大，属于密闭空间建筑，且日常无人值守，其火灾特点具有相对独特性。2014 年 7 月，重庆农商行数据中心发生火灾，起因是该行总行扩展机房突发线路电气故障，导致电气系统着火，造成了巨大的经济损失。2018 年 11 月，韩国电信运营商 KT 位于首尔市中心的大楼发生火灾，事故原因为地下电缆隧道起火，火灾烧毁 16.8 万股电话线和 220 套光缆，由于通信设备受损，此次事故导致韩国的医院、金融等社会基础设施被迫停转。由此可见，如果数据中心内发生火灾，不仅火灾的直接经济损失严重，而且由于信息、资料数据的破坏，会严重影响相关行业的管理、控制系统，火灾的间接损失可能更为严重。

数据中心火灾的主要特点是：散热困难，火灾烟量大；用电量大，电气火灾多；无人值守，遇警处置慢；环境特殊，扑救难度大；设备精密，火灾损失大。在数据机房发生的各类事故中，火灾事故约占 80%。主要包括电子计算机本身起火、配套设备或附属装置起火、空调设备或其他电气设备起火以及外来火灾侵扰等。

一、散热困难，火灾烟量大

数据中心内精密仪器和设备众多，在其正常工作时对环境的温度、湿度及洁净度要求较高，同时数据中心的机器和设备用房多为密闭空间，门、窗比较少，一旦发生火灾，热烟气无法通过窗户顺利排出室外，导致房间内烟气浓度增加。另外，由于主机房等耐火等级高、隔墙较厚、导热性差、散热慢等特点，导致燃烧产生的热量大部分积累在室内，室内迅速升温。燃烧会产生许多有毒、有害和刺激性气体（如 HCl、HCN、HF 等），对数据中心设备损害较大。

二、用电量大，电气火灾多

数据中心的用电量为普通办公室的 4～5 倍。机柜电源是数据中心电气安全的瓶颈，常有负载超过连线和电路结构的承载能力，引发积热、断路、打火、数据等损失，甚至导致电气火灾事故发生。此外，由于长期高负荷运转，部分电气线路的绝缘保护层会因为高温而加速老化，易形成阴燃。在低压线（如信号线）中可能产生足够的热量，并引燃附近的可燃材料。数据中心引发的阴燃使火灾的蔓延时间增长、发烟量减少，很难在初期被察觉，一旦发现往往已形成明火，延误了早期灭火时间。

三、无人值守，遇警处置慢

随着电子计算机及网络技术的快速发展，数据中心内计算机集成度高，大多为无人值守机房，实现了计算机自动化管理。对大型机房而言，传统的火灾探测器无法及时感应火灾而延误灭火时机。即使有的机房火灾报警系统发出预警后，也会由于管理人员无法及时找到故障区导致灾情进一步扩大。

四、环境特殊，扑救难度大

由于数据中心内的设备都属于精密设备，对环境的要求很高，如要求防烟、防水等。如果为了消灭火灾而采取不恰当的灭火方法，则容易造成对设备、数据、信息等的再次破坏。

五、设备精密，火灾损失大

数据中心内平均每平方米的设备费用高达数万元至数十万元，而且数据中心内某些存储介质对温度的要求较高，如当温度超过 45 ℃时，不仅会使光盘内的数据丢失，而且使光盘损坏无法使用。此外，根据有关资料，即使是很小的阴燃火中电线电缆或电气设备也会导致很大的非热型损失，即不是由热而是由其他某些因素引起的损失。其中最主要的是燃烧产物，特别是燃烧的塑料，因为当塑料燃烧时，会释放出酸性蒸气，它们与氧气、水蒸气相结合后会腐蚀金属表面和电路。

第二节 数据中心的防火要求

数据中心的防火，除应符合《数据中心设计规范》（GB 50174—2017）的规定外，还应根据其建筑高度执行《建筑设计防火规范（2018 年版）》（GB 50016—2014）的相关要求。

一、选址

数据中心的建筑规模大、设备贵重、价值高、服务面广，一旦发生火灾事故，会造成巨大损失。因此，选择地址时应远离散发有毒有害气体、腐蚀气体和尘埃的地区，避免设置在落雷区和地震断裂带附近。要尽量选择在自然环境清洁、附近震动少以及水源、电源充足，交通方便，火灾危险性低的地方。

数据中心与其他性质的用房设置在同一幢建筑内时，宜设在多层或高层建筑内的第二、三层，并应尽量避免与商场、酒店、宾馆、餐饮娱乐等影响机房安全的场所设在同一幢建筑物内。数据中心内放置计算机的机房不宜超过五层。

二、建筑防火构造及分隔

（一）数据中心的耐火等级不应低于二级

当数据中心位于其他建筑物内时，在主机房与其他部位之间应设置耐火极限不低于2.0 h 的防火隔墙和耐火极限不低于 1.5 h 的楼板，隔墙上的门应采用甲级防火门。

（二）附设在其他建筑内的 A、B 级信息机房

附设在其他建筑内的 A、B 级信息机房应避免设置在建筑物地下室，以及用水设备的下层或隔壁，不应布置在燃油、燃气锅炉房，油浸电力变压器室，充有可燃油的高压电容器和多油开关室等易燃易爆房间的上、下层或贴邻。

（三）管线敷设

主机房中各类管线宜暗敷，当管线需穿楼层时，宜设计技术竖井，并采取相应的防火分隔、封堵措施。

（四）各级机房主体结构

各级机房主体结构应具有防火、耐久、抗震、防止不均匀沉陷等性能，伸缩缝和变形缝不应穿过主机房，机房围护结构的构造应满足防火、隔热、保温等要求。

（五）主机房、基本工作间及辅助房间与其他建筑物合建

主机房、基本工作间及辅助房间与其他建筑物合建时，应单独设置防火分区。主机房、网络设备室、终端室与纸介质、磁介质的存放间，备件库等仓储用房，以及电源室、维修室、发电机室、蓄电池室、空调系统用房、灭火钢瓶间等设备房间之间应进行防火分隔，并独立设置防火分区。

（六）电子计算机产生的记录

电子计算机产生的记录应当按其重要性和补充难度的不同加以保护，信息存储设备要安装在单独的房间，室内应配有金属柜或其他采用非燃材料制成的、能防火的资料架和资料柜用于存放记录介质，如果有备份记录，备份记录应当放置在具有同样防火要求的另一间房间。

（七）安全疏散

面积大于 120 m² 的主机房，安全出口不应少于 2 个，并宜设于机房两端，面积不大于 120 m² 的主机房可设置 1 个安全出口，疏散门的净宽不应小于 1.4 m。门应向疏散方向开启，且应自动关闭，并应保证在任何情况下均能从机房内开启。走廊、楼梯间应畅通，并有明显的疏散指示标志。计算机机房建筑的入口至主机房应设通道，通道净宽不应小于 1.5 m。

（八）应急设施

在主机房出入口处或值班室，应设置应急电话和应急断电装置，机房应设置应急照明和安全出口指示灯。

三、室内装修

数据中心室内装修材料的燃烧性能应符合《建筑内部装修设计防火规范》（GB 50222—2017）和《数据中心设计规范》（GB 50174—2017）的有关规定。

（一）计算机房的室内装修

计算机房的室内装修（包括吊顶、装修墙裙等）材料均应采用不燃或难燃材料，应能抗静电、吸音、防潮、不起尘等。数据中心及媒体存放间的防火墙或隔板应从建筑物的楼、地板起直至梁板底部，将其完全封闭。

（二）电子计算中心室内装修

规模大的电子计算中心宜采用分区空调方式，避免风管穿过楼层和水平隔墙太多，防止火势蔓延扩大。空调系统的送、回风总管，在穿过主机房和其他重要机房或火灾危险性大的房间的隔墙、楼板以及垂直风管与每层水平风管交接处的水平支管上均应设置防火阀。空调系统的风管及其保温、消声材料（包括胶黏剂）应采用不燃材料。

（三）数据中心内活动地板

数据中心内活动地板应采用导电性能好，具有足够的机械强度以及耐腐蚀、耐潮湿和防火等特点的抗静电铝合金活动地板。具体要求应符合《防静电活动地板通用规范》（GB/T 36340—2018）的规定。

（四）电缆敷设

数据中心内要事先开设电缆沟，做到分层敷设电源电缆、信号线和接地线。电缆、电线沟要采取防潮湿和防鼠咬的措施，在机房吊顶和活动地板内敷设的电线，宜采用穿金属管布线或阻燃电缆。

四、静电防护及接地

（一）静电防护

主机房和辅助区的地板或地面应有静电泄放措施和接地构造，防静电地板、地面的表面电阻或体积电阻值应为 $2.5 \times 10^4 \sim 1 \times 10^9 \ \Omega$，且应具有防火、环保、耐污、耐磨性能。

主机房和辅助区不使用防静电活动地板的房间，可铺设防静电地面，其静电耗散性能应长期稳定，且不应起尘。数据中心内所有设备的各类金属管道、金属外壳、金属线槽、建筑物金属结构等必须进行等电位连接并接地。

活动地板、导静电地面、工作台面和座椅垫（套）必须进行静电接地。静电接地可以经限流电阻及自己的连接线与接地装置相连，限流电阻的阻值宜为 1 MΩ。

计算机系统的接地应采用单点接地，并宜采取等电位措施。当多个计算机系统共用一组接地装置时，宜将各电子计算机系统分别采用接地线与接地体连接。

（二）接地

数据中心的防雷和接地设计，应满足人身安全及电子信息系统正常运行的要求，并应符合《建筑物防雷设计规范》（GB 50057—2010）和《建筑物电子信息系统防雷技术规范》（GB 50343—2012）的有关规定。

保护性接地和功能性接地宜共用一组接地装置，其接地电阻应按其中的最小值确定。主机房内的导体必须与大地做可靠的连接，不得有对地绝缘的孤立导体。具体要求如下：

（1）交流工作接地：接地电阻小于 4 Ω。

（2）直流工作接地：接地电阻小于 1 Ω。

（3）安全保护接地：接地电阻小于 4 Ω。

（4）综合接地系统：接地电阻小于 1 Ω。

（5）防雷接地：接地电阻小于 10 Ω。

（6）接地体引出线横截面面积不应小于 16 mm²。

（7）UPS 输出零地电压应小于 1 V。

（8）机房活动地板须选用静电地板，且与静电泄漏网可靠连接，地板下须设置静电泄漏洞。

五、消防设施

数据中心应根据机房的等级设置相应的消防设施，并应按《建筑设计防火规范（2018 年版）》（GB 50016—2014）和《气体灭火系统设计规范》（GB 50370—2005）的要求执行。

（一）灭火系统

1. 一般规定

A 级数据中心的主机房宜设置气体灭火系统。B 级数据中心和 C 级数据中心的主机房宜设置气体灭火系统，也可设置细水雾灭火系统或自动喷水灭火系统。另外，凡设置固定灭火系统及火灾探测器的数据中心，其吊顶的上、下及活动地板下，均应设置探测器和喷嘴。

2. 室内消火栓系统

数据中心应设置室内消火栓系统，室内消火栓系统宜配置消防软管卷盘。

3. 气体灭火系统

纸带穿孔室、卡片穿孔室、已记录的磁介质库和已记录的纸介质库、高低压配电室、变频机室、变压器室、稳压稳频室、发电机房等不能用水扑救的房间，应设置除二氧化碳以外的气体灭火系统。

当单个防护区面积小于 800 m^2、体积小于 3600 m^3 时，可考虑采用气体灭火系统。对面积大于 800 m^2、体积大于 3600 m^3 的机房设置气体灭火系统时应注意以下几点。

1）泄压措施

考虑到气体释放后防护区内瞬间增压，所以在防护区机房内各防火分区隔墙均有对外泄压口，泄压口采用重力式，即设定一个压力值，当防护区内压力超过该值的，泄压口关闭。这样既可以有效地消除防护区的增压，又可以保护气体的过多泄漏。泄压口的过压峰值一般为 500.0 MPa。

2）同步性、均衡性的技术措施

为保证大面积机房气体灭火系统能够同时且有效地工作，必须使用多个选择阀并联保护，即多根主管同步进入该保护区，而软件计算只能分组计算，由此带来以下两个技术问题需要进行解决并采取相应的技术措施：一是多个选择阀的同步性；二是分组计算时组与组之间界面处喷头压力、时间、浓度的平衡性。

3）防止意外的措施

利用控制系统对所有的信号进行控制，对电源回路进行监控，任何回路出现短路、断路、接地故障时，控制系统都会进行反馈和报警，排除各回路工作不正常的可能性。

控制系统应具有三路供电，即消防电源主、备用供电和蓄电池供电，当消防电源被切断时，控制系统蓄电池可保证供电 24 h。为防止人为造成误喷的情况，应在电气式手拉开关上设防护罩。

4. 其他灭火系统

数据中心主机房及基本工作间内宜使用对设备无损坏且环保、安全无毒性的 IG541 灭火系统或细水雾灭火系统。当防护区面积、体积大于上述标准或防护区个数大于 8 个时，为了经济实用，可采用细水雾灭火系统或其他新型、环保的哈龙替代技术。

（二）火灾自动报警系统

根据数据中心的火灾特点、火灾危害性、重要程度、疏散和扑救难度等因素，合理选用报警系统和火灾探测器。采用管网式洁净气体灭火系统或高压细水雾灭火系统的主机房应同时设置两种火灾探测器，且火灾报警系统应与灭火系统联动。火灾探测报警装置可根据信息机房的重要程度和火灾特点进行选择，具体如下。

1. 传统的火灾探测器

数据中心内火灾多为电气火灾及 A 类火灾，发生火灾时产烟量大，故在机房内多选用传统的感烟探测器作为探测火灾的装置。但是在火灾发展的四个阶段中，其初始阶时间较长，在此阶段空气中存在肉眼看不见的微弱烟雾，普通的感烟探测器在此阶段基本没有反应，从而导致无法在此阶段及时发现火情并报警，无法为控制火灾发展赢得宝贵的时间，故在大型数据中心、主机房、基本工作间以及其他 A 级数据中心不宜设置此类火灾探测器。在面积小于 140 m² 的数据中心、计算中心内的第一、二、三类辅助用房可设置普通的感烟探测器。

2. 分布式感温光缆

数据中心内电气设备、电气线路及计算机机房信号线较多，为确保用电安全及数据传送安全，迅速而准确地探测出被保护区内发生火灾的部位，建议在综合布线区、电缆井道、桥架处设置分布式感温光缆温度探测报警系统。

3. 空气采样烟雾报警器

空气采样烟雾报警器是一种通过抽气泵主动将空气样品由采样管道抽入激光探测器进行探测，并由电子计算机分析判断，从而早期判断是否有潜在火灾存在的报警系统，其从本质上讲是一个感烟型烟雾探测器。对大型数据中心、计算中心及 A 级数据中心而言，可采取传统火灾报警系统和空气采样烟雾报警器相组合的方式，及时发现险情并控制火灾及减少损失。由于该系统的侦测腔具有极高的灵敏度，且其灵敏度连续可调，探测范围广，故可探测到很微弱的烟雾，火情报警时间大为提前，使值班人员有充足的时间寻找火源，采取适当措施，制止火灾发生。在主机房及基本工作间内设置空气采样烟雾报警器时，宜采用"空气处理单元"及箱柜取样模式。

4. 火灾报警系统设置、联动中的特殊要求

当机房内采用由火灾自动报警系统启动的自动灭火系统时，其火灾探测器宜在感温、感烟和感光等不同类型的探测器中选用两种，采用立体安装，共同监控各个不同的空间。当采用空气采样烟雾报警器及传统火灾报警系统组合方式时，其中主机房及基本工作间应将空气采样等早期报警系统信号作为第一预警信号。

由火灾自动报警系统确认火灾后，应切断火灾区域的非消防电源，但对计算机设备而言，仅需切断市政或发电机的供电，对不间断电源供电并不切断，这是为了防止系统误报，导致数据损失。切断市政或发电机的供电后，值班人员应及时对报警区域的火灾情况进行确认、处理，一旦发现误报或灾情很小能及时处理完毕，应及时送电以确保计算机系统稳定运行。

如果机房内火灾自动报警系统并未报警，但值班人员在巡查中发现火情，应采用机械应急方式启动气体灭火系统，此时火灾自动报警系统应联动所有相关消防设施，切断火灾区域的非消防电源。

📖 **习题**

1. 数据中心的分类主要有哪些?

2. 数据中心防火有哪些特殊性?

3. 数据中心的防火分区如何设置?

4. 数据中心应如何配置消防设施?

第十一章　工业企业消防安全评价方法

火灾风险分析是火灾科学与消防工程的重要组成部分，开展火灾风险分析对完善火灾科学与消防工程学科体系有重要作用。火灾风险分析可以全面考察某些对象的火灾危险状况，分析、论证和评估由此产生的损失和伤害的可能性、影响范围、严重程度以及应采取的对策措施等，分析该对象的火灾危险如何随假设条件的改变而改变，分析不同消防措施对控制火灾的影响，并评价这些措施的经济性和有效性等，对于预防火灾、控制火灾和扑灭火灾具有十分重要的意义。同时，火灾风险分析作为企业安全管理的重要组成部分，开展火灾风险分析对于企业的安全管理、安全投资以及提高企业的经济效益等方面同样具有非常重要的意义。

第一节　消防安全检查表法

一、消防安全检查表法的编制及使用方法

安全检查表法（Safety Check List，SCL）是利用安全系统工程学的方法以表格的形式查找系统中存在的安全隐患和危险源，是一种常用的定性分析方法。消防安全检查表法是指编制消防安全检查表，并根据此表实施消防安全检查的一种火灾风险分析方法。一般做法是在进行消防安全检查前，依据有关的消防法律法规、技术标准，结合以往的火灾与爆炸事故资料、专家经验进行科学分析，把检查项目和要点以问题清单形式制成表格，检查人员到现场后对照此表进行消防安全检查，查找存在的火灾隐患，并根据最终检查结果提出相应的改进措施和建议。消防安全检查表的内容既可以是针对某个单位或建筑整体的综合性的，即消防安全综合检查表，也可以是针对所有单位或建筑中影响消防安全的某一专项的，如灭火器配置情况检查表、消防疏散通道检查表和消防设施检查表等。

消防安全检查表法的基本步骤大致可以分为：编制消防安全检查表、实施检查、分析检查结果和提出整改措施。

（一）编制消防安全检查表

消防安全检查表法是一种基于经验的方法，编制消防安全检查表前应首先确定检查对象、收集与检查对象有关的数据和资料，包括最新的法律法规、火灾爆炸事故统计资料和相关的研究成果等。消防安全检查表的格式没有统一的要求，可以根据不同的情况设计不同的消防安全检查表，表中栏目可多可少。

消防安全检查表包括的内容主要有：检查项目分类；检查内容要点；检查标准；检查依据；检查结果；处理意见；检查部门及检查人；被检查单位及负责人；检查时间；备注等，见表11-1。一般在编制过程中应注意：要分清检查对象的性质，各类检查表不宜通用；检查内容要点和检查合格标准栏内给出的文字表达要简明扼要，科学准确，避免重复，应突出重点要害部位。工段和岗位及专业性消防安全检查表有时只列检查内容要点及检查结果两个栏目。

表11-1　消防安全检查表

检查项目分类	检查内容要点	检查标准	检查依据	检查结果		处理意见	备　注
				是（√）	否（×）		
记事							
被检查单位及负责人	（签字） 年　月　日			检查部门及检查人		（签字） 年　月　日	

（二）实施检查

消防安全检查表编制完成后，检查人员需进行现场实地检查，根据消防安全检查表的内容逐次逐项地进行对照，在此过程中检查人员可以查阅检查单位的一些文件资料，并对相关安全管理人员进行访谈，认真填写消防安全检查表的所有内容，对发现的火灾隐患应及时处理或向上级汇报，充分发挥消防安全检查表的作用。消防设施器材监督检查内容见表11-2。

表11-2　消防设施器材监督检查内容

火灾自动报警系统	□有　□无 探测器：抽查部位 _____ □完好有效　□不完好有效：_____ 手动报警器：抽查部位 _____ □完好有效　□不完好有效：_____ 控制设备：抽查部位 _____ □信号反馈正常　□信号反馈不正常：_____

表 11 - 2（续）

自动灭火系统	自动喷水灭火系统：□有　□无 湿式报警阀：抽查部位_____ □主件完整　□主件不完整：_____ □阀门开启正常　□阀门开启不正常：_____ 末端试水装置：位置_____ □水压、流量正常　□水压、流量不正常：_____ □信号反馈正常　□信号反馈不正常：_____
	泡沫灭火系统：□有　□无 泡沫泵房：□水泵启动正常　□水泵启动不正常：_____ 泡沫液：□符合规定　□不符合规定：_____ 泡沫发生设施：□正常　□不正常：_____
	气体灭火系统：□有　□无 气瓶：□正常　□不正常：_____ 开关装置：□开启正常　□开启不正常：_____
	其他自动灭火系统：
消防给水设施	□有　□无　消防水池　□储水正常　□不符合要求：_____ □有　□无　消防水箱　□设置符合规定　□设置不符合规定：____ □出水管阀门　开启正常　□不正常：_____ □有　□无　消防水泵　□运行正常□运行不正常：_____ □有　□无　室内消火栓：抽查部位_____ □完好有效　□不完好有效：_____ □有　□无　室外消火栓：抽查部位_____ □完好有效　□不完好有效：_____ □有　□无　水泵接合器：□标志类型清晰　□标志类型不清晰：____ □供水范围正常　□供水范围不正常：_____

（三）分析检查结果

检查完毕，检查人员应对检查结果进行分析，找出存在的火灾隐患及危险因素，同时可对检查结果采用一定的量化手段，以便更容易得出检查对象的消防安全综合水平。

（四）提出整改措施

在对检查结果分析的基础上，检查人员应结合相关法律法规、自身经验和工程实际情况等提出一定的整改措施和建议，减少火灾隐患，在一定程度上提高检查对象的消防安全水平，真正起到消防安全检查的目的和作用。

二、消防安全检查表的量化

消防安全检查表法已在消防安全领域得到了广泛应用，为了体现检查结果的直观性，往往对检查结果进行一定的处理，使之量化。目前常用的量化方法主要有逐项赋值法、加权平均法和单项定性加权计分法。

（一）逐项赋值法

逐项赋值法应用范围较广，该方法针对消防安全检查表中的每一项检查内容，按其消防安全重要程度不同，由专家讨论赋予一定的分值。单项检查结果完全符合要求的给满分，完全不符合要求的记 0 分，部分符合的按规定标准给分，这样逐项逐条检查评分，最后累计所有各项得分，就得到系统的评价总分。根据评价总分情况可以得出各检查对象安全等级的高低，即：

$$m = \sum_{i=0}^{n} m_i \qquad (11-1)$$

式中　m——系统的评价总分；

　　　m_i——单项评价分值；

　　　n——检查内容数目。

（二）加权平均法

加权平均法是根据检查项目分类的不同编制出若干个分消防安全检查表，所有检查表不管检查项目多少，均按统一记分体系分别记分，如 10 分制或 100 分制等，并按照各检查表的内容对总体分析结果的重要程度，分别赋予权重系数（各分检查表权重系数之和为 1）。将各检查表所得的分值分别乘以各自的权重系数并求和，就可得到检查对象的总体评价结果，即：

$$m = \sum_{i=0}^{n} k_i m_i \quad 且 \quad \sum_{k=0}^{n} k_i = 0 \qquad (11-2)$$

式中　m——系统的评价总分；

　　　m_i——第 i 个检查表评价的分值；

　　　k_i——第 i 个检查表评价的相应权重系数；

　　　n——检查表个数。

按照标准规定的分数界限，就可确定检查对象的消防安全等级。加权平均法中权重系数可由统计均值法、二项系数法、两两比较法、层次分析法等方法确定。

（三）单项定性加权计分法

单项定性加权计分法是把消防安全检查表的所有检查项目都视为同等重要。评价时，对检查表中的几个检查项目分别给以"优""良""可""差"；"可靠""基本可靠""基本不可靠""不可靠"等定性等级的评价，同时赋予不同定性等级以相应的权重值，累计求和，得实际评价值，即：

$$S = \sum_{i=0}^{n} w_i k_i \qquad (11-3)$$

式中　S——系统的评价总分；

　　　w_i——第 i 个等级的权重；

k_i——第 i 个等级的项数和；

n——等级数。

第二节 事故树分析法

一、概述

事故树分析（Fault Tree Analysis，FTA）又称故障树分析，是一种运用演绎推理的定性和定量分析方法。该方法起源于美国贝尔电话研究所，1961 年华特逊（Watson）在研究民兵导弹发射控制系统的安全性评价时首先提出了这种方法。事故树分析是安全系统工程中常用的一种分析方法，该方法从系统可能发生或已经发生的事故开始，层层分析其发生原因，一直分析到不能再分解为止；将导致事故的原因按因果逻辑关系逐层列出，用树形图表示出来，得到一种逻辑模型。通过对事故树的定性与定量分析，找出事故发生的各种可能途径及发生概率，提出有针对性地避免事故发生的方案和措施。事故树既可定性分析系统的火灾危险性，又可定量研究火灾发生的原因及进行火灾预测。

二、事故树分析基础

（一）事故树的符号及意义

事故树由各种事件符号和与其连接的逻辑门组成，主要包括事件符号、逻辑门符号和转移符号等。

1. 事件符号

常用的事件符号主要有矩形符号、圆形符号、菱形符号和屋形符号，如图 11－1 所示。

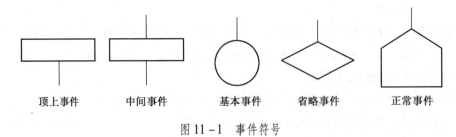

顶上事件　　中间事件　　基本事件　　省略事件　　正常事件

图 11-1 事件符号

（1）矩形符号：表示需要进一步被分析的事件，如顶上事件和中间事件。

（2）圆形符号：表示无法进一步分析的最基本的原因事件。

（3）菱形符号：一种省略符号，表示目前不能分析或不必要分析的事件。

（4）屋形符号：表示属于基本事件的正常事件，即系统在正常状态下发挥正常功能的事件。

2. 逻辑门符号

事故树中事件间的逻辑关系主要用"逻辑与门""逻辑或门""条件与门"和"条件或门"表示，如图 11 - 2 所示。

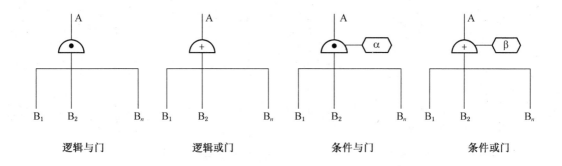

图 11 - 2　逻辑门符号

（1）逻辑与门：表示全部输入事件都发生时输出事件才发生，只要有一个输入事件不发生则输出事件就不发生的逻辑关系（原因事件都发生，结果事件才发生）。

（2）逻辑或门：表示只要有一个或一个以上输入事件发生则输出事件就发生，只有全部输入事件都不发生则输出事件才不发生的逻辑关系（任一原因事件发生，结果事件就会发生）。

（3）条件与门：表示在满足条件（α）的情况下，原因事件都发生，结果事件才发生。

（4）条件或门：表示在满足条件（β）的情况下，任一原因事件发生，结果事件就发生。

3. 转移符号

转移符号的作用是表示部分事故树图的转入和转出，如图 11 - 3 所示。转出符号，三角形内 1 表示需要继续完成的部分树转入 1 处内。转入符号连接的地方是相应转出符号连接的部分树转入的地方，三角形内 1 表示转入另一个三角形。

转出符号　　　　转入符号

图 11 - 3　转移符号

（二）布尔代数运算法则

布尔代数运算法则是一种逻辑运算方法，事故树中的事件只能是"发生"或"不发生"两种状态之一，不存在任何中间状态。事故树事件之间的关系是逻辑关系，其逻辑和运算与逻辑积运算分别对应于事故树中的"逻辑或门"和"逻辑与门"。在求最小割集时，要用布尔代数运算法则化简代数式，布尔代数运算法则有如下 7 种。

1. 结合律

$$A + (B + C) = (A + B) + C;A \cdot (B \cdot C) = (A \cdot B) \cdot C$$

2. 分配律

$$A \cdot (B + C) = A \cdot B + A \cdot C;A + (B \cdot C) = (A + B)(A + C)$$

3. 交换律

$$A + B = B + A; \ A \cdot B = B \cdot A$$

4. 等幂律

$$A + A = A; \ A \cdot A = A$$

5. 吸收律

$$A + A \cdot B = A; \ A \cdot \ (A + B) \ = A$$

6. 补充律

$$A + \overline{A} = 1; \ A \cdot \overline{A} = 0; \ A + 1 = 1; \ A \cdot 1 = A$$

7. 对偶律（德·摩根法则）

$$\overline{A + B} = \overline{A} \cdot \overline{B}; \ \overline{A \cdot B} = \overline{A} + \overline{B}$$

三、事故树分析步骤

第一，熟悉系统。要详细了解系统状态及各种参数，为确定所要分析的系统做好前期准备工作。

第二，确定所要分析的系统。通常把火灾、事故危害性较大、火灾事故发生频率较高的对象确定为所要分析的系统。

第三，调查系统发生的事故。收集、调查所分析系统曾经发生过的火灾、爆炸事故案例，进行事故统计，设想给定系统可能要发生的各种事故。

第四，确定事故树的顶上事件。要分析的对象事件即为顶上事件，通常把火灾、爆炸事故确定为顶上事件。

第五，调查原因事件。调查与火灾、爆炸事故有关的所有原因事件和各种因素，包括可燃物失控、操作失误、设备故障、消防安全管理和灭火指挥错误、环境因素等所有与人、物、技术管理相关的因素和影响。

第六，绘制事故树。从顶上事件起，进行演绎分析，一层一层找出所有火灾、爆炸事故直接原因事件，按照其逻辑关系，画出事故树。

第七，定性分析。对事故树进行化简，求出最小割集、最小径集和结构重要度，利用这三个参数进行定性分析，确定安全防灾对策。

第八，定量分析。在定性分析的基础上，结合事故统计资料，计算顶上事故的发生概率、概率重要度和临界重要度，进行定量分析。

四、事故树定性分析

事故树定性分析是指不考虑事故树中各事件发生概率，只考虑发生和不发生两种情况，分析基本事件的发生对顶上事件发生的影响情况，从而可以采取经济有效的措施防止事故发生。

事故树定性分析的目的是分析事故（顶上事件）的发生规律和特点，找出控制事故的可行方案，并从事故树结构上分析各基本原因事件的重要程度，以便按轻重缓急分别采取相应的对策。事故树定性分析的主要内容包括：利用布尔代数化简事故树，求取事故树的最小割集或最小径集，进行各基本事件的结构重要度分析，确定预防事故的安全措施。

（一）最小割集

1. 割集和最小割集

事故树中的全部基本事件都发生，则顶上事件必然发生。但是，大多数情况下并不一定要全部基本事件都发生顶上事件才发生，而是只要某些基本事件组合在一起发生就可以导致顶上事件发生。在事故树分析中，把引起顶上事件发生的基本事件的集合称为割集，如果割集中任一基本事件不发生就会造成顶上事件不发生，即割集中包含的基本事件对引起顶上事件发生不但充分而且必要，则该集合称为最小割集。简言之，最小割集是能够引起顶上事件发生的最低限度的基本事件的集合。

2. 最小割集的作用

（1）表示系统的危险性。每一个最小割集都表示顶上事件发生的一种可能，事故树中有几个最小割集，顶上事件发生就有几种可能。最小割集的数目越多，说明系统的危险性越大。

（2）表示顶上事件发生的原因。事故发生必然是某个最小割集中几个事件同时存在的结果。求出事故树全部最小割集，就可掌握事故发生的各种可能，对掌握事故规律、查明事故原因大有帮助。

（3）为降低系统危险性提出控制方向和预防措施。一个最小割集代表一种事故模式，根据最小割集，可以发现系统中最薄弱的环节，直观判断出哪种模式最危险，哪种次之，哪种可以忽略，以及如何采取预防措施使事故发生概率下降。若某事故树有三个最小割集，如果不考虑每个基本事件发生的概率，或者假定各基本事件发生的概率相同，则只含一个基本事件的最小割集比含有两个基本事件的最小割集容易发生；含有两个基本事件的最小割集比含有更多个基本事件的最小割集容易发生。以此类推，少事件的最小割集比多事件的最小割集容易发生。为了降低系统危险性，对含基本事件少的最小割集应优先考虑采取安全措施。

（4）可以用最小割集判断基本事件的结构重要度，计算顶上事件发生概率。

3. 最小割集的求解

最小割集的求解一般采用布尔代数运算法则化简事故树后求出，根据布尔代数运算法则，把布尔表达式变换成基本事件逻辑积和逻辑和的形式，则逻辑积包含的基本事件构成割集，进一步应用吸收律和等幂律进行化简，得到最小割集。

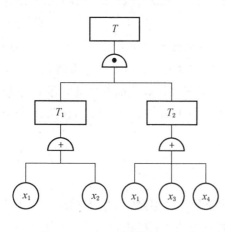

图 11 - 4　事故树

【例 11 - 1】 利用布尔代数运算法则化简如图 11 - 4 所示。

解

$$T = T_1 \cdot T_2$$

$$= (x_1 + x_2) \cdot (x_1 + x_3 + x_4)$$

$$= x_1 \cdot x_1 + x_1 \cdot x_3 + x_1 \cdot x_4 + x_1 \cdot x_2 + x_2 \cdot x_3 + x_2 \cdot x_4$$

$$= x_1 + x_2 \cdot x_3 + x_2 \cdot x_4$$

即该事故树有三个最小割集：$\{x_1\}$，$\{x_2, x_3\}$，$\{x_2, x_4\}$。

（二）最小径集

1. 径集和最小径集

事故树中的全部基本事件都不发生，则顶上事件一定不发生。但是，某些基本事件组合在一起都不发生，也可以使顶上事件不发生。在事故树分析中，把其中的基本事件都不发生就能保证顶上事件不发生的基本事件集合称为径集。若径集中包含的基本事件不发生对保证顶上事件不发生不但充分而且必要，则该径集称为最小径集。简言之，最小径集是指不能导致顶上事件发生的最低限度的基本事件的集合。

2. 最小径集的作用

（1）表示系统的安全性。由最小径集定义可知，事故树中有一个最小径集，顶上事件不发生的可能性就有一种。事故树中最小径集越多，说明控制顶上事件不发生的途径就越多，系统也就越安全。

（2）选择控制事故的最佳方案。事故树中有一个最小径集，控制顶上事件不发生的方案就有一种。一个事故树有几个最小径集，使顶上事件不发生的方案就有几种。在这些方案中，选择哪一种最好，一般来说，可以根据最小径集中所包含的基本事件个数的多少、技术上的难易程度、耗费的时间以及投入的资金数量，来选择最经济、最有效地控制事故的方案。

（3）利用最小径集同样可判定事故树中基本事件的结构重要度和计算顶上事件发生概率。在事故树分析中，根据具体情况，有时应用最小径集更为方便。就某个系统而言，如果事故树中与门多，则其最小割集的数量就少，定性分析最好从最小割集入手。反之，如果事故树中或门多，则其最小径集的数量就少，此时定性分析最好从最小径集入手，从而可以得到更为经济、有效的结果。

3. 最小径集的求解

最小径集的求法是利用最小径集与最小割集的对偶性，首先画事故树的对偶树，即成功树。求成功树的最小割集，就是原事故树的最小径集。成功树的画法是将事故树的"与门"全部换成"或门"，"或门"全部换成"与门"，并把全部事件的发生变成不发生，即在所有事件上都加上，使之变成原事件的补事件。经过这样变换后得到的树形就是原事故树的成功树。

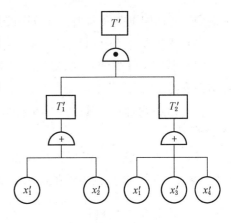

图 11 - 5　成功树

【例 11 - 2】 事故树对应的成功树如图 11 - 5 所示，求解该成功树的最小割集。

解

$$T' = T_1' \cdot T_2'$$
$$= x_1' \cdot x_2' + x_1' \cdot x_3' \cdot x_4'$$
$$= x_1 + x_2 \cdot x_3 + x_2 \cdot x_4$$

该成功树有两个最小割集：$\{x_1', x_2'\}$，$\{x_1', x_3', x_4'\}$。

因此，事故树有两个最小径集：$\{x_1, x_2\}$ $\{x_1, x_3, x_4\}$。

（三）结构重要度

一个事故树中往往包含很多的基本事件，这些基本事件并不是具有相同的重要性，一个基本事件或最小割集对顶上事件发生的贡献程度称为重要度。结构重要度是指根据事故树的结构确定各基本事件的重要程度。即在不考虑基本事件自身的发生概率，或者说假定各基本事件的发生概率都相等的前提下，分析各基本事件的发生对顶上事件发生所产生的影响。求解结构重要度一般有两种方法：一种是计算出各基本事件的结构重要度系数，将系数由大到小排列出各基本事件的重要顺序，该方法较为烦琐，不太实用；另一种是用最小割集和最小径集近似判断各基本事件的结构重要度系数的大小，并排列次序，该方法较为实用，具体来说可以通过赋值法和近似判别法来实现。

1. 赋值法

赋值法求结构重要度有两个假设：一是假设同一事故树的每个最小割（径）集的结构重要度为 1；二是假设最小割（径）集中每个基本事件的重要度均相等。假设某一化简后的事故树可以用以下最小割集的形式表示出来：

$$T = x_1 x_2 + x_3 x_4 + x_4 x_5 + x_1 x_3 x_5$$

此时 4 个最小割集中每一个的结构重要度均为 1，且前 3 个最小割集含有 2 个基本事件，第 4 个最小割集含有 3 个基本事件。则可以根据赋值法得出每个最小割集中基本事件的结构重要度，再将各个最小割集中同一基本事件的结构重要度相加，就得到该事故树中各基本事件的结构重要度：

$$I_{\phi(1)} = \frac{1}{2} + \frac{1}{3} = \frac{5}{6}, I_{\phi(2)} = \frac{1}{2}, I_{\phi(3)} = \frac{1}{2} + \frac{1}{3} = \frac{5}{6}, I_{\phi(4)} = \frac{1}{2} + \frac{1}{2} = 1, I_{\phi(5)} = \frac{1}{2} + \frac{1}{3} = \frac{5}{6}$$

基本事件结构重要度排序为

$$I_{\phi(4)} > I_{\phi(1)} = I_{\phi(3)} = I_{\phi(5)} < I_{\phi(2)}$$

2. 近似判别法

近似判别法最主要的特点是不去计算结构重要度的数值，而是通过一定的原则来判断基本事件的结构重要度大小，其应用的判别原则主要有：

（1）单个基本事件组成割（径）集时，该基本事件的结构重要度最大。

（2）基本事件少的割（径）集中的基本事件比基本事件多的割（径）集中的基本事件结构重要系数大。

（3）最小割（径）集中基本事件数目相同时，重复次数多的比重复次数少的结构重要系数大。

（4）一般在基本事件少的最小割（径）集中出现次数少的事件比在多事件最小割（径）集中出现次数多的事件的结构重要系数大。

五、事故树定量分析

事故树的定量分析是在事故树的最小割集、最小径集、结构重要度的基础上，在已知各基本事件发生概率的前提下，计算顶上事件的发生概率、概率重要度和临界重要度。根据定量分析结果以及事故发生以后可能造成的危害，对系统进行风险分析。

（一）顶上事件的发生概率

对于给定的事故树，如果各基本事件的发生概率已知，就可以据此来计算顶上事件的发生概率。顶上事件发生概率的计算通常有四种算法，分别为：直接计算法、利用最小割集计算、利用最小径集计算和首项近似法，其中以利用最小割集计算和利用最小径集计算较为常用。

1. 利用最小割集计算顶上事件发生概率

设事故树有 n 个最小割集 $A_1, A_2, A_3, \cdots, A_n$，当最小割集中有重复事件时，在计算过程中，需用布尔代数运算法则将其中的重复事件消去。

$$P(T) = P(A_1 + A_2 + A_3 + \cdots + A_n)$$

$$= \sum_{i=1}^{n} P(A_i) - \sum_{i<j=2}^{n} P(A_iA_j) + \sum_{i<j<k=3}^{n} P(A_iA_jA_k) + \cdots +$$

$$(-1)^{n-1} P(A_1A_2A_3\cdots A_n)$$

若 $A_1, A_2, A_3, \cdots, A_n$ 中没有重复的基本事件，则：

$$P(T) = 1 - [1 - P(A_1)][1 - P(A_2)][1 - P(A_3)] \cdots [1 - P(A_n)]$$

2. 利用最小径集计算顶上事件发生概率

设事故树有 n 个最小径集 $B_1, B_2, B_3, \cdots, B_n$，则：

$$1 - P(T) = \sum_{i=1}^{n} P(B_i') - \sum_{i<j=2}^{n} P(B_i'B_j') + \sum_{i<j<k=3}^{n} P(B_i'B_j'B_k') + \cdots +$$

$$(-1)^{n-1} P(B_1'B_2'B_3'\cdots B_n')$$

其中

$$P(B_i') = \prod_{r \in B_i} (1 - P_r)$$

$$P(B_i'B_j') = \prod_{r \in B_i \cup B_j} (1 - P_r)$$

$$P(B_i'B_j'B_k') = \prod_{r \in B_i \cup B_j \cup B_k} (1 - P_r)$$

$$P(B_1'B_2'B_3' \cdots B_n') = \prod_{\substack{i=1 \\ r \in B_i}}^{n} (1 - P_r)$$

$$P(T) = 1 - \sum_{i=1}^{n} \prod_{r \in B_i} (1 - P_r) + \sum_{i<j=2}^{n} \prod_{r \in B_i \cup B_j} (1 - P_r) - \sum_{i<j<k=3}^{n} \prod_{r \in B_i \cup B_j \cup B_k} (1 - P_r) + \cdots + $$

$$(-1)^{n-1} \prod_{\substack{i=1 \\ r \in B_i}}^{n} (1 - P_r)$$

（二）概率重要度

结构重要度仅仅反映的是基本事件在事故树中所占位置的重要程度，因为它是在基本事件发生概率相同的前提下对基本事件的重要程度进行的分析。因此，结构重要度往往与基本事件的实际重要度有一定差别。为了确定基本事件的真实重要程度，需要进一步考虑各基本事件发生概率的变化会给顶上事件发生概率以多大的影响，也就是进行概率重要度分析。

概率重要度是指基本事件发生概率的变化对顶上事件发生概率的影响程度（敏感度），也即顶上事件发生概率对该基本事件发生概率的变化率。因此，概率重要度是一种微观的定量分析，求出概率重要度之后，就可以得到，降低哪个基本事件的发生概率就可以迅速有效地降低顶上事件的发生概率。概率重要度的计算方法是将顶上事件发生概率的函数 $P(T)$ 对自变量 $P(i)$ 求一次偏导。因此，概率重要度系数为

$$I_{P_i} = \frac{\partial P(T)}{\partial P_i}$$

（三）临界重要度

概率重要度能够反映基本事件的发生概率变化对顶上事件发生概率的影响。然而，它反映不出减少概率大的基本事件要比减少概率小的基本事件容易这一事实。这是因为基本事件 x 的概率重要度是由除基本事件 x 以外的那些基本事件的发生概率来决定的，而没有反映基本事件 x 本身发生概率的大小。因此，还需要引入一个相对的变化率以衡量基本事件的重要度，也就是临界重要度。

临界重要度是指基本事件发生概率的大小和概率的变化对顶上事件发生概率的综合影响。即顶上事件发生概率的变化率与基本事件发生概率的变化率之比，因此，临界重要度系数为

$$C_i = \frac{P_i}{P(T)} I_{P_i}$$

【例11-3】已知各基本事件的发生概率为 $P_1 = 0.01$，$P_2 = 0.02$，$P_3 = 0.03$，$P_4 = 0.04$，分析结构重要度，并计算顶上事件发生概率、概率重要度和临界重要度。

解 根据前面化简可知，$T = T_1 T_2$。

因此，结构重要度排序为 $x_1 > x_2 > x_3 = x_4$。

则顶上事件的发生概率为

$$P(T) = P(x_1 + x_2 x_3 + x_2 x_4) = P(x_1) + P(x_2)P(x_3) + P(x_2)P(x_4) - P(x_1)P(x_2)P(x_3) -$$
$$P(x_1)P(x_2)P(x_4) - P(x_2)P(x_3)P(x_4) + P(x_1)P(x_2)P(x_3)P(x_4)$$
$$= 0.011362$$

概率重要度为

$$I_{P_1} = \frac{\partial P(T)}{\partial P_1} = 1 - P(x_2)P(x_3) - P(x_2)P(x_4) + P(x_2)P(x_3)P(x_4) = 0.998624$$

$$I_{P_2} = \frac{\partial P(T)}{\partial P_2} = P(x_3) + P(x_4) - P(x_1)P(x_3) - P(x_1)P(x_4) - P(x_3)P(x_4) + P(x_1)P(x_3)P(x_4) = 0.068112$$

$$I_{P_3} = \frac{\partial P(T)}{\partial P_3} = P(x_2) - P(x_1)P(x_2) - P(x_2)P(x_4) + P(x_1)P(x_2)P(x_4) = 0.019008$$

$$I_{P_4} = \frac{\partial P(T)}{\partial P_4} = P(x_2) - P(x_1)P(x_2) - P(x_2)P(x_3) + P(x_1)P(x_2)P(x_3) = 0.019206$$

概率重要度排序为 $x_1 > x_2 > x_4 > x_3$。

临界重要度为

$$C_1 = \frac{P_1}{P(T)} I_{P_1} = \frac{0.01}{0.011362} 0.998624 = 0.878897$$

$$C_2 = \frac{P_2}{P(T)} I_{P_2} = \frac{0.02}{0.011362} 0.068112 = 0.119892$$

$$C_3 = \frac{P_3}{P(T)} I_{P_3} = \frac{0.03}{0.011362} 0.019008 = 0.050187$$

$$C_4 = \frac{P_4}{P(T)} I_{P_4} = \frac{0.04}{0.011362} 0.019206 = 0.067613$$

临界重要度排序为 $x_1 > x_2 > x_4 > x_3$。

由三种重要度排序可知，概率重要度和临界重要度的排序情况是一致的，而结构重要度的排序和概率重要度、临界重要度稍有不同，这是因为结构重要度只是从结构上进行定性分析，没有考虑基本事件的发生概率，因为微小的差别是很难区别出来的。

📖 习题

1. 说明消防安全检查表的基本内容及量化方法。

2. 针对某消防监督对象编制消防安全检查表，并说明其使用方法。

3. 分别简述最小割集和最小径集在事故树分析中的作用。

4. 比较说明结构重要度、概率重要度和临界重要度之间的区别和联系。

参 考 文 献

[1] 张宏宇. 工业企业防火 [M]. 北京：化学工业出版社，2018.

[2] 傅智敏. 工业企业防火 [M]. 北京：中国人民公安大学出版社，2014.

[3] 应急管理部消防救援局. 消防安全技术实务 [M]. 北京：中国人事出版社，2020.

[4] 郭铁男. 中国消防手册　第四卷生产加工防火 [M]. 上海：上海科学技术出版社，2008.

[5] 应急管理部消防救援局. 消防救援年鉴 [M]. 北京：应急管理出版社，2020.

[6] 应急管理部消防救援局. 消防救援年鉴 [M]. 北京：应急管理出版社，2019.

[7] 公安部消防局. 中国消防救援年鉴 [M]. 昆明：云南人民出版社，2018.

[8] 公安部消防局. 中国消防救援年鉴 [M]. 昆明：云南人民出版社，2017.

[9] 公安部消防局. 中国消防救援年鉴 [M]. 昆明：云南人民出版社，2016.

[10] 工业企业总平面设计规范：GB 50187—2012 [S]. 北京：中国计划出版社，2012.

[11] 汽车加油加气站消防安全管理：XF/T 3004—2020 [S]. 北京：中国计划出版社，2020.

[12] 爆炸危险环境电力装置设计规范：GB 50058—2014 [S]. 北京：中国计划出版社，2014.

[13] 粉尘防爆安全规程：GB 15577—2018 [S]. 北京：中国计划出版社，2018.

[14] 粮食平房仓设计规范：GB 50320—2014 [S]. 北京：中国计划出版社，2014.

[15] 仓储场所消防安全管理通则：XF 1131—2014 [S]. 北京：中国计划出版社，2014.

[16] 石油化工建筑物抗爆设计标准：GB 50779—2022 [S]. 北京：中国计划出版社，2022.

[17] 危险化学品重大危险源辨识：GB 18218—2018 [S]. 北京：中国计划出版社，2018.

[18] 压缩天然气供应站设计规范：GB 51102—2016 [S]. 北京：中国计划出版社，2016.

[19] 液化石油气供应工程设计规范：GB 51142—2015 [S]. 北京：中国计划出版社，2015.

[20] 酒厂设计防火规范：GB 50694—2011 [S]. 北京：中国计划出版社，2011.

[21] 制浆造纸厂设计规范：GB 51092—2015 [S]. 北京：中国计划出版社，2014.

[22] 蔡云，李孝斌. 防火与防爆工程 [M]. 北京：中国质检出版社，中国标准出版社，2014.

[23] 崔政斌. 防火防爆技术 [M]. 北京：化学工业出版社，2012.

[24] 黄郑华，李建华. 生产工艺防火 [M]. 北京：化学工业出版社，2011.

[25] 吕显智，张宏宇. 工业企业防火 [M]. 北京：机械工业出版社，2014.

[26] 卷烟厂设计规范：YC/T 9—2015 [S]. 北京：中国标准出版社，2015.

[27] 宋晓勇. 论白酒厂的防火防爆设计 [D]. 重庆：重庆大学，2005.

[28] 刘登良. 喷涂工艺（第四版）[M]. 北京：化学工业出版社，2009.

[29] 梁治齐，熊楚才. 涂料喷涂工艺与技术 [M]. 北京：化学工业出版社，2009.

[30] 麻纺织工厂设计规范：GB 50499—2009 [S]. 北京：中国计划出版社，2009.

[31] 毛纺织工厂设计规范：GB 51052—2014 [S]. 北京：中国计划出版社，2015.

[32] 纺织工业环境保护设施设计标准：GB 50425—2019 [S]. 北京：中国计划出版社，2019.

[33] 棉纺织工厂设计标准：GB 50481—2019 [S]. 北京：中国计划出版社，2019.

[34] 纺织工业职业安全卫生设施设计标准：GB 50477—2017 [S]. 北京：中国计划出版社，2017.

[35] 中国钢铁工业协会. 2011—2020年中国钢铁工业科学与技术发展指南 [M]. 北京：冶金工业出版社，2012.

[36] 刘淑萍，张淑会. 冶金安全防护与规程 [M]. 北京：冶金工业出版社，2012.

[37] 李晶. 钢铁是这样炼成的 [M]. 北京：北京理工大学出版社，2013.

[38] 王社斌，林万明．钢铁冶金概论［M］．北京：化学工业出版社，2014.

[39] 李静．浅析钢铁冶金企业防火对策［J］．消防科学与技术，2006，25（3）：403-404.

[40] 靳涛．钢铁冶金企业火灾危险性及处置对策分析［J］．山西科技，2020，35（4）：111-112.

[41] 舒中俊，徐晓楠．工业火灾预防与控制［M］．北京：化学工业出版社，2010.

[42] 马良，杨守生．化工生产防火防爆实用指南［M］．银川：宁夏人民教育出版社，2014.

[43] 王学谦．建筑防火设计手册［M］．北京：中国建筑工业出版社，2015.

[44] 叶继红．石油化工防火防爆技术［M］．北京：海洋出版社，2016.

[45] 罗云．注册安全工程师手册［M］．北京：化学工业出版社，2013.

[46] 马树起．工厂火灾事故的特点及其预防［J］．安全与环境学报，2000（1）：44-47.

[47] 杜楠．工业企业火灾和爆炸事故的预防［J］．铁路节能环保与安全卫生，2003，30（4）：164-166.

[48] 刘晅亚，李晶晶．工业火灾、爆炸防治与处置技术现状及展望［J］．电气防爆，2015（4）：6.

[49] 周新新．化工火灾特点分析及应急处置研究［J］．当代化工研究，2017（11）：17-18.